Gottwald | Plagge | Radermacher (Hg.)

Klimapositive Landwirtschaft

Franz-Theo Gottwald | Jan Plagge
Franz Josef Radermacher (Hg.)

Klimapositive Landwirtschaft

Mehr Wohlstand durch naturbasierte Lösungen

*Mit einem Geleitwort von Gerd Müller
und einem Vorwort von Christoph Brüssel*

Herausgegeben vom Senat der Wirtschaft

Tectum Verlag

Franz-Theo Gottwald | Jan Plagge | Franz Josef Radermacher (Hg.)
Klimapositive Landwirtschaft
Mehr Wohlstand durch naturbasierte Lösungen
Mit einem Geleitwort von Gerd Müller und einem Vorwort von Christoph Brüssel
Herausgegeben vom Senat der Wirtschaft

© Tectum – ein Verlag in der Nomos Verlagsgesellschaft, Baden-Baden 2021
ISBN 978-3-8288-4678-4
ePDF 978-3-8288-7760-3
ePub 978-3-8288-7761-0

Umschlagabbildung: © Senat der Wirtschaft e. V.

Gesamtverantwortung für Druck und Herstellung:
Nomos Verlagsgesellschaft mbH & Co. KG
Printed in Germany

Alle Rechte vorbehalten

Besuchen Sie uns im Internet
www.tectum-verlag.de

Bibliografische Informationen der Deutschen Nationalbibliothek
Die Deutsche Nationalbibliothek verzeichnet diese Publikation
in der Deutschen Nationalbibliografie; detaillierte bibliografische
Angaben sind im Internet über http://dnb.d-nb.de abrufbar.

Geleitwort

Klimapositive Land- und Forstwirtschaft – ein wichtiger Beitrag zu einer nachhaltigen Entwicklung

Dr. Gerd Müller,
Bundesminister für wirtschaftliche Zusammenarbeit und Entwicklung

Die Land- und Forstwirtschaft ist entscheidend für das Überleben der Menschheit. Sie sichert unsere Ernährungsgrundlagen und ist unverzichtbar für den weltweiten Klimaschutz. Unser Planet hat die Ressourcen, zehn Milliarden Menschen zu ernähren – und wir haben das Wissen und die Technologien, alle Menschen auf diesem Planeten satt zu machen.

Beim Kampf gegen den weltweiten Hunger waren wir bis zum Ausbruch der Corona-Pandemie auf einem guten Weg: Seit 1990 konnten wir die Zahl der Hungernden um 200 Millionen verringern – obwohl zwei Milliarden Menschen neu auf die Welt gekommen sind. Ein großer Erfolg. Aber nicht nur die Corona-Pandemie und ihre dramatischen Folgekrisen gefährden diese Fortschritte. Vor allem der Klimawandel ist eine strukturelle Herausforderung für die Land- und Forstwirtschaft: Die Landmassen haben sich bereits um 1,5°C erwärmt. Klimazonen verschieben sich: Böden degradieren, Trockenheit lässt Ernten verdorren. Immer mehr Regionen in der Welt leiden zumindest zeitweise unter Wasserknappheit. Klimazonen verschieben sich. Das betrifft fast drei Milliarden Menschen. So wird es immer schwieriger, die Weltbevölkerung zu ernähren. Darum sind Ernährungssicherung und Klimaschutz die beiden zentralen Überlebensfragen der Menschheit.

Der Landwirtschaft kommt hierbei eine entscheidende Rolle zu: Sie muss und kann die Ernährung sicherstellen, wozu es umfassender Investitionen bedarf. Gleichzeitig trägt eine nachhaltige Landwirtschaft ganz erheblich auch zum Klimaschutz bei. Die weltweite Landwirtschaft ist hierbei in einer Doppelrolle: Bislang stammen rund 12% der Treibhausgase weltweit aus der Landwirtschaft. Und weitere 10% gehen auf die Brandrodung der Regenwälder zurück. Während Sie diesen Beitrag lesen, wird eine Fläche der Größe von 45 Fußballfeldern abgeholzt – vor allem für riesige Soja- und Palmölplantagen, etwa in Indonesien und Brasilien. Palmöl ist mittlerweile in jedem zweiten Supermarktprodukt wie Margarine, Pizza oder Shampoo. Künftig sollten daher nur Soja- und Palmölprodukte in die EU kommen dürfen, die von zertifizierten Anbauflächen stammen – für die also nachweislich kein Regenwald abgeholzt wurde.

Die Landwirtschaft hat aber auch die Lösungen: In vielen Ländern findet dieser Wandel hin zu einer klimapositiven Land- und Forstwirtschaft bereits statt. Dabei werden zum einen CO_2-Emissionen durch einen geringeren Ressourcenverbrauch und eine nachhaltige Bewirtschaftung massiv verringert. Und zum anderen wird zusätzlich CO_2 aus der Atmosphäre gebunden, indem degradierte Flächen wiederhergestellt oder aufgeforstet werden und so neue Kohlenstoffsenken entstehen.

Eine nachhaltige Land- und Forstwirtschaft schützt so die natürlichen Ökosysteme und trägt zugleich aktiv zum Klimaschutz bei. Schätzungen gehen davon aus, dass durch einen systematischen Wandel auf Nachhaltigkeit mittelfristig bis zu zehn Milliarden Tonnen CO_2-Emissionen pro Jahr weltweit neutralisiert werden können: Das entspricht einem Sechstel der globalen Treibhausgasemissionen im Jahr 2019! Das zeigt das riesige Potenzial einer klimapositiven Land- und Forstwirtschaft.

Der wichtigste Beitrag ist der effektive Schutz der bestehenden großen Waldökosysteme wie dem Amazonas oder dem Kongobecken – den Lungen unseres Planeten. Ohne Wald gibt es keine Luft zum Atmen, kein Leben. Klimaschutz ist daher immer auch Waldschutz. Aber schützen allein reicht nicht. 1,6 Milliarden Menschen leben von und mit Wäldern. Und deshalb müssen die Ansätze für eine nachhaltige Waldbewirtschaftung deutlich ausgebaut werden; das heißt, die Regenerationsfähigkeit und Vitalität der „Wirtschaftswälder" zu erhalten, auch wenn sie für die Holzproduktion und anderes genutzt werden.

Ein zweites Potenzial einer klimapositiven Land- und Forstwirtschaft ist es, geschädigte Böden wiederherzustellen, denn ein sehr großer Teil des möglichen CO_2-Aufnahmepotenzials der Landwirtschaft ist an den Boden gebunden: Durch die Erhaltung von Dauergrünland oder durch Humusanreicherung kann CO_2 langfristig im Boden gespeichert und der landwirtschaftliche Ertrag auf nachhaltige Weise gesteigert werden. Ein gesunder Boden ist so Garant für eine ertragreiche und gleichzeitig klimafreundliche Landwirtschaft. Nach Schätzungen der UN gehen aber jährlich bis zu zehn Millionen Hektar landwirtschaftliche Nutzfläche verloren. Besonders drastisch ist die Lage in Afrika: Dort sind knapp zwei Drittel der Ackerböden degradiert und könnten zu Wüsten werden. Diesen Trend können und müssen wir umkehren!

Das Wissen und die Technologie sind vorhanden, Wälder und andere Ökosysteme wie Grasland auf hunderten Millionen Hektar degradierter Böden wiederherzustellen. Das klingt nach sehr viel, ist aber auch mit einfachen Mitteln machbar: Ein Beispiel dafür ist die „Aufforstungsmethode" von Tony Rinaudo. Sie kostet wenig und ist einfach umzusetzen. Er hat dafür völlig zu Recht den Alternativen Nobelpreis bekommen. Die Bäuerinnen und Bauern setzen auf unterirdisches Wurzelwerk gerodeter Bäume, das durch gezielte Schutzmaßnahmen wieder zum Wachsen gebracht wird. Aus ödem Brachland – bei dem der Regen Erde und Ernten mit sich riss – wird so wieder ein nutzbarer Wald. Diese und ähnliche Ansätze unterstützt etwa die African Forest Landscape Restoration Initiative (AFR 100), um 100 Millionen Hektar Land in Afrika bis 2030 zu regenerieren.

Drittens müssen wir viel stärker Naturkreisläufe berücksichtigen – das heißt: Rohstoffe effizient nutzen, wiederverwenden und so stabile Agrar-Ökosysteme schaffen, denn weiterer Wohlstand darf zukünftig nicht automatisch zu noch mehr Ressourcenverbrauch führen.

Und schließlich unterstützt eine klimapositive Landwirtschaft die Menschen dabei, sich – so gut es geht – an den Klimawandel anzupassen: etwa mit dem Einsatz neuer, klimarobuster Sorten und neuen Bewässerungstechniken, mit denen die Erträge zum Teil verdreifacht werden konnten.

Solche nachhaltigen Ansätze wirken letztlich dreifach positiv: Sie sichern das Überleben von Milliarden Menschen. Sie schützen die Natur und die Artenvielfalt. Und sie tragen sehr wirksam zum Klimaschutz bei.

Für einen solchen Paradigmenwechsel tragen die Industrieländer eine besondere Verantwortung. Sie müssen vorangehen mit einer modernen, nachhaltigen und vor allem klimapositiven Landwirtschaft. Denn bislang verbrauchen etwa 20% der Weltbevölkerung 80% aller Ressourcen, und die reichsten 10% der Welt sind für fast die Hälfte der konsumbedingten CO_2-Emissionen verantwortlich.

Laufen die Entwicklungen aber weiter so wie bisher, werden vor allem die Entwicklungsländer die Folgen des Klimawandels spüren: Böden veröden. Pflanzen und Vieh sterben, wenn es wie in der Sahel-Region seit Jahren kaum regnet. Oder Wirbelstürme und Überflutungen vernichten Ernten, wie zuletzt in Mosambik. Heute schon sind 20 Millionen Menschen auf der Flucht, die durch den Klimawandel ihre Lebensgrundlage verloren haben. Die Weltbank schätzt, dass es bis 2050 bis zu 140 Millionen Klimaflüchtlinge werden können.

Deswegen müssen wir grundsätzlich umdenken: Nachhaltigkeit muss vom „Nice-to-have" zum „Must-have" werden. In der Land- und Forstwirtschaft gibt es viele Ansätze, die genau diesen Weg gehen – und so zu Klimaschutz, Anpassung an den Klimawandel und Entwicklung beitragen. Das macht Mut.

Ich freue mich daher sehr, dass sich die Stiftung Senat der Wirtschaft des Themas annimmt – mit ganzheitlichem Blick. Das Wissen und die Technologie für kluge und innovative Lösungen sind vorhanden. Was bislang fehlt, ist weltweit der Wille, diese konsequent umzusetzen. Ich hoffe, dass diese Publikation viele Menschen erreicht und zum Umdenken und Handeln anregt.

Vorwort

Wohlstand, Zivilisation und Umwelt brauchen eine neue Partnerschaft – Lösungsperspektiven aus den Möglichkeiten des natürlichen Systems

Christoph Brüssel, Stiftung Senat der Wirtschaft

Die *Sustainable Development Goals* (SDGs) wurden als bisher größte gemeinsame Vereinbarung der UN gezeichnet. Mit Blick auf das Zieljahr 2030 verpflichten sich die Staaten erstmals mit einer gewissen Verbindlichkeit. Als Kernthemen gelten Umwelt und Klima, Ernährung, soziale Gerechtigkeit und globale Menschenrechte. Die politische Mechanik der Vereinten Nationen geht dabei davon aus, dass Regierungen sich selber verpflichtet fühlen und so die Umsetzung dieser Ziele in ihren Ländern ernsthaft vorantreiben.

Nur begrenzte Mechanismen stehen den Regierungen zur Behebung der Notstände und Missstände zur Verfügung. Nicht alleine durch staatliche Mittel, wie Steuern oder Regulierung, werden die recht deutlich anstehenden Änderungen und Verbesserungen der Lebensrealitäten zu organisieren sein. In hochentwickelten Industrieregionen, in Bezug auf die Emissionsbelastung, oder in den eben nicht entwickelten Notstandsgebieten, hinsichtlich zum Beispiel Hunger oder Menschenrechten, werden differenzierte Maßnahmen erforderlich sein. Und können die oft von Wahlergebnissen abhängigen, demokratisch legitimierten Regierungen denn auch dauerhaft verlässlich erforderliche Maßnahmen umsetzen?

Realistisch betrachtet sind die Möglichkeiten von Regierungen letztendlich begrenzt. Das Erreichen der vorgegebenen Ziele kann in jedem Fall nur durch die Gesellschaften und durch die globale Wirtschaft realisiert werden. Nur nennenswerte Veränderungen und die Schaffung wirksamer Lösungsansätze bei Produktion, Dienstleistung und beim Verbrauch werden erforderliche Ergebnisse bewirken.

Diese Betrachtungsebene ist die Kernaufgabe des Senats der Wirtschaft. Praktische Lösungen einer werteorientierten Wirtschaft, Verantwortungsübernahme von Unternehmen und deren Verantwortungsträgerinnen und -trägern sind die Ziele der *Wertegemeinschaft Senat der Wirtschaft*. Lösungsansätze und Impulse einer ökologisch und sozial wirkenden Marktwirtschaft dienen als Unterstützung von Politik und Wirtschaft. Auf dieser Basis will die Stiftung Senat der Wirtschaft mit wissenschaftlicher Kompetenz Positionen in einen Diskurs aller Entscheidungsträgerinnen und -träger bringen.

Die Integration des privaten Sektors in die Bemühungen zur Erreichung der Ziele ist unumgänglich. Natürlich haben die Urheberinnen und Urheber dieser SDGs unmittelbar an Konsequenzen für Industrie, Produktion, Verbraucherverhalten und Regeln des gesellschaftlichen Lebens gedacht. Zu fragen ist, inwieweit alleine staatlicher Druck eine vernünftige Regelung erzeugen kann. Spannend bleibt deshalb, ob, wie, wann und wo die private Wirtschaft, private gesellschaftliche Institutionen und informierte Privatpersonen gleichermaßen in Verantwortung gehen, die Ziele für eine globale Nachhaltigkeit (SDG) selbstständig und freiwillig zu unterstützen.

Die staatlichen Mittel zur Korrektur oder Milderung von Hunger oder Benachteiligungen im wirtschaftlichen Sinne reichen schon lange nicht mehr aus, um die angestrebten Ziele auch nur ansatzweise zu verwirklichen. Die von den Industriestaaten eingebrachten Transfermittel zur Unterstützung der schwächeren Länder sind schon nominell erheblich zu gering. Hinzu kommt die Erkenntnis, dass seit Jahren die ausgelobten Mittel nur zu Teilen tatsächlich hingegeben werden. Große Budgetanteile fallen Etatkürzungen in einigen Geberländern zum Opfer. Nur wenige Staaten sind dabei vorbildliche Ausnahmen und leisten auch das, was sie zugesagt haben.

Alleine diese Tatsache lässt erkennbar werden, wie wesentlich die Integration privater Akteurinnen und Akteure in die Umsetzung der Nachhaltigkeitsziele ist. Hier geht es ja nicht nur um die Entwicklungshilfe oder die Nothilfe, erforderlich ist auch die Verwirklichung einer radikalen Änderung industrieller Produktionsmethoden, ebenso eine radikale Minderung der Emissionen im täglichen Lebensverhalten. Es geht eben nicht nur um Transferleistungen zwischen armen und reichen Staaten, es geht insgesamt um die lebensgerechte Aufstellung einer Wohlstandszivilisation, die derzeit zu viel verbraucht und gegenwärtig die naturgegebenen Ressourcen im Übermaß ausnutzt oder belastet.

Dabei ist Gegenstand der Überlegungen der Stiftung Senat der Wirtschaft, ein geeignetes Maß zu finden. Die erforderliche Eigenverantwortung der Individuen, die sich in marktwirtschaftlichen Strukturen wiederfinden, ist durch eine ökologische und soziale Ausprägung so zu disponieren, dass staatliche Regelungen nicht zu erdrückenden Verbotsstrukturen werden müssen. So beschäftigt sich auch eine aktive Kommission des Senats der Wirtschaft mit dem Thema. Die Ernährungs- und Landwirtschaftskommission hat das Ziel, praktische Lösungen für eine ökologisch und sozial gerechte Ernährungsökonomie zu impulsieren. Die Herausforderung ist, eine immer größer werdende Weltgesellschaft zu ernähren und das mit ethisch und moralisch optimierten Möglichkeiten des Tierwohls und der Umweltgerechtigkeit. Die Mitglieder dieser Kommission arbeiten auf der Basis realer Markterfahrungen und Produktionspraxen.

Die klugen Denkansätze und Erkenntnisse im vorliegenden Buch zeigen Möglichkeiten auf, wie die Land- und Forstwirtschaft, aber auch die Energiewirtschaft – also klassische Felder der Marktwirtschaft – durch ökologische und soziale Strukturnovellen systematisch an Lösungsansätzen mitwirken. Hier sind Ergebnisse vorgestellt, die eine hinreichende Eigenverantwortung in vielen Bereichen der produzierenden Wirtschaft auf dem Land und in den Forsten und ebenso beim Verbraucherverhalten widerspiegeln, die eben ohne Verbotsregulierungen auskommen. Gleichermaßen wird der Beleg geführt, dass eine Wohlstandszivilisation die Chance hat, in Balance mit Umwelt und Natur stehen zu können.

Das sind Denkansätze, die gerade jetzt wichtiger denn je werden. Die in kurzer Folge aufkommenden Gefährdungsereignisse, wie Starkwetterkatastrophen, Pandemiegefahren und Klimaveränderung, können als systemische Reaktion auf die zivilisatorischen Verbrauchsfolgen nicht mehr wegdiskutiert werden. Eine konsequente Nachhaltigkeitsverpflichtung muss die unmittelbare Aufgabe unserer Tage sein.

Eine ergebnisorientierte Antwort auf die Ereignisse wird erfolgen müssen, entweder durch erzwingende staatliche Regulierung oder eben in Einklang mit eigenverantwortlichen Strategien, Entscheidungen und Methoden einer ökologisch und sozial gerechten Marktwirtschaft. Die Expertise aus Wirtschaft und Wissenschaft, die in diesem Buch vorgestellt wird, soll als impulsgebende Unterstützung politischer Instanzen verstanden werden.

Die Stiftung des Senats der Wirtschaft freut sich, dieses Werk zusammen mit der Schweisfurth Stiftung ermöglicht zu haben. Sie wünscht ihm viel Erfolg!

Inhaltsverzeichnis

Geleitwort V
Dr. Gerd Müller,
Bundesminister für wirtschaftliche Zusammenarbeit und Entwicklung

Vorwort IX
Christoph Brüssel, Stiftung Senat der Wirtschaft

Klimapositive Landwirtschaft und andere naturbasierte Lösungen – eine Einführung 1
Franz-Theo Gottwald, Franz Josef Radermacher und Jan Plagge

Teil I   Naturbasierte Lösungen – Grundlegungen 11

Naturbasierte Lösungen – aktuelle Herausforderungen und zukünftige Potenziale 13
Estelle Herlyn

Naturbasierte Lösungen – ein zentraler Baustein zur Lösung der internationalen
Energie- und Klimakrise 29
Franz Josef Radermacher

Teil II   Landwirtschaftliche Lösungen 51

Bodenverbesserung und Humusaufbau als Beitrag zur Kompensation 53
Jan Plagge und Sigrid Griese

Humuswirtschaft und klimapositive Landwirtschaft 69
Azadeh Farajpour Javazmi

Grasland und die Potenziale nachhaltiger Beweidung für Bodenfruchtbarkeit,
Biodiversität, Klima und (Tier-)Gesundheit 105
Anita Idel

Praxisbeispiel Organic Garden: die Bioökonomie-Idee für Lebensmittel, Bodenkultur
und Energie 137
Martin Wild, Martin Seitle und Holger Stromberg

Teil III Forstwirtschaftliche Lösungen 155

Carbon-Standards für naturbasierte Klimaschutzprojekte für den freiwilligen Markt –
CO_2-Kompensation durch Unternehmen 157
Dirk Walterspacher

Bäume pflanzen für ein besseres Weltklima – ein emotionaler Einstieg in die
Wiederherstellung der Ökosysteme 163
Felix Finkbeiner

Wälder machen statt CO_2-Müllhalden! Kritik ökonomischer Rechenmodelle 181
Harry Assenmacher

Teil IV Agrarpolitische Perspektiven 191

Klimapositiv ist naturpositiv! Was die Gesellschaft fordert und welchen politischen
Rahmen es braucht 193
Franz-Theo Gottwald

Die Autorinnen und Autoren 229

Klimapositive Landwirtschaft und andere naturbasierte Lösungen – eine Einführung

Franz-Theo Gottwald, Franz Josef Radermacher und Jan Plagge

Nicht nur die deutschen Land- und Forstwirtinnen und -wirte werden von verschiedenen gesellschaftlichen Kräften zunehmend an den Pranger gestellt. Weltweit wird seit der Veröffentlichung des Weltagrarberichts (o.J.) von mehr und mehr Anspruchsgruppen ein Systemwechsel gefordert. Dieser gründet in dem Vorwurf, dass das seit der grünen Revolution dominante System des Acker-, Gemüse-, Obst- und Weinbaus sowie der Tierhaltung mit ihrem Futteranbau dramatisch zur Erderwärmung beitrügen. Zusammen mit einer Vernichtung von Wäldern und zunehmendem Plantagenanbau, zum Beispiel für Soja oder für Palmöl, entsteht rund um die menschliche Nahrung und das Tierfutter ein sich katastrophal auswirkender globaler Klimaschaden. Die Erderwärmung wird, je nach Berechnung, von 25 bis zu 40% der industrialisierten Agrar- und Ernährungswirtschaft zugeschrieben. Aber auch der Biodiversitätsverlust, der weltweit beklagt wird, hat erwiesene land- und forstwirtschaftliche Ursachen. Der Verlust der Vielfalt an Bodenlebewesen, Insekten und Pflanzen wird durch zu intensive land- und forstbauliche Praxen und vor allem durch Landnutzungsänderungen verursacht. Ferner heißt es, dass die Industrialisierung auf dem Land und in den Forsten die Böden degradieren lasse und die Fließgewässer verunreinige (Herren et al. 2020).

Andererseits hat der Klimawandel in den letzten Jahrzehnten – zum Beispiel mit den zunehmenden Starkwetterereignissen – die Land- und Forstwirtschaft und die Nahrungsmittelsysteme in den verschiedenen Weltregionen selbst in Mitleidenschaft gezogen. Und dennoch geht die massive Entwaldung, Zerstörung von Mangroven, Feuchtgebieten, Graslandschaften und Mooren weiter. Dazu kommt die mit global steigendem Wohlstand einhergehende hohe Nachfrage nach Landerweiterung für Agrar- und Lebensmittelproduktion. Dies alles sowie nicht nachhaltige Ernährungspraktiken, vor allem in der sogenannten globalen Mittelschicht, führt zu einer beobachtbaren Beschleunigung an Verlusten an Bodenfruchtbarkeit und organischer Substanz (Humus) sowie zur vermehrten Ansammlung von Treibhausgasen in der Atmosphäre und folglich zum anthropogenen Klimawandel und zu weiterer globaler Erwärmung.

Nach derzeitiger wissenschaftlicher Kenntnis werden diese Auswirkungen aufgrund der steigenden Durchschnittstemperatur an der Erdoberfläche weiter zunehmen. Der Verlust an organischer Bodensubstanz, -fruchtbarkeit und an Grundwasser sowie die Bodenerosion und -verschlechterung bedrohen deshalb zunehmend die Ernährungsbasis wie die Lebenssituation hunderter Millionen von Menschen. Diese Themen sind deshalb zu Recht seit Jahrzehnten auf der Agenda vieler internationaler Organisationen wie den Vereinten Nationen (UN) im Allgemeinen, der Food und Agriculture Organization (FAO), der United Nations Framework Convention on Climate Change (UNFCCC) und der United Nations Convention to Combat Desertification (UNCCD) im Speziellen.

Auf Grundlage natürlich-evolutionärer Prozesse im erdgeschichtlichen Ausmaß und industrieller Verarbeitungsprozesse fossiler Rohstoffe stehen seit Ende des 19. Jahrhunderts fossile Energieträger und Materialien zur Verfügung, die zu einer erdölbasierten Landwirtschaft geführt haben, die von chemischen Inputs abhängig ist (synthetischem Dünger, Pestizide). Die zunehmend sichtbaren, unleugbar ungünstigen Effekte auf Klima, Böden, Gewässer, Pflanzen-, Tier- und Menschengesundheit zwingen zum Umdenken. So ist die Suche nach neuen Wegen verständlich, wie Land- und Forstwirtschaft ihre Potenziale dafür nutzen können, Treibhausgasemissionen, insbesondere CO_2, die durch Wohlstandaufbau und -erhalt in die Atmosphäre emittiert werden, auch wieder zu entfernen. Das Umdenken stützt sich auf naturbasierte Lösungen. Dies sind biologische Lösungen, von denen der Lebensunterhalt von hunderten Millionen von Menschen schon jetzt direkt und indirekt abhängt, die ferner einen guten Lebensraum für Milliarden von Lebewesen und die biologische Vielfalt bereitstellen oder zu erhalten in der Lage sind und die darüber hinaus eine entscheidende Rolle im Klimasystem spielen. Naturbasierte Lösungen tragen durch die Aktivierung natürlicher Kohlenstoffsenken dazu bei, die Treibhausgaskonzentration in der Atmosphäre zu verringern und bilanziell zu verbessern (Negativemissionen). Aber sie können auch die sozioökonomische Entwicklung befördern und sind daher besonders wichtig für das Überleben vieler Menschen.

Daher sind Aktivitäten und Projekte, die einerseits sozio-ökonomische Entwicklungen und den Aufbau von Wohlstand befördern und andererseits zur Verringerung der Entwaldung, zum Erhalt von (Regen-)Wäldern und Graslandschaften, zur Regeneration und zum Erhalt von Mooren und Mangroven, zur Steigerung und Erhalt der Bodenfruchtbarkeit, der Kohlenstoffbindungen im Boden und zur Humusbildung beitragen, von wesentlicher Bedeutung. Sie können eine wichtige Rolle bei der Eindämmung und Anpassung an den Klimawandel spielen und gleichzeitig soziale und wirtschaftliche Chancen und Vorteile (sogenannte Co-Benefits) schaffen.

Die angemahnte und vielfältig geforderte Agrarwende, die die klimatische Zukunft sowie die genetische Vielfalt in lebenswerten Landschaften sichern kann, ist wissenschaftlich weitestgehend vorgedacht und wird auch von vielen in der Land- und Forstwirtschaft Tätigen, nicht nur im ökologischen Landbau, vorangetrieben. Sie ist mithin im Horizont des Machbaren. Ihr Hauptmerkmal besteht in der Neuorientierung am regenerativen Wirtschaften mit den Böden, Fließgewässern, Pflanzen, Nutztieren, Wäldern und Landschaften.

1 Klimapositive Land- und Forstwirtschaft funktioniert

Hinsichtlich der zentralen Herausforderungen, Klima- und Biodiversitätsschutz durch Land- und Forstwirtschaft voranzubringen, gibt es mittlerweile eine Vielzahl naturbasierter Lösungen, mit denen ein Pfad der Transformation über die kommenden Jahrzehnte beschritten werden kann. Wie der organische Landbau, permakulturelle Ansätze, Agroforstwirtschaft und eine Vielzahl agrarökologischer Projekte weltweit belegen, sind vielfältige naturbasierte Lösungen zur Hand, die Anlass geben, eine Transformierbarkeit als realistische Option zu sehen. Sie scheinen nach dem Stand der Forschung hinsichtlich ihrer

Klimawirkungen günstig zu sein. Deshalb hat schon der Weltagrarbericht 2008 festgehalten (Weltagrarbericht o.J.), dass zum einen eine genügend große Anzahl regional angepasster klimatauglicher Praxen weltweit vorhanden sei, die einerseits für die Biodiversität nützlich sind und die andererseits geeignet sind, genügend Lebensmittel für eine wachsende Weltbevölkerung zur Verfügung zu stellen.

Unlängst haben auch der World Future Council zusammen mit der FAO gezeigt, wie viele beispielgebende und zur Nachahmung geeignete agrarökologischen Praxen es weltweit gibt (vgl. INKOTA-netzwerk e.V. 2019). Fakt ist mithin, dass es viele Möglichkeiten in Land-, Forst- und Fischereiwirtschaft gibt, die gesellschaftlich wünschenswerten Zielstellung des Klima- und Biodiversitätsschutzes in der Primärwirtschaft zu erreichen.

Auf diesen Grundlagen fußt die Auffassung der im vorliegenden Buch zusammenarbeitenden Autorinnen und Autoren, dass die weltweite Energie- und Klimakrise wachstumskompatibel und wohlstandsfördernd überwunden werden kann. Die mittlerweile fast panischen öffentlichen Debatten in Richtung eines Weltuntergangs, Klimaplanwirtschaft, Elektrifizierung des gesamten Mobilitätssektors etc. werden der Mehrdimensionalität der Herausforderung nicht gerecht. Der in diesem Buch beschriebene Ansatz hingegen erlaubt es Afrika, Indien und anderen Schwellenländern, dem Entwicklungsweg Chinas zu folgen – ohne negative Klimawirkung. Mit den beschriebenen Ansätzen von naturbasierten Lösungen sind, darin stimmen die Autoren und Autorinnen überein, auch die Entwicklungsziele der Vereinten Nationen (SDGs) bis 2050 umsetzbar. Drei wesentliche Elemente sind hierfür zu kombinieren:

1. Methanolökonomie,
2. Böden als Kohlenstoffspeicher und
3. entwicklungsfördernde CO_2-Kompensationsprojekte zur Umsetzung der Agenda 2030.

2 Zum Buch – ein Überblick

Das vorliegende Buch versammelt Autorinnen und Autoren aus dem Umfeld des Senats der Wirtschaft und seiner Stiftung. Es beschäftigt sich mit der Rolle und den möglichen Beiträgen von *naturbasierten Lösungen* zur Erreichung der weltweiten Energie-, Entwicklungs- und Klimaziele durch eine Transformation der Land- und Forstwirtschaft. Das Buch folgt dabei einer Argumentationslinie, wie sie im Club of Rome und im Senat der Wirtschaft in den letzten Jahren entwickelt und systematisch ausgebaut wurde. Die Überlegungen sind teilweise auch in enger Abstimmung mit dem Ministerium für Entwicklung und wirtschaftliche Zusammenarbeit (BMZ) entstanden und umgesetzt worden. Weitere Eckpfeiler sind Arbeiten zu einem Marshall-Plan mit Afrika, diverse Analysen zu Herausforderungen im Bereich der SDGs, die Allianz für Entwicklung und Klima des Bundesministeriums für Zusammenarbeit (BMZ) (vgl. BMZ o.J.) und Beiträge für ein großes Umsetzungsprogramm im Bereich synthetischer Kraftstoffe, insbesondere grünem Wasserstoff und grünem Methanol. Zu letzteren Themen siehe insbesondere den Beitrag von Radermacher im vorliegenden Werk. Er zeigt auf, dass neben naturbasierten Lösungen synthetische Kraftstoffe ein Schlüsselfeld für eine weltweite nachhaltige Entwicklung und für eine Umsetzungsperspektive für die SDGs bilden.

Laut Radermacher können als Folge einer durchschnittlich viermaligen Recyclierung des Kohlenstoffs im Kontext einer Wasserstoff-/Methanolökonomie die weltweiten CO_2-Emissionen im energienahen Bereich auf nur noch etwa zehn Milliarden Tonnen pro Jahr (heute 34 Milliarden Tonnen pro Jahr) abgesenkt werden. Dies kann trotz der erheblichen wirtschaftlichen Wachstumsprozesse gelingen, die global bis 2050 zu erwarten sind.

Die in diesem Buch behandelten naturbasierten Lösungen in Land- und Forstwirtschaft müssen dann diese verbleibenden zehn Milliarden Tonnen CO_2 neutralisieren. Ein entsprechendes Investitions- und Umbauprogramm ist möglich und kann unter wesentlicher Beteiligung des Sektors der fossilen Energien, einem der leistungsstärksten Wirtschaftssektoren der Welt, bis 2050 zumindest in signifikantem Umfang umgesetzt werden. Durch massive weltweite Aufforstung, insbesondere auf marginalisierten Böden in den Tropen, Förderung der Humusbildung in der Landwirtschaft, vor allem auch in semi-ariden Gebieten, Einsatz von Biokohle etc. werden Böden zu einer Kohlenstoffsenke für die verbleibenden zehn Milliarden Tonnen CO_2 pro Jahr werden. Mit diesen Themen befassen sich die Beiträge in den entsprechenden Kapiteln zur Land- und Forstwirtschaft im Einzelnen.

Der Beitrag von Finkbeiner dokumentiert dabei eindrücklich, wie zivilgesellschaftliche Kräfte beim Aufbau von Wäldern einen Unterschied machen können. Das unternehmerische Konzept „Organic Garden" – referiert von Wild/Seitl/Stromberg – stellt die Chancen vor, die sich mit einer Ernährungssicherung in biobasierten Kreislaufwirtschaften ergeben. Es erlaubt eine naturpositive Lebensmittelerzeugung in periurbanen Räumen und folgt dem Prinzip einer Ökologie der kurzen Wege vom Acker auf den Tisch.

Die im vorliegenden Werk beschriebenen Ansätze werden mittlerweile auch von den Initiativen „4 per 1000" (o.J.) und „terraton" (o.J.) thematisiert. Sie bestätigen, dass aus Klimasicht ein entscheidender Beitrag durch eine biologisch transformierte Agrar- und Forstwirtschaft geleistet werden kann. In diesen beiden Sektoren kann und muss offensichtlich zukünftig Entscheidendes passieren.

Wie der, das Buch einleitende, volkswirtschaftlich ausgerichtete Beitrag von Herlyn aufzeigt, steigern Investitionen in naturbasierte Lösungen zugleich die landwirtschaftliche Produktivität und sind für die massiv steigenden Anforderungen an die Ernährung in einer Welt in Wohlstand mit zehn Milliarden Menschen um 2050 ohnehin erforderlich.

Insgesamt kann, darin sich die Autorinnen und Autoren einig, mit dem in diesem Buch beschriebenen Vorgehen der Kohlenstoffkreislauf geschlossen werden. Einen besonderen Schwerpunkt nimmt dabei das von Idel thematisierte Dauergrünland oder auch Grasland ein.

Eine wichtige Voraussetzung für die Skalierung von naturbasierten Lösungen in der Land- und Forstwirtschaft besteht in der weltweiten Schließung eines dazu korrespondierenden *Finanzkreislaufs*. Geld muss dabei von CO_2-Emittenten zu den Realisierern der naturbasierten Lösungen fließen. Volumenmäßig liegen – so schätzt der Club of Rome (von Weizsäcker/Wijkman 2017) – in diesem Bereich etwa 20% der Lösung der Weltklimaprobleme, ferner ein Schwerpunkt bezüglich der SDGs-Potenziale. Ohne die massive Nutzung der naturbasierten Lösungen scheint es keine tragfähigen Lösungen für die Klima- und Biodiversitätsprobleme der Welt zu geben. Denn diese sind heute der einzige verfügbare, in großem Umfang nutzbare und bezahlbare Mechanismus, um CO_2 wieder aus der Atmosphäre herauszuholen (Negativemissionen). An dieser Stelle fallen ausnahmsweise *Klimaschutz und Wohlstandszuwachs* in ihren Wirkungen zusammen, während sie üblicherweise gegenläufig wirken.

Wie neben dem Grundsatzartikel von Herlyn auch der Beitrag von Farajpour erklärt, spielen Wald- und Landwirtschaftsprojekte konsequenterweise auch für die in 2018 durch das BMZ lancierte Allianz für Entwicklung und Klima (vgl. BMZ o.J.) eine zentrale Rolle. Diese fördert neben internationalem Klimaschutz insbesondere auch soziale Entwicklungen und damit die sozialpolitische Seite des Weges in die Zukunft. Über hochwertige Projekte in Nichtindustrieländern werden dabei einerseits Verbesserungen der Klimabilanz sowie andererseits Co-Benefits zu allen SDGs (Agenda 2030) und insbesondere positive Biodiversitätseffekte erreicht.

3 Und die Politik?

Für eine sozialökologische Erneuerung der Marktwirtschaft im Sektor der Primärproduktion ginge es ab sofort politisch darum, das praktisch Machbare und gesellschaftlich Gewünschte mit geeigneten ordnungspolitischen Maßnahmen in der Breite durchzusetzen und damit dem Interesse des Gemeinwohls zu dienen. Darauf gehen die Beiträge von Plagge/Griese genauso ein, wie diejenigen von Assenmacher, Walterspacher und Gottwald. Es ist eine politische Minimalforderung, das in Zukunft alle agrarpolitischen Förder- und Schutzmaßnahmen hinsichtlich ihrer Auswirkungen auf die Unterstützung klimapositiv wirkender Praxen in Land- und Forstwirtschaft überprüft würden. Nur diejenigen Maßnahmen sollten mit öffentlichen Mitteln gefördert werden, die auf Transformationen in Richtung Klimaneutralität bzw. Klimapositivität „einzuzahlen" versprechen und darüber hinaus sich auf den Erhalt der Biodiversität positiv auswirken.

Eine 2019 veröffentlichte Forsa-Befragung von Landwirtinnen und -wirten in Deutschland zur zukünftigen Ausrichtung der deutschen und europäischen Agrarpolitik belegt, dass 44% der befragten Personen aus der Landwirtschaft es bevorzugen würden, wenn ab dem Jahr 2030 das Fördersystem mehr Geld für Umwelt- und Naturschutz und für die Erfüllung von Umweltauflagen zur Verfügung stellte und dafür die derzeitige pauschale Flächenprämie abgeschafft würde (vgl. Forsa 2019). Damit zeigt der Berufsstand, dass er in großen Teilen hinter der Forderung steht, für öffentliches Geld Leistungen zu erbringen, die Umwelt- und Naturschutz und insbesondere auch dem Klimaschutz zugutekommen.

Die für ein Umsteuern in Richtung klimapositive Land- und Forstwirtschaft benötigten investiven Mittel könnten, so zeigen verschiedene Studien, durch eine CO_2-Preisreform volkswirtschaftlich verantwortbar aufgebracht und in die Landwirtschaft gelenkt werden (vgl. Edenhofer/Flachsland 2018). Bei einem angemessenen CO_2-Preis und einem rechtlich entsprechend geregelten Zertifikatemarkt könnten aber auch handelbare Emissionsrechte an die in der Land- und Forstwirtschaft tätigen Akteurinnen und Akteure vermittelt werden, die als ein Zusatzeinkommen wirken würden, wenn denn Investitionen auf dem Hof bzw. im Forst getätigt würden, die dem Klimaschutz dienten. Darauf wird in den Artikeln von Plagge/Griese und Walterspacher ebenfalls eingegangen. Eine einfache Orientierung würde der vom land- oder forstwirtschaftlichen Unternehmen geleistete Humusaufbau geben, da bekanntlich Humusaufbau CO_2 bindet.

Der Preis pro Tonne CO_2 ist dabei entscheidend. Bei derzeitig unterschiedlichen Rechnungen – pro Tonne CO_2 zwischen 20 und 180 Euro – bedarf es offenbar des politischen Willens, hier eine Einigung herbeizuführen. Klimaschutz gesamtgesellschaftlich ernst zu nehmen und beispielsweise über eine politisch konsensierte Preisfindung und Klimazertifikate durchzusetzen, gelingt schon jetzt anfänglich, wie der EU-Emissionshandel zeigt. Neu wäre es allerdings, eine zweite Ebene von Mechanismen zu identifizieren und rechtlich belastbar durchzusetzen, über die geregelt würde, wieviel von dem Preis für CO_2-Kompensationsmaßnahmen aus der Verarbeitungswirtschaft oder dem Dienstleistungsbereich rund um Lebensmittel letztlich in der Land- und

Forstwirtschaft Tätigen zugutekommen könnte, die konkrete Projekte zur Klimaneutralität oder gar zur Klimapositivität durchführen. In diesem Zusammenhang bedürfte es auch der besonderen ordnungspolitischen Aufmerksamkeit für diejenigen Betriebe, die weiterhin auf Kosten des Klimas eine Steigerung ihrer Produktivität beispielsweise für den Export unternehmen wollen. Die Klimabelastung im Herstellungsprozess agrarischer und forstlicher Güter sollte also, zusammenfassend gesagt, in der Tat einen der wesentlichen Maßstäbe für eine sozialökologische Erneuerung der Landwirtschaft darstellen.

Dank

An dieser Stelle sei der Stiftung des Senats der Wirtschaft gedankt, die das vorliegende Werk in Zusammenarbeit mit der Schweisfurth Stiftung durch gemeinsame Förderung ermöglicht hat. Die Herausgeber wünschen dem Buch eine breite politische Aufmerksamkeit!

Literaturverzeichnis

4 per 1000 (o.J.): *Homepage.* www.4p1000.org (letzter Aufruf: 18.6.2021).

BMZ (Allianz für Entwicklung und Klima des Bundesministeriums für Zusammenarbeit) (o.J.): *Homepage.* www.allianz-entwicklung-klima.de (letzter Aufruf: 18.6.2021).

Edenhofer, Ottmar & Flachsland, Christian (2018): *Eckpunkte einer CO_2-Preisreform für Deutschland.* Potsdam. https://www.pik-potsdam.de/en/news/latest-news/archive/files/eckpunkte-einer-co2-preisreform-fur-deutschland (letzter Aufruf: 18.6.2021).

Forsa Politik- und Sozialforschung GmbH (2019): *Zukünftige Ausrichtung der deutschen und europäischen Agrarpolitik: Eine Befragung von Landwirten in Deutschland.* Berlin 09.04.2019, S. 12 https://www.nabu.de/imperia/md/content/nabude/landwirtschaft/agrarreform/190412-forsa-umfrage-landwirtschaft.pdf (letzter Aufruf: 07.05.2019).

Herren, Hans R. et al. (2020): *Transformation of our food systems. The making of a paradigm shift.* Zukunftsstiftung Landwirtschaft und Biovision.

INKOTA-netzwerk e.V. (Hrsg.) (2019): *Agrarökologie stärken: Für eine grundlegende Transformation der Agrar- und Ernährungssysteme.* Berlin. https://www.worldfuturecouncil.org/wp-content/uploads/2019/02/190118_Positionspapier_Agrar%C3%B6kologie_st%C3%A4rken.pdf (letzter Aufruf: 8.5.2019).

terraton (o.J.): *Homepage.* www.terraton.indigoag.com (letzter Aufruf: 18.6.2021).

von Weizsäcker, E.-U. & Wijkman, A. (2017): *Come On! Capitalism, Short-termism, Population and the Destruction of the planet,* New York: Springer.

Weltagrarbericht (o.J.): *Homepage.* https://www.weltagrarbericht.de/fileadmin/files/weltagrarbericht/EnglishBrochure/BrochureIAASTD_en_web_small.pdf

Teil I Naturbasierte Lösungen – Grundlegungen

Naturbasierte Lösungen – aktuelle Herausforderungen und zukünftige Potenziale

Estelle Herlyn

1 Einführung

Die aktuelle Debatte über die wirkungsvollsten Ansätze zur Bekämpfung des Klimawandels verläuft weltweit kontrovers. Über notwendige Maßnahmen, und wie diese zu finanzieren sind, wird nicht nur in Deutschland lebhaft gestritten. Kein Zweifel besteht allerdings daran, dass die sog. naturbasierten Lösungen einen unbedingt notwendigen Baustein für einen erfolgreichen Klimaschutz im Sinne einer Erreichung des 2°C- oder sogar des 1,5°C-Ziels darstellen (vgl. IPCC 2018). Es handelt sich bei den naturbasierten Lösungen um eine Vielzahl an Ansätzen, in deren Zentrum eine nachhaltige Landnutzung steht, die zum Klimaschutz beiträgt (Mitigation) und die an die Auswirkungen des Klimawandels angepasst ist (Adaptation). Zu ihnen zählen unter anderem Wälder (Aufforstung, Regenwalderhalt), Landwirtschaft und Grünland (Humusbildung, Biokohle) sowie Feuchtgebiete und Moore. Neben der positiven Klimawirkung tragen naturbasierte Lösungen zur Erreichung weiterer Umwelt- und Entwicklungsziele im Sinne der Agenda 2030 bei (vgl. Smith et al. 2019). Dies gilt insbesondere auch für zwei weitere drängende Themen der heutigen Zeit, nämlich Biodiversität und Artenvielfalt, die die Corona-Pandemie viel mehr als bisher ins Bewusstsein der Menschen gerufen hat (vgl. Barber et al. 2020). Mit keiner anderen Maßnahmenkategorie ist es so gut möglich, die beiden schon in der Brundtland-Definition von Nachhaltigkeit angelegten großen Anliegen einer nachhaltigen Entwicklung, nämlich nachholende wirtschaftliche Entwicklung sowie Umwelt- und

Klimaschutz, miteinander zu verbinden und bestehende Zielkonflikte zu überwinden (vgl. Herlyn 2019).

Alle naturbasierten Lösungen eint, dass sie Ansätze darstellen, um Negativemissionen zu erzeugen: CO_2, das bereits emittiert wurde, kann der Atmosphäre wieder entzogen werden. In Zeiten, in denen es der Weltgemeinschaft nicht gelingt, die CO_2-Emissionen schnell genug auf das noch zulässige Niveau gemäß dem Budgetansatz des Wissenschaftlichen Beirats der Bundesregierung Globale Umweltveränderungen (WBGU) abzusenken, kommt den Negativemissionen eine Schlüsselbedeutung zu. Sie stellen die vielleicht letzte verbliebene Chance dar, rechtzeitig weltweite Klimaneutralität im Sinne eines ‚net zero' zu erreichen. Neben den naturbasierten Lösungen können auch technische Lösungen für die notwendige CO_2-Sequestrierung sorgen (Carbon Capture and Usage/Carbon Capture and Storage). Diese sind jedoch in ihrer Entwicklung noch nicht so weit fortgeschritten, dass ein großflächiger Einsatz in absehbarer Zeit realistisch erscheint. Verschiedene Abschätzungen führen zu einem CO_2-Sequestrierungspotenzial durch naturbasierte Lösungen von perspektivisch bis zu 10 Milliarden Tonnen CO_2 pro Jahr (vgl. Radermacher 2018).

2 Mangelnde Finanzierung

Trotz der zuvor beschriebenen vielfältigen positiven Wirkungen der naturbasierten Lösungen finden entsprechende Aktivitäten heute im nicht nur wünschenswerten, sondern auch dringend notwendigen Umfang nicht statt. Im Gegenteil: Böden degradieren weiter, werden also von CO_2-Senken zu CO_2-Quellen, und der verbleibende Regenwald wird weiter abgeholzt: So nahm die Abholzung des Amazonas-Regenwaldes in den vier letzten Jahren stetig zu. Alleine in 2020 wurden dort über 11 000 Quadratkilometer Wald zerstört (vgl. statista 2021).[1] Dies entspricht einer Entwaldungsrate von etwa einem Prozent pro Jahr.

---

1 Basierend auf Daten des Instituto Nacional de Pesquisas Espaciais (INPE), deutsch: Nationales Institut für Weltraumforschung

Eine entscheidende Ursache dieser dramatischen Entwicklung ist finanzieller Natur. Es fehlen finanzielle Mittel, um den Regenwald zu erhalten, Wälder wieder aufzuforsten und degradierte Böden zu restaurieren. Aktuellen UN-Schätzungen zufolge werden insgesamt 700 Milliarden US-Dollar benötigt, um die Zerstörung der Natur weltweit zu stoppen (vgl. Guterres 2021). Es ist offensichtlich, dass die Staaten und damit die öffentliche Seite derartige Summen niemals aufbringen werden. Die Corona-Pandemie und die durch sie notwendig gewordene gigantische Verschuldung der Staaten hat diese Situation noch einmal verschärft. Hinzu kommt, dass ein Großteil der Bevölkerung und damit der Wählerinnen und Wähler der internationalen Verausgabung öffentlicher Mittel sehr kritisch gegenübersteht. Der zunehmende Trend zum Nationalismus verstärkt dieses Phänomen. Vor dem Hintergrund der beschriebenen Situation wird es deshalb eine Schlüsselfrage sein, ob es gelingen wird, für eine großflächige Finanzierung von naturbasierten Lösungen nicht-staatliche Finanzierungsquellen zu erschließen. Die Kombination von staatlichen und nicht-staatlichen Geldern, sog. „Blended Finance", spielt nicht nur in der Entwicklungszusammenarbeit, sondern ganz allgemein auch in der Verfolgung der 17 Nachhaltigkeitsziele eine zunehmend bedeutende Rolle (vgl. OECD/UNCDF 2020). Auch der jüngste UNEP Adaptation Gap Report fordert dringend eine Erhöhung öffentlicher und privater Mittel für die Unterstützung der Entwicklungsländer im Kampf gegen den Klimawandel, die heute viel zu sehr alleine gelassen werden. Gerade in den Ländern des Globalen Südens sind naturbasierte Lösungen in Bezug auf den Klimaschutz, aber auch für das Wohl der lokalen Gemeinschaften und den Erhalt von Biodiversität von hoher Priorität (vgl. UNEP 2021).

Zur Erzielung echter Fortschritte in den beschriebenen Bereichen würden internationale Kooperationsmechanismen (Artikel 6 des Pariser Klimavertrags) eine große Hilfe sein. Perspektivisch geht es darum, die bisher abgestimmten Mechanismen des Vertrags geschickt mit einem weltweit koordinierten Programm zur Erzeugung von Negativemissionen mittels naturbasierter Lösungen zu verknüpfen. Dabei sollten freiwillige und verpflichtende Maßnahmen klug in ein System integriert werden (vgl. Radermacher 2020).

Eine vielversprechende Möglichkeit zur Mobilisierung nicht-staatlicher Mittel stellt der freiwillige CO_2-Markt dar. Er könnte bezüglich der Schließung der beschriebenen großen Finanzierungslücken zukünftig eine sehr wichtige Rolle spielen: Im Rahmen ihrer Klimaschutzaktivitäten erwerben private Akteure, also Unternehmen, Privatpersonen oder auch Sportvereine, CO_2-Zertifikate auf dem freiwilligen Markt. Die auf diese Weise generierten finanziellen Mittel stellen eine entscheidende Finanzierungsquelle für die Projekte dar, in denen die positiven CO_2-Wirkungen erzielt werden. In diesem Kontext spielen Projekte aus dem Bereich der naturbasierten Lösungen schon heute eine wichtige Rolle. Erfreulicherweise sind aktuell an vielen Stellen Aktivitäten zu beobachten, mit denen in den kommenden Jahren eine massive Marktskalierung angestoßen werden soll. McKinsey betonte jüngst die Bedeutung, die der freiwillige CO_2-Markt für die Finanzierung von Projekten spielt, in denen CO_2 wieder aus der Atmosphäre herausgeholt wird (vgl. McKinsey 2020). In 2020 wurde um den Sonderberater des britischen Premierministers für die COP26, Mark Carney, eine internationale ‚Task Force For Scaling Voluntary Carbon Markets' ins Leben gerufen (vgl. TFSVCM 2020). Nach einem mehrere Monate andauernden Konsultationsprozess wurde zum Weltwirtschaftsforum in Davos 2021 ein Report publiziert, in dem u.a. ein Wachstum des freiwilligen CO_2-Marktes um 1 500% bis 2030 gefordert wird (vgl. TFSVCM 2021). Im selben Kontext wies McKinsey mit einem Bericht auf die multiplen Chancen hin, die naturbasierte Lösungen bieten: Chancen, um einerseits Klima- und Naturkrisen anzugehen und um andererseits erhebliche zusätzlichen ökologischen, sozialen und wirtschaftlichen Nutzen zu generieren (vgl. McKinsey 2021).

3 Aktivitäten von Unternehmen

Es ist zu beobachten, dass zunehmend mehr Unternehmen das Instrument der CO_2-Kompensation nutzen, um rasch bilanzielle Klimaneutralität zu erlangen. Sie alle haben erkannt, dass eine alleinige Fokussierung auf heimische CO_2-Vermeidungs- und -Reduktionsmaßnahmen nicht ausreichend ist, um eine Chance auf das Erreichen des 2°C- oder gar 1,5°C-Ziels zu wahren und hierzu innerhalb des verbliebenen CO_2-Restbudgets von weltweit gut 1 040 beziehungsweise 290 Mrd. Tonnen zu bleiben. Zudem bietet aus Sicht eines Unternehmens aus einem reichen Industrieland wie Deutschland nur der Ansatz der internationalen CO_2-Kompensation die Möglichkeit, den Klimawandel als globale Herausforderung zu begreifen und in der Folge global aktiv zu werden. De facto verbergen sich hinter dem Begriff der CO_2-Kompensation Maßnahmen zur internationalen Klimafinanzierung mit positiver Entwicklungswirkung und speziell aus Sicht der Unternehmen Maßnahmen zur freiwilligen Internalisierung externer ökologischer und sozialer Kosten.

In Deutschland gründete das Bundesministerium für wirtschaftliche Zusammenarbeit und Entwicklung (BMZ) in 2018 mit der Allianz für Entwicklung und Klima eine Multi-Stakeholder-Initiative, die das Ziel verfolgt, nicht-staatliche Mittel für Entwicklung und internationalen Klimaschutz zu mobilisieren.[2] Der Allianz gehören inzwischen mehr als 800 Unterstützer an, darunter neben Unternehmen auch Kommunen, Bundesländer und Sportvereine. Bekannte Unterstützer sind die DAX-Konzerne Deutsche Bank, Munich Re und SAP, aber auch Bosch, das als Industrieunternehmen seit 2020 klimaneutral ist, und der weltgrößte Logistikdienstleister im Bereich der Seefracht Kühne + Nagel. Sie alle setzen in großem Umfang auf naturbasierte Lösungen, insbesondere auf Wiederaufforstung und Walderhalt (vgl. Kühne + Nagel 2021). Einen noch weiter gehenden Schritt stellt die Kompensation historischer Emissionen dar. In diesem Sinne sind bisher insbesondere die amerikanischen Konzerne Apple, Google und Microsoft aktiv geworden. Aber auch der dänische Dachfensterhersteller Velux hat angekündigt, bis zu seinem 100-jährigen Jubiläum in 2041 alle historischen Emissionen seit Firmengründung zu kompensieren (vgl. VELUX 2021).

Insgesamt ist festzustellen, dass bei den Unternehmen eine zunehmend große Bereitschaft besteht, naturbasierte Lösungen in die eigenen Klimaschutzmaßnahmen zu integrieren. Aus ihrem Kreis ist zu hören, dass dringend großflächigere Aktivitäten für die CO_2-Kompensation

---

2 Vgl. Allianz für Entwicklung und Klima, im Internet unter: https://allianz-ent wicklung-klima.de/ (letzter Aufruf 9.6.2021).

benötigt werden, die über den bisher sehr kleinteiligen Status quo der Projekte im freiwilligen CO_2-Markt hinausgehen. Diese werden unter dem aktuellen Stichwort „Landscape Approaches" adressiert. In diesem Sinne arbeitet auch der World Business Council for Sustainable Development (WBCSD) daran, die Umsetzung von naturbasierten Lösungen zu beschleunigen, bieten diese doch nach Aussage des WBCSD die Chance, bis zu 37% der zur Erreichung der Pariser Klimaziele notwendigen CO_2-Einsparungen zu bringen (vgl. WBCSD 2020a). Selbst wenn diese Zahl zu hoch gegriffen erscheinen mag, ist das CO_2-Potenzial der naturbasierten Lösungen ohne Zweifel beträchtlich. Zur Erschließung dieses Potenzials wurde gemeinsam mit dem World Economic Forum (WEF) die Natural Climate Solutions Alliance ins Leben gerufen (vgl. WBCSD 2020b) – dies auch vor dem Hintergrund, dass die durch naturbasierte Lösungen ebenfalls beförderten Themen Biodiversität und Artenvielfalt entscheidende Bausteine einer Neuausrichtung allen Handelns nach der Covid-19-Pandemie sein müssen (vgl. ebd.). Einen Schritt hin zu einer großflächigen Erschließung der vielfältigen Potenziale der naturbasierten Lösungen stellen die aktuellen Aktivitäten der Nichtregierungsorganisation African Parks dar, die für die Verwaltung von 20 afrikanischen Nationalparks mit einer Fläche von insgesamt über 14 Millionen Hektar verantwortlich ist.[3] Die Organisation arbeitet aktuell daran, für sich die Welt der CO_2-Zertifikate und somit eine neue Einnahmequelle für die Erhaltung und Ausweitung der Schutzgebiete zu erschließen.

4 Wald

Wie zuvor beschrieben engagieren sich zunehmend mehr Unternehmen im Kontext ihrer Klimaschutzaktivitäten in den Bereichen Wiederaufforstung und Walderhalt. Zugleich ist festzustellen, dass das vielfältige Potenzial der Wälder für Entwicklung und Klimaschutz noch immer nicht in Breite erkannt, geschweige denn erschlossen ist.

---

[3] Vgl. African Parks, im Internet unter: https://de.africanparks.org/ (letzter Aufruf 9.6.2021).

Unterschätzt wird beispielsweise die Rolle der Wälder in der Armutsbekämpfung. Eine Schlüsselfrage für dieses zentrale Ziel der Agenda 2030 ist, den wichtigen Beitrag der Wälder und Bäume als Verbündete im Kampf nicht nur gegen den Klimawandel, sondern auch gegen Armut anzuerkennen und besser zu nutzen. Weltweit sind Wälder und Bäume besonders für die ärmsten Menschen in ländlichen Regionen überlebenswichtig. Geht der Wald verloren, verlieren die Menschen langfristig beides – nicht nur den Kampf gegen den Klimawandel, sondern auch den Kampf gegen die Armut und letztlich ihre Lebensgrundlage (vgl. Miller et al. 2020).

Zu beobachten sind heute vielerorts Situationen, in denen es nicht gelingt, die so hoffnungsvollen Synergien in Bezug auf Klimaschutz, Biodiversität, Armutsbekämpfung und Entwicklung zu erschließen – im Gegenteil: Menschen in großer Armut versorgen sich letztlich in nicht nachhaltiger Weise aus den Ressourcen der verbliebenen Wälder, während diese eigentlich geschützt werden sollten.

Ein Beispiel sind Entwicklungen im – in der Demokratischen Republik Kongo gelegenen – 800 000 ha großen „Virunga-Nationalpark", in dem auch die seltenen Berggorillas zu Hause sind (vgl. Raupp 2020). Bereits in 2013 bezifferte der WWF den ökonomischen Wert des Nationalparks im Status quo auf knapp 50 Millionen Dollar pro Jahr. Mit einer nachhaltigen Nutzung und einer Inwertsetzung der Ökosystemdienstleistungen könnte dieser Wert auf gut eine Milliarde Dollar pro Jahr ansteigen (vgl. WWF 2013). Soll diese Inwertsetzung gelingen, sind viele Akteure gefragt: die Staaten selbst, die ihre Güter besser regulieren, bepreisen und damit letztlich schützen müssen, und nicht zuletzt Käuferinnen und Käufer, insbesondere aus dem nicht-staatlichen Bereich, die bereit sind, für Ökosystemdienstleistungen zu zahlen.

Die Zahlen des Virunga-Nationalparks machen deutlich, dass wirkliche Lösungen für den Walderhalt und die Wiederaufforstung nur dann entstehen können, wenn eine Finanzierung die entsprechenden Gebiete erreicht und in der Folge die Lebensbedingungen der Menschen vor Ort zentraler Gegenstand aller Aktivitäten sind und Arbeitsplätze zum Beispiel im Bereich des Schutzes des Waldes vor Wilderen und Ressourcenplünderern geschaffen werden können. In diesem Zusammenhang sind die folgenden Zahlen zum Virunga-Nationalpark sehr aufschlussreich: Pro Jahr verliert der Park heute etwa 2 200 Hektar Wald, was einer Verlustrate von 0,25–0,3 % pro Jahr entspricht. Die Hauptursache ist die illegale Produktion von Holzkohle, die wesentliche Basis für das Kochen der Menschen ist und zudem geschmuggelt wird, um Geld zu verdienen. Der Holzkohleschmuggel bringt pro Jahr etwa 150 Millionen Euro ein.

Dieses Beispiel unterstreicht – wie auch die zuvor erwähnten Abholzungsraten im Amazonas-Gebiet, dass einfache und unbürokratische Finanzierungsmechanismen für den Walderhalt dringend von Nöten sind. Die aktuellen Prozesse im Bereich der freiwilligen CO_2-Märkte sind hier noch sehr verbesserungswürdig.

So ist es ohne Weiteres realistisch, pro Hektar unangetastetem Regenwald etwa 50–100 Euro pro Jahr zu bezahlen – dafür, dass er stehen bleibt. Entsprechende nicht-staatliche Mittel müssten zur zweckgebundenen Verwendung an die jeweiligen Staaten fließen. In diesem Kontext sind intakte Strukturen vor Ort essenziell, die z.B. Korruption verhindern und langfristige Sicherheit gewährleisten. Bei der Größe des Virunga-Nationalparks würden auf diese Weise ca. 75 Millionen Euro pro Jahr generiert werden können. Damit ließen sich die erforderlichen 100 000 Arbeitsplätze schaffen, was ca. einem Arbeitsplatz je acht Hektar entspricht. Bedenkt man zudem, dass ein Hektar unberührter Regenwald oberhalb und unterhalb der Erde bis zu 700 Tonnen CO_2 pro Jahr bindet, würden – bezogen auf die Verlustrate und bei Zahlung von 100 Euro je Hektar – pro Tonne vermiedener CO_2-Emission ca. 50 Euro gezahlt. Dass die Effizienz des Mitteleinsatzes in einem solchen Szenario beträchtlich ist, ist offensichtlich. Dies wird umso klarer, wenn man bedenkt, dass im Kontext der Förderung der Elektromobilität in Deutschland bis zu 1 000 Euro, in einzelnen Fällen sogar noch mehr, für die Vermeidung von einer Tonne CO_2 ausgegeben werden. Die positiven Wirkungen im Hinblick auf Biodiversität, Wasserhaushalt und nicht zuletzt auf das Wohlergehen der lokalen Bevölkerung sind bei dieser Rechnung noch nicht einmal berücksichtigt.

Ein solch einfaches Verfahren, das auf der Basis pragmatischer Pauschalierungen die CO_2-Wirkung des Walderhalts abschätzt und ohne aufwendige und kostspielige CO_2-Messungen und Zertifizierungen auskommt, ist bisher nicht existent.

Das Jahr 2010 zeigt, dass ein solches Verfahren durchaus Chancen auf Realisierung hat, wenn entsprechende Mittel zur Verfügung gestellt werden: Die ecuadorianische Regierung hatte sich dazu verpflichtet, den Regenwald stehen und einen Teil der Erdölvorkommen des Landes unter der Erde zu lassen, wenn die internationale Gemeinschaft im Gegenzug dafür eine Ausgleichszahlung geleistet hätte. Das Land rief also die internationale Staatengemeinschaft auf, seinen Yasuní-Nationalpark zu retten. Der Ansatz scheiterte unter anderem deshalb, weil der damalige deutsche Entwicklungsminister Dirk Niebel eine Zahlung Deutschlands verweigerte (vgl. Schmidt 2010). Nicht-staatliche Akteure waren vor zehn Jahren noch nicht wie heute mit dem Klimaschutz und damit zum Beispiel mit der Finanzierung naturbasierter Lösungen beschäftigt, fielen also als alternative Geldgeber aus.

Auch für den Virunga-Nationalpark gibt es eine solch pragmatische Lösung eines zur Verfügung Stellens finanzieller Mittel für den Regenwalderhalt bisher nicht, obwohl viele Unternehmen inzwischen bereit sind, große Summen in den Klimaschutz und damit zum Beispiel in den Regenwalderhalt zu investieren. Traurige Wahrheit ist, dass es heute nur einzelne kleine CO_2-Kompensationsprojekte im Gebiet des riesigen Virunga-Nationalparks gibt, so z.B. ein Projekt für effiziente Kochherde und eines für Wasserkraft (vgl. myclimate 2021; ClimatePartner 2021).

Es ist zu hoffen, dass eine jüngst im Umfeld des Mercator Research Instituts veröffentlichte Studie den Prozess hin zu einfacheren Finanzierungsinstrumenten und unkomplizierten Geldflüssen weiter ebnet. Die zentrale Aussage der Studie ist, dass durch konsequenten Schutz der verbliebenen Regenwälder die Kosten, die zur Erreichung des 2°C- oder gar 1,5°C-Ziels aufgebracht werden müssen, signifikant gesenkt werden können. Die möglichen Kosteneinsparungen belaufen sich auf mehrere Billionen Dollar, da jeder in den Regenwalderhalt investierte Dollar 5,40 Dollar für sonstigen Klimaschutz spart (vgl. Fuss et al. 2021).

5 Landwirtschaft und Böden

Die moderne Landwirtschaft steht nicht nur in Deutschland immer wieder als einer der Hauptverursacher des Klimawandels in der Kritik. Ursache sind die Entwicklungen hin zu einer industriell betriebenen Landwirtschaft in den letzten Jahren und Jahrzehnten. Intensivviehhaltung, Sojaimporte aus aller Welt zur Verfütterung an Nutztiere und degradierte Böden infolge einer Überdüngung sind oft gehörte Kritikpunkte. Im Sinne der Landwirtinnen und -wirte weltweit wird die Aufgabe der kommenden Jahre darin bestehen, die Landwirtschaft von einem Verursacher zu einem wichtigen Bekämpfer des Klimawandels zu machen. Dabei wird man sich insbesondere zu Nutzen machen müssen, dass Böden ihre wichtige CO_2-Senken-Funktion zurückerlangen können. Wenn diese systematisch und spezifisch für die Regionen erschlossen wird, können erhebliche Mengen der jährlichen Treibhausgasemissionen als Humus im Boden gespeichert werden (vgl. Amelung et al. 2020). Diese Tatsache eröffnet den Landwirtinnen und -wirten weltweit die Chance auf eine neue Einnahmequelle, nämlich dann, wenn auch für den Bereich der Böden die Welt der CO_2-Zertifikate erschlossen wird.

Allerdings sind im Bereich der Landwirtschaft Agroforstprojekte die bisher einzige Projektkategorie, die in einem erwähnenswerten Umfang in den freiwilligen CO_2-Märkten vertreten ist und für die es eine anerkannte Methodologie und damit anerkannte Standards zur CO_2-Zertifizierung gibt. In jüngerer Zeit ist eine von der Standardorganisation Verra entwickelte ‚Methodology for Improved Agricultural Land Management' hinzugekommen, mit der CO_2-Wirkungen, die aus verbesserten landwirtschaftlichen Bodenbewirtschaftungsmethoden resultieren, quantifiziert werden können (vgl. Verra 2020a). Entsprechende Projekte werden hoffentlich bald ihren Weg in die freiwilligen CO_2-Märkte finden.

Für sämtliche Maßnahmen im Bereich der Bodenrestaurierung, wie z.B. Humusbildung und das Einbringen von Bio- und Holzkohle, steht der so wichtige Schritt der Entwicklung einer international anerkannten Methodologie noch aus. Er wurde jüngst von Verra angestoßen. Ein Ende 2020 gestarteter Prozess zur Entwicklung einer Biokohle-Methodologie soll im dritten Quartal 2021 mit der Veröffentlichung einer Methodologie abgeschlossen werden (vgl. Verra 2020b). Eine, der Dringlichkeit zu handeln, angemessene Erschließung der neuen Einnahmequelle „CO_2-Zertifikate" für die Landwirtinnen und -wirte weltweit ist leider noch Zukunftsmusik. Die Nutzung von Satellitentechnik zur Remote-Messung des CO_2-Gehalts der Böden sollte diesen Weg unterstützen können.

Schaut man sich die internationale Debatte zur Bedeutung der Böden im Kampf gegen den Klimawandel an, ist kaum nachzuvollziehen, warum bisher kaum Maßnahmen zur Restaurierung von Böden ergriffen wurden und warum die Integration in die freiwilligen CO_2-Märkte so schleppend verläuft. Der bisherigen Tatenlosigkeit steht der von vielen Stellen geäußerte dringende Bedarf gegenüber, endlich in diesem Handlungsfeld aktiv zu werden. Die deutsche Bodenkundlerin und Trägerin des Deutschen Umweltpreises 2019 Ingrid Kögel-Knabner betont schon lange die unterschätzte Rolle der Böden für die Bekämpfung des Klimawandels, aber auch für Ernährungssicherung (vgl. TUM 2019). Martin Frick, Senior Director beim UNFCCC (UN Framework Convention on Climate Change), heute UN Sonderbeauftragter für den UN Food Systems Summit, äußerte schon bei der Klimakonferenz COP25 in 2019 die zwingende Notwendigkeit, aus Klima-, Ernährungs- und Entwicklungsgründen die Böden stärker in den Blick zu nehmen und Finanzierung zu denjenigen zu lenken, deren Lebensgrundlage die Böden sind, nämlich die landwirtschaftlich Tätigen weltweit (vgl. Frick 2019).

Die aktuellen Entwicklungen laufen jedoch unverändert in eine gegenteilige Richtung: Nicht nur die sich ausbreitende industrielle Landwirtschaft führt zu zunehmender Bodendegradierung und damit zu einem stetig sinkenden CO_2-Gehalt der Böden. Auch in Folge der zunehmenden Erderwärmung werden die Böden, die ursprünglich bedeutsame CO_2-Senken waren, immer mehr zu CO_2-Quellen. Permafrostböden tauen auf und die Wüstenbildung nimmt zu (vgl. Varney et al. 2020).

Diesen Prozess gilt es umzukehren, denn es sind weltweit bereits 30% der Böden degradiert und ohne Gegenmaßnahmen wird diese Zahl bis 2050 auf 90% ansteigen (vgl. World Economic Forum 2021). Dabei geht es nicht nur um die Dimension des Klimaschutzes, sondern genauso auch um eine Entwicklung in ländlichen Regionen und die Ernährungssicherheit für eine anhaltend wachsende Weltbevölkerung mit Wohlstandserwartungen und Ansprüchen in Bezug auf eine hochwertigere Ernährung bei gleichzeitig massiven Verlusten landwirtschaftlich nutzbarer Flächen. Vor diesem Hintergrund beschäftigt sich auch das World Economic Forum 2021 mit der Frage, wie die Böden im Rahmen eines Zehn-Jahresplanes restauriert werden können. Im Rahmen des UN Food Systems Summit wurde ein Action Track „Boost Nature-Positive Production" aufgesetzt, der sich der Nutzungsoptimierung von Umweltressourcen in der Lebensmittelproduktion, -verarbeitung und -verteilung widmen wird, um so den Verlust der biologischen Vielfalt, die Verschmutzung, den Wasserverbrauch, die Bodendegradation und die CO_2-Emissionen zu reduzieren. Der weltgrößte Lebensmittelkonzern Nestlé hat angekündigt, Milliarden in den Klimaschutz zu investieren, und setzt hierzu auf die Einführung und Ausweitung der regenerativen Landwirtschaft. Auf diese Weise sollen etwa die Bodengesundheit verbessert und Ökosysteme wiederhergestellt werden (vgl. Nestlé 2020).

Auch im Bereich der Landwirtschaft und der Böden ist also zu wünschen, dass vielen Worten endlich Taten folgen werden, denn gerade in diesem Bereich wurde bereits viel zu viel Zeit verloren. Immerhin ist an vielen Stellen erkennbar, dass das Thema Böden an Priorität gewinnt. Wie auch im Bereich der Wälder besteht die Chance, dass sich die neue Währung CO_2 als der Hebel erweist, Geldflüsse von den Emittenten von CO_2 hin zu denjenigen zu lenken, die dieses wieder aus der Atmosphäre herausholen und in die Böden bringen – im Sinne eines dem Verursacherprinzip folgenden Klimaschutzes, aber auch zur Verbesserung der Bodenqualität und damit zur Sicherung von Ernährung weltweit. Eine ‚Decade of Action', wie sie in Bezug auf die Agenda 2030 ausgerufen wurde, erscheint gerade im Bereich der Landwirtschaft und der Böden aus vielerlei Gründen unerlässlich.

6 Ausblick

Es bleibt zu hoffen, dass die so offensichtlichen vielfältigen Synergien, die sich bezüglich Entwicklung sowie Umwelt- und Klimaschutz im Bereich aller naturbasierten Lösungen zeigen, zum Wohle der Menschen, des Klimas, der Umwelt und nicht zuletzt der Biodiversität endlich in vollem Umfang erschlossen werden. Dies gilt in besonderem Maße für den Bereich der Böden, werden doch hiermit neben dem Klimaschutz weitere dringliche Themen wie Ernährungssicherheit bei weiter rasch wachsender Weltbevölkerung und die weltweite Schaffung von Arbeitsplätzen positiv befördert. Dieselbe Dringlichkeit besteht bezüglich des Erhalts der noch verbliebenen Regenwälder, die zugleich Hotspots der Biodiversität sind. Der bis heute anhaltende dramatische Regenwaldverlust und die in Verbindung mit dem einhergehenden Biodiversitätsverlust zu sehende Corona-Pandemie lehrt uns auf schmerzhafte Weise, dass auch dieses viel zu lange vernachlässigte Thema dringend innovativer Ansätze jenseits des Bisherigen bedarf. Die Entwicklung unbürokratischer Finanzierungsmechanismen, die es nicht-staatlichen Akteuren ermöglichen, auf unkomplizierte Weise aktiv zu werden, und das Überwinden von Silodenken im politischen, aber auch im Bereich von Nichtregierungsorganisationen werden dabei Schlüsselrollen spielen. Man sollte sich zu Nutzen machen, dass CO_2 zunehmend eine ‚neue Währung' wird und mehr und mehr Akteure bereit sind dafür zu bezahlen, dass CO_2, das sie emittiert haben, wieder aus der Atmosphäre herausgeholt wird. Auf diese Weise würde ein Geldkreislauf geschaffen, der die angestrebte Schließung eines Kohlenstoffkreislaufes zur Folge hätte. Die naturbasierten Lösungen bieten dabei die einmalige Chance, zugleich vielfältige weitere positive Wirkungen im Sinne einer nachholenden Entwicklung und des Erhalts der Artenvielfalt und der Biodiversität zu leisten.

Literaturverzeichnis

Amelung, W., Bossio, D., de Vries, W., Kögel-Knabner, I. et al. (2020): Towards a global-scale soil climate mitigation strategy. In: *Nature Communications* 11, Artikelnr. 5427. https://doi.org/10.1038/s41467-020-18887-7 (letzter Aufruf: 31.1.2021).

Barber, C.V., Petersen, R., Young, V., Mackey, B. & Kormos, C. *(2020): The Nexus Report: Nature Based Solutions to the Biodiversity and Climate Crisis.* F20 Foundations, Campaign for Nature. https://www.foundations-20.org/wp-content/uploads/2020/11/The-Nexus-Report.pdf (letzter Aufruf: 4.1.2021).

ClimatePartner (2021): *Hydropower for the habitat of mountain gorillas.* https://www.climatepartner.com/en/carbon-offset-projects/hydropower-virunga-dr-congo (letzter Aufruf: 30.1.2021).

Frick, M. (2019): *The Power of Soil, Interview bei der COP25 in Madrid.* https://www.youtube.com/watch?v=xWK59zT6YHE (letzter Aufruf: 31.1.2021).

Fuss, S., Golub, A. & Lubowski, R. (2021): The economic value of tropical forests in meeting global climate stabilization goals. In: *Global Sustainability* 4. https://doi.org/10.1017/sus.2020.34.

Guterres, A. (2021): *Rede anlässlich des One Planet Summit am 11. Januar in Paris.* https://www.un.org/sg/en/content/sg/speeches/2021-01-11/remarks-one-planet-summit (letzter Aufruf: 21.1.2021).

Herlyn, E. (2019): Die Agenda 2030 als systemische Herausforderung – Zielkonflikte und weitere Umsetzungsherausforderungen. In: Herlyn, E. & Lévy-Tödter, M. (Hrsg.), *Die Agenda 2030 als Magisches Vieleck der Nachhaltigkeit* (S. 43–58). Wiesbaden: Springer Gabler.

IPCC (Intergovernmental Panel on Climate Change) (2018): *IPCC, 2018: Global Warming of 1.5 °C. An IPCC Special Report on the impacts of global warming of 1.5 °C above pre-industrial levels and related global greenhouse gas emission pathways, in the context of strengthening the global response to the threat of climate change, sustainable development, and efforts to eradicate poverty.* In Press.

Kühne + Nagel (2021): *Net Zero Carbon – Our commitment to sustainability in logistics.* https://home.kuehne-nagel.com/documents/20124/72221/company-csr-environment-Carbon-Offsetting-Flyer.pdf (letzter Aufruf: 29.1.2021).

McKinsey (2020): *How the voluntary carbon market can help address climate change.* https://www.mckinsey.com/business-functions/sustainability/our-insights/how-the-voluntary-carbon-market-can-help-address-climate-change# (letzter Aufruf: 21.1.2021).

McKinsey (2021): *Consultation: Nature and Net Zero.* http://www3.weforum.org/docs/WEF_Consultation_Nature_and_Net_Zero_2021.pdf (letzter Aufruf: 28.1.2021).

Miller, D., Mansourian, S. & Wildburger, C. (Hrsg.) (2020): *Forests, Trees and the Eradication of Poverty: Potential and Limitations. A Global Assessment Report.* IUFRO World Series 39. Vienna. https://www.iufro.org/fileadmin/material/publications/iufro-series/ws39/ws39.pdf (letzter Aufruf: 25.10.2020).

myclimate (2021): *Efficient Cook Stoves save Habitat for the last of the Mountain Gorillas.* https://www.myclimate.org/information/carbon-offset-projects/detail-carbon-offset-projects/rwanda-efficient-cook-stoves-7213/ (letzter Aufruf: 30.1.2021).

Nestlé (2020): *Accelerate, Transform, Regenerate: Nestlé's Net Zero Roadmap.* https://www.nestle.com/sites/default/files/2020-12/nestle-net-zero-roadmap-en.pdf (letzter Aufruf: 31.1.2021).

OECD/UNCDF (2020): *Blended Finance in the Least Developed Countries 2020: Supporting a Resilient COVID-19 Recovery*. Paris: OECD Publishing. https://doi.org/10.1787/57620d04-en.

Radermacher, F. J. (2018): *Der Milliardenjoker – Freiwillige Klimaneutralität und das 2°C-Ziel*. Hamburg: Murmann.

Radermacher, F. J. (2020): Das Rio/Kyoto/Paris-Dilemma. In: *Kursbuch 202 Donner. Wetter. Klima.* Hamburg: Kursbuch Kulturstiftung gGmbH.

Raupp, J. (2020): Baum für Baum. In: *Süddeutsche Zeitung* vom 7./8. November 2020. https://projekte.sueddeutsche.de/artikel/wirtschaft/baum-fuer-baum-e161364/ (letzter Aufruf: 30.1.2021).

Schmidt, M. (2010): Niebel erteilt Ecuador eine Absage. In: *Der Tagesspiegel* vom 16.9.2010. https://www.tagesspiegel.de/politik/entwicklungshilfe-niebel-erteilt-ecuador-eine-absage/1935452.html (letzter Aufruf: 7.2.2021).

Smith, P., Adams, J., Beerling, D., Beringer, T., Calvin, K., Fuss, S., Griscom, B., Hagemann, N., Kamman, C., Kraxner, F., Minx, J., Popp, A., Renforth, P., Vicente, J. & Keesstra, S. (2019): Impacts of Land-Based Greenhouse Gas Removal Options on Ecoystem Services and the United Nations Sustainable Development Goals. In: *Annual Review of Environment and Resources*. https://doi.org/10.1146/annurev-environ-101718-033129.

Statista (2021): *Rodung im Amazonasbecken nimmt wieder zu*. https://de.statista.com/infografik/23935/abgeholzte-waldflaeche-im-amazonasgebiet/ (abgerufen am 21.1.2021).

TFSVCM (Task Force on Scaling Voluntary Carbon Markets) (2020): *About Us*. https://www.iif.com/tsvcm/ (letzter Aufruf: 21.1.2021).

TFSVCM (Task Force on Scaling Voluntary Carbon Markets) (2021): *Final Report*. https://www.iif.com/Portals/1/Files/TSVCM_Report.pdf (letzter Aufruf: 31.1.2021).

TUM (Technische Universität München) (2019): *Pressemitteilung*: Prof. Ingrid Kögel-Knabner für Pionier-Arbeit im Umweltschutz ausgezeichnet – Deutscher Umweltpreis für Bodenforscherin. https://www.tum.de/nc/die-tum/aktuelles/pressemitteilungen/details/35685/ (letzter Aufruf: 31.1.2021).

UNEP (United Nations Environment Programme) (2021): *Adaptation Gap Report 2020*. https://www.unenvironment.org/resources/adaptation-gap-report-2020 (letzter Aufruf: 31.1.2021).

Varney, R.M., Chadburn, S.E., Friedlingstein, P. et al. (2020): A spatial emergent constraint on the sensitivity of soil carbon turnover to global warming. *Nat Commun* 11, 5544 (2020). https://doi.org/10.1038/s41467-020-19208-8 (letzter Aufruf: 31.1.2021).

VELUX (2021): *It's our nature*. https://www.velux.com/what-we-do/sustainability/sustainability-strategy (letzter Aufruf: 29.1.2021).

Verra (2020a): *VM0042 Methodology for Improved Agricultural Land Management*, v1.0. https://verra.org/methodology/vm0042-methodology-for-improved-agricultural-land-management-v1-0/ (letzter Aufruf: 31.1.2021).

Verra (2020b): *Verra to Undertake Development of a VCS Biochar Methodology to Unlock its Potential to Mitigate Climate Change.* https://verra.org/request-for-proposals-development-of-a-vcs-biochar-methodology/ (letzter Aufruf: 31.1.2021).

WBCSD (World Business Council for Sustainable Development) (2020a): *Accelerating business solutions for climate and nature – Report I: Mapping nature-based solutions and natural climate solutions.* https://www.wbcsd.org/Programs/Food-and-Nature/Nature/Nature-Action/Resources/Accelerating-business-solutions-for-climate-and-nature-Report-I-Mapping-nature-based-solutions-and-natural-climate-solutions (letzter Aufruf: 4.1.2020).

WBCSD (World Business Council for Sustainable Development) (2020b): *COVID-19: A Dashboard to Rebuild with Nature.* https://www.wbcsd.org/Programs/Food-and-Nature/Resources/COVID-19-a-dashboard-to-rebuild-with-nature (letzter Aufruf: 4.1.2021).

WEF (World Economic Forum) (2020): *A 10-year plan to save the world's soil.* https://www.weforum.org/agenda/2020/12/a-10-year-plan-to-save-our-soil/ (letzter Aufruf: 4.1.2021).

WWF (World Wildlife Fund) (2013): *The Economic Value of Virunga National Park.* https://awsassets.panda.org/downloads/the_economic_value_of_virunga_national_park_lr_2.pdf (letzter Aufruf: 30.1.2021).

Naturbasierte Lösungen – ein zentraler Baustein zur Lösung der internationalen Energie- und Klimakrise[1]

Franz Josef Radermacher

1 Eine Welt in Wohlstand ist möglich

Der vorliegende Beitrag behandelt die Zukunft in den Bereichen Energie und Klima – ein Thema, das zunehmend den gesellschaftlichen Diskurs beherrscht. Vor allem die Proteste von Schülerinnen, Schülern und Jugendlichen bewegen die Gesellschaft (Club of Rome/Senat der Wirtschaft 2017). Das Thema ist schwierig (Hüttl et al. 2012; IEA 2018; Müller 2017; Müller 2020). Was sollen wir tun? Was sind gesicherte Erkenntnisse?

Die nachfolgenden Überlegungen bauen auf einer jahrzehntelangen Beschäftigung mit den genannten Themen auf (Radermacher 2018a, 2018b, 2019a). Sie zeigen das Potenzial für eine gute Zukunft der Menschheit. Damit ist eine Zukunft gemeint, die zugleich Wohlstand für zehn Milliarden Menschen *und* den Schutz von Umwelt und Klima ermöglicht. Das offene Marktsystem und die Technik können liefern. Die Bewältigung der vor uns liegenden Herausforderungen gelingt dabei nicht durch aus Verzweiflung resultierenden Verzicht auf wertvolle Errungenschaften unserer Geschichte, sondern durch das Leistungspotenzial einer technischen Zivilisation. Milliarden Menschen in Afrika,

---

[1] Basiert in Teilen auf: Senat der Wirtschaft. Stiftung für gemeinwohlorientierte Politik (Hrsg.) (2019): *Die internationale Energie- und Klimakrise überwinden – Methanolökonomie und Bodenverbesserung schließen den Kohlenstoffzyklus*. Erschienen in: Europa fit machen für die Zukunft. Impulsbeiträge für eine gemeinwohlorientierte Europapolitik. Norderstedt: Books on Demand.

auf dem indischen Subkontinent und in weiteren Entwicklungs- und Schwellenländern, in denen sich in den nächsten Jahrzehnten die Bevölkerungsgröße verdoppeln wird und extreme Armut überwunden werden muss, *können den Entwicklungspfad Chinas replizieren*, ohne zugleich eine ökologische Katastrophe heraufzubeschwören – eine Zukunft mit Megacities, Hochhäusern aus Beton und Stahl, Autoflotten und Flugzeugen.

2 Was ist zu tun?

Dass dies möglich sein soll – und ebenso eine Umsetzung der Nachhaltigkeitsziele (SDGs) der Vereinten Nationen bis 2050 (nicht 2030) – ist zunächst überraschend (Club of Rome/Senat der Wirtschaft 2017; Nair 2018; Radermacher 2019a), denn der Wohlstandsaufbau in den sich entwickelnden Ländern ist der eigentliche Treiber der steigenden CO_2-Emissionen. Hier drohen in Afrika (und in erheblichem Umfang auch auf dem indischen Subkontinent) die entscheidenden CO_2-Zuwächse, die das zukünftige Bild bestimmen und uns in eine Klimakatastrophe führen werden, wenn keine neuen technischen Lösungen entstehen. Die Emissionen in den dortigen Ländern mit ihren rasch wachsenden Bevölkerungen werden dann sogar diejenigen von China übertreffen. Und die chinesischen Emissionen übertreffen bereits heute die der USA, Europa und Japan zusammengenommen.

Wie kann unter diesen Umständen ein klimaverträglicher Weg in die Zukunft, der Wohlstandserwartungen und Umwelt- und Klimaschutz weltweit miteinander in Einklang bringt, realisiert werden? Wichtig erscheint es vor allem, die nachfolgenden Zielsetzungen allesamt zu adressieren, um eine große Katastrophe auf dem Weg in die Zukunft zu verhindern:

– Weltbevölkerung bei 10 Milliarden Menschen stabilisieren,[2]
– 20 Millionen neue Arbeitsplätze pro Jahr in Afrika schaffen,
– keinem Staat ökonomisch die „Luft" abdrehen,

---

2 Dies kann nur bei Entstehung von Wohlstand und Umsetzung der SDGs gelingen.

- einen „nuklearen Winter" als Folge eines atomaren Krieges auf niedrigem Niveau verhindern,
- die riesigen, auf fossilen Energieträgern beruhenden Industrien intakt halten,
- bilanzielle CO_2-Neutralität erreichen (z.b. durch Kohlenstoffrecyclierung),
- Regenwälder erhalten (Industrieländer sollen dafür zahlen),
- Böden intakt halten und verbessern (zu Kohlenstoffspeichern weiterentwickeln),
- Menschheit ernähren (Wüstenbildung umkehren, besserer Umgang mit Böden),
- Zwei-Klassengesellschaft in Europa verhindern,
- Zwei-Klassengesellschaft weltweit graduell überwinden.

Eine Wohlstandsperspektive für alle ist offenbar dringend erforderlich, weil sonst soziale Verwerfungen bis hin zu Bürgerkrieg oder gar Krieg drohen. Auch ist nur durch Wohlstand für alle eine Stabilisierung der Weltbevölkerungsgröße zu erreichen. Ohne Wohlstandszuwachs sind offensichtlich viele der aufgelisteten Erfordernisse für tragfähige Zukunftslösungen nicht erreichbar. Die in diesem Text vorgeschlagene Referenzlösung für die Zukunft im Energie- und Klimabereich *erfüllt hingegen alle aufgelisteten Testkriterien.*

3 Carl von Carlowitz und die große Transformation

Erforderlich für den hier aufgezeigten Weg ist eine *große Transformation.* Davon sprechen viele, meinen aber etwas anderes, als hier gemeint ist. Oft wird ein „neuer" Mensch, eine andere Zivilisation, eine andere Ethik, ein Leben in Bescheidenheit gefordert. Das ist wenig realistisch. Weltuntergangsszenarien, Panik oder die Propagierung einer neuen Sicht auf Leben und Zufriedenheit werden nicht helfen.

Was aber hilft? Dazu sei eine Analogie gezogen: Die Situation heute erinnert nämlich an die Verhältnisse vor 300 Jahren. Damals hatte *Holz* eine ähnliche Schlüsselrolle inne wie heute die fossilen Energieträger: energetisch, materiell und für die Entfaltung von Macht (damals insbesondere Kriegsschiffe). Die Wälder waren damals in existentieller

Gefahr. In Deutschland thematisierte Carl von Carlowitz die dringend notwendigen Erfordernisse – den nachhaltigen Umgang mit Wald. In anderen Ländern wurden ähnliche Positionen vertreten. Die Botschaft lautete, nicht mehr Holz aus den Wäldern zu entnehmen, als nachwachsen kann. Aber nicht dieser Diskurs, so wichtig er war, hat die Wälder gerettet. Existentielle Wohlstands- und Machtinteressen starker Akteurinnen und Akteure und diverser Bevölkerungsgruppen lassen sich nämlich nicht durch ethisch-moralische Erörterungen einhegen, allenfalls durch zerstörerische Kriege. Deshalb wächst auch heute weltweit nach wie vor und trotz aller ethisch aufgeladenen Debatten das Volumen der genutzten fossilen Energieträger, wie die Internationale Energieagentur Jahr für Jahr aufzeigt und auch für die Zukunft prognostiziert. Aus demselben Grund wuchs auch der Holzverbrauch vor 300 Jahren stetig weiter. Offensichtlich ist es in Seekriegen nicht besonders wirkungsvoll, mit neuen Kriegsschiffen zu drohen, die man in 80 Jahren in Dienst stellen wird, wenn ein erfolgreiches Aufforstprogramm die erneute Nutzung großer Holzmengen ermöglicht.

Die große Transformation erfolgte dann aber doch und zwar etwas später auf ganz andere Weise – durch die *Erfindung der Dampfmaschine* (Radermacher/Beyers 2014). Diese konnte das Potenzial der Kohle, die schon lange in kleinen Mengen gefördert und genutzt wurde, endlich voll ausschöpfen, nämlich durch den erzeugbaren großen Energieüberschuss. Tiefe Schächte, Wasserpumpen, Kohle und Stahl sowie Eisenbahnen waren die Folge. In Deutschland gehört dazu die Entfaltung des Ruhrgebiets mit seiner industriellen, aber auch militärischen Kraft. Nach drei industriellen Revolutionen hat sich in der Folge in 300 Jahren die Zahl der Menschen auf der Erde verzehnfacht und der (materielle) Wohlstand verhundertfacht. Nun läuft allerdings auch dieses neue technische System im Energiebereich gegen seine Grenzen, insbesondere wegen der aus den CO_2-Emissionen, die mit fossilen Energieträgern verbunden sind, resultierenden Klimaproblematik.

4 Ist Dekarbonisierung die Lösung?

Nein. *Die von vielen herbeigesehnte Dekarbonisierung wird kurz- und mittelfristig nicht erfolgen* und wenn, dann in anderer Weise, als das

Thema üblicherweise diskutiert wird. Das ist auch gut so. Die Folgen einer raschen Dekarbonisierung wären nämlich eine extreme Weltwirtschaftskrise und sehr wahrscheinlich Krieg und Bürgerkrieg. Es wird aber auf absehbare Zeit keine Dekarbonisierung geben. Die Politik der Großmächte, insbesondere der USA, steht einem solchen Weg diametral entgegen. Dies wird in Radermacher (2018a) ausführlich beschrieben. Die aktuelle Politik der USA zielt auf rasches weiteres Wachstum der US-Produktion von Öl und Gas – das *Gegenteil von Dekarbonisierung*. Dabei sind die USA heute schon der weltgrößte Ölproduzent. Sie haben Saudi-Arabien und Russland überholt und steigern ihre Produktion zügig weiter.

Die Weltgemeinschaft will als Ziel der SDGs Wohlstand für zehn Milliarden Menschen (Radermacher 2018b). 2050 könnte dann im besten Fall mit dieser Zahl von Menschen endlich ein Stabilisierungsplateau für die Größe der Weltbevölkerung erreicht sein. Im Unterschied zu der großen Transformation vor 300 Jahren, die zu einer Verzehnfachung der Weltbevölkerung geführt und damit immer neue Wachstumsdynamiken entfaltet hat, könnte die Menschheit diesmal einen *steady state* auf vergleichsweise hohem weltweiten sozialen Ausgleichs- und Wohlstandsniveau erreichen. Der weltweite Wohlstand muss dazu in 30 Jahren tendenziell verdoppelt werden. Die SDGs sollen und können nach der Logik des vorliegenden Textes bis dahin umgesetzt werden, aber nur bei starker politischer Führung (Nair 2018).

Was heißt das für die Energieseite? Selbst bei weiteren Effizienzgewinnen ist eine Verdoppelung der Nutzenergiemenge im Verhältnis zu heute erforderlich (vgl. Radermacher 2019b), wobei der carbonbasierte Teil, der heute etwa 34 Milliarden Tonnen CO_2-Emissionen zur Folge hat und etwa 81% der 100% Gesamtenergiemenge (Primärenergie) beisteuert, um etwa 50% auf ein Äquivalenzniveau von etwa 50 Milliarden Tonnen CO_2-Emissionen anwachsen wird. Neuere, erneuerbare Energien, die heute weltweit noch deutlich weniger als 5% der Primärenergiemenge ausmachen, werden dann, zusammen mit sonstigen Energien, im Nutzbereich 40–45% der Energie (Größenordnung insgesamt 200%) beisteuern. Hinzu kommt ein erneuerbarer Anteil (im Wesentlichen Solarenergie) von 140% von 340%, der die als Teil einer Methanolökonomie erforderlich (vgl. Radermacher 2019b) konstitutive Recycling von Kohlenstoff „befeuern" bzw. ermöglichen wird. Dies ist von den Zahlen her betrachtet ein ineffizienter Prozess, der aber in der Sache höchst wirksam und den verfügbaren Alternativen offensichtlich überlegen ist. Es gibt einen Energieüberschuss – ein *Pendant zur Dampfmaschine in der großen Transformation vor 300 Jahren*. Die neuen, erneuerbaren Energien werden in 2050 stark dominieren und zusammen mit den sonstigen Energien etwa zwei Drittel der gesamten Primärenergie beisteuern.

5 Das Referenzszenario: Methanolökonomie

Überblicke zum Thema verschaffen Bertau et al. (2014), IEA (2018), Offermanns (2016), Offermanns et al. (2017), Olah et al. (2018), Radermacher (2019b; d), Siegemund et al. (2017), World Energy Council/Weltenergierat Deutschland (2018).

Wie können wir vorgehen, wenn das beschriebene Ziel erreicht werden soll? Der vorliegende Text legt dazu ein *Referenzszenario für die Welt* (vgl. Radermacher 2019b) zugrunde, dessen Eckdaten nachfolgend beschrieben werden. Es fällt zentral in den Carbon-to-Liquid-Kontext und greift viele Diskussionen in Fachkreisen auf, die allerdings im politischen Raum bis vor kurzem viel zu wenig gehört wurden. Viele Studien thematisieren mittlerweile, dass eine klimaverträgliche Lösung der Weltenergiebereitstellung, falls Wohlstand das Ziel ist, massiv auf synthetische Kraftstoffe zurückgreifen muss. Wir erwähnen hier eine Studie des World Energy Council/Weltenergierat Deutschland von Oktober 2018, ebenso wie die E-Fuels-Studie „The potential of electricity-based fuels for low-emission transport in the EU" (Siegemund et al. 2017) von ludwig bölkow systemtechnik und dena (German Energy Agency). In dieselbe Richtung weist die gemeinsame Erklärung der Verbände BDBe, DVFG, MEW, MVaK, MWV, UFOP, UNITI und VDB (2019). Dahinter steht die Allianz für grüne Kraftstoffe und ihr Credo, dass die angestrebten Klimaziele im Verkehr nur mit CO_2-armen Kraftstoffen zu erreichen sind. Glücklicherweise hat die Bundesregierung in ihrem Klimagesetz und mit der mittlerweile vorliegenden Wasserstoffstrategie den Weg für diese Themen geöffnet. Die hier gemachten Überlegungen zielen auf die Ausgestaltung dieser

Strategie. Größere Aktivitäten in Nordafrika sind in Vorbereitung. Das FAW/n in Ulm ist auf BMZ-Seite in diese Arbeiten involviert.

In der öffentlichen Debatte beherrschen heute leider Diskurseliten in Politik und Medien immer noch weitgehend den Raum, die die globale Dimension der Herausforderungen meist ignorieren und ganz offensichtlich zu wenig technisches Verständnis mitbringen. Besonders gerne werden Weltuntergangsszenarien beschrieben und es wird auf demonstrierende Schülerinnen und Schüler verwiesen (Radermacher 2019c). Politikerinnen und Politikern, die nicht in diesen Kanon einstimmen, wird oft mit großer Arroganz und ‚Besserwisserei' die Lernfähigkeit abgesprochen. Das mit vollster Überzeugung vorgeschlagene Programm zur Rettung der Welt ist dabei von großer Schlichtheit und würde uns ‚voll gegen die Wand fahren'. „Raus aus der Kohle, rein in die Welt der Elektroautos", Smart Grids, Umstieg auf das Fahrrad, Geschwindigkeitsbeschränkungen, Urlaub in Deutschland machen, nicht mehr fliegen. Kohle wird per se verteufelt. Das Klimaproblem muss herhalten, um anderen Menschen den eigenen, überlegenen Lebensstil aufzuzwingen.

Das ist ein *Gegenprogramm zu dem, was in diesem Text vorgeschlagen wird*. Es ist zudem ein Programm *massiver Grausamkeit gegen die sich entwickelnden Länder*. Große finanzielle Transfers sind nicht vorgesehen. Ersatz für die angestrebte Einsparung der Kosten für den Import von fossilen Energieträgern ist nicht eingeplant. Internationaler Tourismus fällt aus, Fair Trade ebenso. Obwohl wir in Deutschland Exportweltmeister sind, brauchen wir alles Geld für uns selber, für unsere Energiewende, um der Welt zu zeigen, wie es geht. Ein zum Scheitern verurteiltes Programm.

Das in der Folge beschriebene Referenzszenario ist eine Lösung ganz anderer Art. Sie zielt auf weltweiten Energiewohlstand, nicht auf eine Verwaltung von Knappheit. Die Entwicklungs- und Schwellenländer sollen in der Globalisierung zu Gewinnern werden und *den Weg Chinas replizieren können*. Es sind dabei auch andere Varianten bzw. Ausprägungen technischer Art möglich, als sie im Referenzszenario diskutiert werden, z.B. können auch *Brennstoffzellen in Elektroautos mittels grünem Wasserstoff und/oder Methanol betrieben werden*. Der Einsatz von Brennstoffzellen erspart die in vielerlei Hinsicht problematischen großen und schweren Batterien, das heißt, die dann noch benötigten Batterien, die ständig mit dem Strom aus der Brennstoffzelle aufgeladen werden, sind deutlich kleiner und entsprechend leichter. Methanol zum Betreiben der Brennstoffzellen ist in diesem Kontext eine interessante Option und hat mehrere Vorzüge im Verhältnis zum direkten Einsatz von Wasserstoff, der normalerweise an dieser Stelle vorgesehen wird. Elektroautos werden so zu einem Teil des Referenzszenarios, das vielfach modifizierbar ist. Das Referenzszenario stellt in diesem Sinne eine Option mit vielen Facetten dar – es würde funktionieren. So könnte man es machen. Sicher gibt es auch noch andere Lösungen und vielleicht sogar noch bessere Lösungen. Dann sind wir aber Dank des Referenzszenarios auf der sicheren Seite.

Im Referenzszenario ist der entscheidende Ansatz die *Senkung der Carbon-Intensität des im Volumen (nicht im Anteil) weiter wachsenden Carbon-basierten Energiesystemanteils auf 20%*. Kohlenstoff, der aus der Erde geholt wird – insbesondere auch Kohle –, wird dazu im Mittel viermal recycliert, ehe er schließlich über individuelle Mobilitätsprozesse (Verbrennungsmotoren) und individuelle Wärme-/Kälteprozesse (Heizungen/Wärmestrahler und Kühlgeräte) in die Atmosphäre entweicht. Die verbleibenden 20% Kohlenstoff (etwa zehn Milliarden Tonnen CO_2 pro Jahr) werden über *naturbasierte Lösungen*, d.h. über biologische Prozesse (konsequenter Regenwaldschutz, Aufforstung, Humusbildung, Weidewirtschaft, Einbringen von Holz- und Pflanzenkohle in die Erde), der Atmosphäre entzogen. Das Gesamtsystem wird damit insgesamt *(bilanziell) klimaneutral. Das Energie- und Klimaproblem wäre dann gelöst. Bis 2050 können entscheidende Umsetzungsschritte erfolgt sein.* Der Autor gibt Hinweise zu den dazu erforderlichen Investitions- und Umsetzungsprogrammen in Radermacher (2019b).

Ganz offensichtlich ist das wirtschaftliche und technologische Potenzial des möglichen Weges in die Zukunft sehr attraktiv. Europa hat die Chance, sich an die Spitze einer solchen Entwicklung zu stellen. Recyclierung von Kohlenstoff über die Methanolökonomie und die Nutzung der Böden als Kohlenstoffspeicher: Das ist ein Chancenprogramm für die Welt, aber insbesondere auch für Europa und Afrika, gerade auch in enger Partnerschaft miteinander. Der Senat der Wirtschaft hat solche Entwicklungspfade in einer Empfehlung zur

Europawahl genauer beschrieben (Gabriel et al. 2019). Die deutsche EU-Präsidentschaft hätte dies, gemäß der Empfehlungen zu einem industriepolitischen Schwerpunkt ihrer Aktivitäten ab 2020, ausbauen sollen. Das ist so leider nicht vollumfänglich erfolgt.

6 Die Ankersubstanz Methanol

Der Kern der Lösung im Referenzszenario ist die Recyclierung des Kohlenstoffs über die *Ankersubstanz Methanol*. Methanol kann dann zu anderen energiehaltigen Flüssigkeiten weiterverarbeitet werden, z.B. *Methanolbenzin* oder *Methanolkerosin*. Methanol ist aus Sicht vieler Beobachtenden eine Schlüsselsubstanz – ein idealer Speicher für Sonnenenergie, Wasserstoff, Sauerstoff und CO_2. Zahlreiche Hinweise dazu finden sich in Radermacher (2019b). Es gibt viele Wege, Methanol herzustellen. Im Kontext des Referenzszenarios ist (auch mit Blick auf die Adressierung der Klimaprobleme) *grünes Methanol* das Procedere der Wahl. Dieses entsteht in der Regel aus *grünem Wasserstoff*, der wiederum durch Elektrolyse von Wasser erzeugt wird. Es werden also *große Mengen von grünem Wasserstoff* benötigt, der dann mit CO_2 zu Methanol weiterverarbeitet wird. Die Herstellung des Wasserstoffs erfolgt bevorzugt (aber nicht ausschließlich) und preiswert über Sonnenstrom aus den *sonnenreichen Wüstengebieten* der Welt, bevorzugt in Meeresnähe. Letzteres ist auch insoweit wichtig, als dass Wasser für Kühlzwecke in energetischen Umsetzungsprozessen benötigt wird. *Meerwasserentsalzung* wird eine große Rolle spielen.

Geeignete Wüstengebiete gibt es an vielen Stellen der Erde, meist in ärmeren Ländern, z.B. die Sahara, die Arabische Wüste, die Wüste in Namibia, Wüstengebiete im Südiran oder auch die Atacama-Wüste in Chile. In Frage kommen aber auch Wüstengebiete im Süden der USA, Chinas, Indiens und Europas. Die Kosten für die Wasserstoffproduktion liegen deutlich über den Kosten für die synthetische Verbindung von Wasserstoff und CO_2 zu Methanol. Die Bereitstellung des CO_2 und gegebenenfalls der Transport des CO_2 können teurer sein als der Elektrolyse- und der Synthetisierungsprozess. Ein *Mehrfaches an Kosten* verursacht aber die Strombereitstellung, selbst wenn zwei Cent pro Kilowattstunde erreicht werden. Zwei Cent pro Kilowattstunde

Entstehungskosten für Wüstenstrom sind heute grenzwertig. Hinzu kommen dann immer noch Handlingskosten, Transport, Volatilitätsfragen, stattliche Regulierungskosten, Stromsteuern und gegebenenfalls Exportzölle für Endprodukte. Benötigt werden zwei Cent pro Kilowattstunde für die Strombereitstellung zur Produktion des grünen Wasserstoffs, nicht nur für die (Teil-)Kosten der Stromproduktion. Bei diesem Strompreis kann grünes Methanol zum gleichen Preis wie Benzin bereitgestellt werden. Die Kosten für Methanolbenzin sind noch einmal 50% höher und liegen heute bei etwa einem Euro pro Liter.

Der mit Wüstenstrom erzeugte grüne Wasserstoff wird also chemisch mit CO_2 zu Methanol verbunden. CO_2 kann in großindustriellen Anwendungen preiswert abgefangen und nach Verflüssigung über große Distanzen transportiert werden. Methanol ist so bequem transportierbar wie Benzin und als Substanz viel sicherer. Im Wasser wird es beispielsweise auf natürlichem Wege abgebaut. Zudem ist es in der Verbrennung als Alternative zu Benzin und Diesel viel sauberer. Für Methanol können im Wesentlichen dieselben Transport- und Infrastrukturen genutzt werden wie heute für Öl, Benzin und Gas. Es können ohne Zusatzkosten Neufahrzeuge produziert werden, die auf Methanolbasis fahren können, so wie es für den brasilianischen Markt heute schon Fahrzeuge gibt, die mit reinem Ethanol (bevorzugt produziert aus Zucker) fahren können. Im Bestand der Benzinfahrzeuge mit ihren hochgezüchteten Motoren geht das leider nicht. Selbst Beimischung (z.B. 15%) sind problematisch, obwohl in Publikationen oft das Gegenteil behauptet wird. Will man den gesamten Bestand der Benzinmotoren klimaneutral transformieren, muss man Methanolbenzin benutzen. Dies ist von Benzin auf Ölbasis nicht zu unterscheiden, kann in beliebigem Maße mit Benzin auf Ölbasis gemischt werden und ist in jedem Benzinfahrzeug problemlos einsetzbar.

Mit Methanol können Kraftwerke befeuert werden, wobei dabei frei werdendes CO_2 für etwa 30 Euro pro Tonne wieder abgefangen werden kann.

Die Kosten für die Produktion einer Doppeltonne Methanol (entspricht energetisch einer Tonne Öl/Benzin) liegen im Basisszenario eines Strombereitstellungsprozesses bei etwa 700 Euro. Kann der Bereitstellungsprozess mittelfristig auf einen Cent pro Kilowattstunde abgesenkt werden, reduzieren sich die Kosten auf etwa 500 Euro. Pro Doppelliter sind das etwa 40 bzw. 56 Cent. Die Kosten sind mit heutigem Benzin konkurrenzfähig, auch wenn mitbedacht wird, dass eine Tonne Benzin etwa 1330 Liter und eine Tonne Methanol etwa 1270 Liter umfassen. Methanolbenzin ist um etwa 50% teurer. Subventionen werden für Methanol nicht benötigt, für Methanolbenzin wohl, abhängig auch von der Regulierung.[3] *Hinweis*: Der heutige Marktpreis für Methanol von zwei Cent pro Kilowattstunde in China (und auch in Indien) ist übrigens niedriger (unter 30 Cent pro Doppelliter). Allerdings wird dort kein klimaverträglicher Herstellungsprozess genutzt, sondern (unter Nutzung von Kohle) sog. schwarzes Methanol hergestellt. Dabei geht es darum, Devisenkosten für Öl einzusparen.

Die Kosten der Methanolproduktion in Deutschland sind heute zwei- bis dreimal so hoch wie in Wüsten im Sonnengürtel der Erde (deutlich über 1,50 Cent) – und zwar aufgrund der ungünstigen Sonnensituation, der deutlich höheren Regulierungskosten für Strom im deutschen System und – als wichtiges Manko – der Nicht-Verfügbarkeit bzw. der hohen Kosten benötigter Flächen. Diese höheren Kosten hängen u.a. mit der Sicherung der Stabilität des gesamten deutschen Netzes unter Bedingungen volatiler Strominputs zusammen. Bei der Methanolproduktion in Afrika ist die Situation deutlich einfacher. Sie kann flexibel auf Stromverfügbarkeit reagieren, da die Solarenergieerzeugung ohnehin der Hauptkostenfaktor ist. Die Anlagekosten für die Erzeugung von grünem Wasserstoff und Methanol haben deshalb eine deutlich geringere Bedeutung. Die Volatilitätsprobleme sind ebenfalls deutlich geringer. Zu den genannten Gestehungskosten kommen, wie heute auch, die Steuern hinzu, die einen substanziellen Teil des Endpreises ausmachen. Für Methanolbenzin und die anderen Methanolderivate

---

3 Wichtig wäre die eindeutige Anerkennung von Methanolbeimischungen bzw. Methanolbenzin als klimaneutrale Anteile zu den CO_2-*Flottenwerten* in der Automobilindustrie, wenn in der Methanolproduktion CO_2 aus großindustriellen Prozessen recycliert wird. Der bestehende Druck aus den europäischen Flottenwertvorgaben auf die Automobilindustrie in Richtung Elektromobilität, der für die wirtschaftliche Zukunft Europas, insbesondere Deutschlands, extrem gefährlich ist, kann durch ein solches Vorgehen erheblich entschärft werden. Das würde den Weg in eine Methanolökonomie deutlich befördern und der Automobilindustrie eine attraktive Alternative zur Elektromobilität eröffnen. Letztlich ist das ein Weg, um die gesamte Bestandsflotte in Richtung Klimaneutralität zu transformieren.

ist die Kostensituation je spezifisch zu betrachten. Der von der Politik mit dem neuen Klimagesetz verfolgte Weg, CO_2-Emissionen teurer zu machen, verbessert dabei perspektivisch die relative Kostenposition synthetischer Kraftstoffe.

7 Warum erfolgt eine vierfache Recyclierung des Kohlenstoffs?

Die energetisch sehr aufwendige Produktion von grünem Wasserstoff und die Recyclierung des Kohlenstoffs bei der Erzeugung von grünem Methanol aus grünem Wasserstoff ist primär eine Methode, um Sonnenenergie (preiswert) zu speichern und in eine gut handhabbare, vielfach nutzbare Form zu bringen. Wenn man in allen energetischen Prozessen (1) immer Methanol verwenden könnte und (2) das über den Verbrennungsprozess freigesetzte CO_2 immer bequem und preiswert abgefangen werden könnte, wäre man mit dem zugrundeliegenden Recyclierungsansatz in einem klimaneutralen Zustand. So ist die Situation aber nicht. Viele Prozesse der Schwerindustrie brauchen fossile Energieträger als Input (dafür reichen aber 20% Volumen aus), bei anderen Prozessen kann das CO_2 nicht gut abgefangen werden. Dies betrifft individuelle Mobilität und individuelle Wärme-/Kälteproduktion. Für die unter (2) genannten wichtigen Prozesse, die heute die Debatten beherrschen, dürften 20% ebenfalls ausreichen. So ergibt sich dann der Recyclierungsfaktor vier.

Dabei wird angenommen, dass ein Großteil der Wärme-/Kälteproduktion mittelfristig über Strom abgedeckt wird, z.B. Stromprodukte auf Methanolbasis. Dies ist aus Klimasicht eine gute Lösung und bezahlbar. Für den Verkehr ist zu erwarten, dass *Elektromobilität eine Rolle spielen wird, aber keine dominante*. In großen Städten hat der Ansatz Vorteile. Energetisch empfiehlt sich dafür möglicherweise die Kombination von Methanol mit *Brennstoffzellen*. Offensichtlich wäre es allerdings wohlstandsvernichtend und ökonomisch eine Katastrophe, voll auf eine Elektromobilität im Rahmen einer *all-electric solution* zu setzen, deren Basis große und schwere Batterien sind. Und das Thema gilt auch für andere Bereiche der Industrie, z.B. Stahlproduktion oder Chemie. Man fragt sich, wie jemand überhaupt auf eine *all-electric solution* kommen kann, wo doch die Probleme offensichtlich sind. Vielleicht gilt hier der

Spruch: „Für jemanden, der nur einen Hammer hat, sieht die ganze Welt aus wie ein Nagel." Der Hammer ist hier (grüner) Strom, der Nagel das Betreiben eines energieaufwendigen Prozesses mit (grünem) Strom.

Eine All-electric-Lösung, z.B. für die Mobilität, wäre Geldvernichtung und würde enorme Probleme für die deutsche Automobilindustrie zur Folge haben, so wie ebenfalls die energetische Totalsanierung aller Wohnungen in Deutschland nicht bezahlbar ist – vor allem im sozialen Wohnungsbau. Mit der richtigen Kombination geeigneter strombasierter und methanolbasierter Antriebe und Wärme-/Kältelösungen ist die Zukunftsperspektive hingegen gut.

Klar ist, dass der beschriebene Ansatz in der Zusammenarbeit Europa/Afrika primär auf die Entwicklung von Wohlstand und die energetische Versorgung Afrikas mit seiner nach wie vor besonders schnell wachsenden Bevölkerung ausgerichtet ist. Stromnutzung in Afrika wird dabei natürlicherweise eine zentrale Rolle spielen. Neben der Methanollösung im Sinne von Desertec wird man auch weiter über Stromtransporte von Afrika nach Europa nachdenken (Club of Rome & Senat der Wirtschaft (2017). Umwandlungskosten in Methanol werden in Afrika seltener anfallen als für Europa (und den Norden insgesamt). *Die Energie- und Kraftstoffbereitstellung in Afrika ist im Referenzszenario deshalb deutlich preiswerter möglich als in Europa.* Das fördert die Chancen für die weitere wirtschaftliche Entwicklung auf diesem Kontinent. Natürlich bestehen im Umfeld synthetischer Kraftstoffe/der Methanolökonomie auch interessante Potenziale in Europa, insbesondere auch in Deutschland. Das gilt zum einen für den Einsatz wichtiger Technologien und die Technologieführerschaft in diesem zentralen Bereich, dann aber auch für die kostengünstige Bewältigung unserer eigenen Energie- und Klimaprobleme. So fährt das Fährschiff „Germanica" der Stena-Lines (Göteborg) bereits seit Januar 2015 mit Methanol – umweltfreundlich und wirtschaftlich. Methanolprodukte aus Hüttenabgasen sind das Ziel eines laufenden Pilotprojekts der „Carbon2Chem"-Initiative der Thyssenkrupp AG und des Bundesforschungsministeriums (BMBF).

8 Die biologische Seite/naturbasierte Lösungen

Die Welt der synthetischen Kraftstoffe/der Methanolökonomie braucht eine zweite Seite – so wie auch eine Bilanz zwei Seiten hat. Ohne Negativemissionen lässt sich wohl der Kohlenstoffkreislauf nicht schließen. Im beschriebenen Szenario müssen der Atmosphäre auf Dauer jährlich etwa zehn Milliarden Tonnen CO_2 entzogen werden, um eine klimaneutrale Welt zu erreichen. Der Schlüssel hierzu sind Negativemissionen, vor allem durch konsequenten Regenwaldschutz, Aufforstung und Humusbildung (Crowther et al. 2015; 2017; Finkbeiner und Plant-for-the-Planet 2019; Herlyn 2021; Herlyn und Lévy-Tödter 2019; Johnston 2019; Quicker und Weber 2016, Radermacher 2018a; Smith et al. 2019). Zu diesem Thema sei u.a. auf die 4 PER 1000 Initiative – Soils for food security and climate (o.J.) verwiesen, ebenso auf das European Biochar Certificate (o.J.) und die Terraton-Initiative (o.J.). Oben wurden auch bereits die Arbeiten von Prof. Dr. Ingrid Kögel-Knabner erwähnt, die den Deutschen Umweltpreis der DBU 2019 hälftig für ihre langjährigen Forschungsbeiträge im Bereich Humusbildung, Landwirtschaft und Klima erhalten hat.

Wie ist diese Vorgehensweise auch unter ökonomischen Aspekten einzuschätzen? Hier ist es wichtig zu erkennen, dass entsprechende Investitionen in Böden und Aufforstung ohnehin erforderlich sein werden, wenn eine wachsende, wohlhabendere Weltbevölkerung auf deutlich höherem Ernährungsniveau als heute versorgt werden soll, während der zivilisatorische Prozess gleichzeitig in massivem Umfang gute, landwirtschaftlich genutzte (bzw. nutzbare) Flächen für Gebäude und Infrastrukturen umnutzen wird. Massiver Flächenverlust aufgrund des zivilisatorischen Fortschritts ist deshalb in die Überlegungen einzubeziehen. Konsequenterweise muss die Qualität und Produktivität der verbleibenden, landwirtschaftlich genutzten Böden weltweit deutlich verbessert werden. Ferner müssen neue Böden aktiviert werden, z.B. in heute semiariden Gebieten (etwa am Rande der Sahara), in denen es kaum Nutzungskonkurrenz gibt. Pflanzen werden dann zukünftig kaum noch für die Erzeugung von Bioenergie verwendet werden, weil sie für die Ernährung gebraucht werden und die Kaufkraft für mehr Nahrung vorhanden sein wird. Nutztiere werden wieder in viel größerem Umfang als heute auf Weideflächen grasen. Das gilt insbesondere für Rinder, die heute in Intensivtierhaltung vor allem von Mais und Sojaprodukten leben.

Die Schließung des Kohlekreislaufs muss *querfinanziert* werden, d.h. es bedarf eines Geldkreislaufs, der zu dem erforderlichen Kohlenstoffkreislauf korrespondiert, vor allem auch, um den Umbauprozess massiv zu beschleunigen. Die Bindung der Kohle im Boden (oder alternative Formen der CO_2-Sequestrierung) können über Zertifikate dokumentiert werden. Alle Akteure, die am Kohlenstoff- und Methanolkreislauf partizipieren, werden diesen zukünftig mitfinanzieren müssen, damit sich der Kohlenstoffkreislauf schließt. Das kann erhebliche, zusätzliche finanzielle Mittel für die Landwirtschaft erzeugen (potenziell mehrere hundert Euro pro Hektar) und wird (im Referenzszenario) von den Nutzern fossiler Energiequellen und von Methanol (mit-)finanziert werden. Aus heutiger Sicht reichen 20–30 Euro pro Tonne CO_2 auf Seiten der genannten Akteure. Diese Mittel werden teilweise auch heute schon aufgebracht und sind ein niedriger Preis, wenn es darum geht, die heutige Zivilisation zu erhalten und ihr Geschäftsmodell prinzipiell fortzuführen und sogar erheblich ausdehnen zu können. Die Mittel können zentral abgegriffen werden. Es geht um vielleicht 1–1,5 Billionen Euro pro Jahr. Ein Teil davon sollte in Bodenverbesserung und Aufforstungsprogramme sowie insbesondere in konsequenten Regenwaldschutz investiert werden. Aufforstung kann rasch viele Negativemissionen erzeugen. Das gibt Zeitgewinne und hilft, das Risiko des Erreichens von *Tipping-Points* abzusenken. Tipping-Points bilden offensichtlich das größte Risiko, mit dem die Menschheit im Klimabereich aktuell konfrontiert ist, denn wenn ein solcher Punkt einmal überschritten ist, wird der Klimawandel irreversibel. Solange das noch nicht passiert ist, kann uns noch immer etwas einfallen. Deshalb ist *Zeitgewinn* so wichtig, nachdem wir schon sehr viel Zeit nicht genutzt – oder mit wenig klugen Aktivitäten- verbraucht haben.

9 Europa und Afrika können allein vorangehen

Das hier beschriebene Referenzszenario (und viele Varianten davon) kann Europa in Partnerschaft mit Afrika (wie mit der arabischen Welt) zum Nutzen aller Beteiligten sofort in Angriff nehmen. Das ist ein großer Vorteil. Es ist kein weltweiter Konsens wie in Klimaverträgen erforderlich. *Der Ansatz fällt in das Paradigma eines Marshall-Plans mit Afrika* (Club of Rome und Senat der Wirtschaft 2017; Müller 2017; Radermacher 2019a). Afrika hat Europa sehr viel zu bieten. Nicht nur die Sonnenenergiepotenziale in großen Wüsten, sondern auch die Flächen und Potenziale für massive Aufforstung wie für die Aufwertung von Böden – etwa semiariden Flächen an den Rändern der Wüste. In dem beschriebenen Prozess kann Afrika die benötigten *Megacities* für die Bewältigung des gigantischen Bevölkerungswachstums (Verdoppelung der Bevölkerung bis 2050) realisieren. Parallel dazu gilt dasselbe für Schwerindustrie, Chemie, Strom, Kraftstoffproduktion etc. All das kann aufgebaut bzw. genutzt und auch bezahlt werden.

Mit Meeres- und Grundwasserentsalzung können die Wasserprobleme des Kontinents zu akzeptablen Preisen und klimaneutral bewältigt werden. Hunderte Millionen von Arbeitsplätzen können entstehen, insbesondere in der Landwirtschaft, in der Forstwirtschaft und in den nachfolgenden Veredelungsprozessen sowie im Umfeld der Methanolökonomie. Die Wechselwirkung mit den überall im Text erwähnten naturbasierten Lösungen, also dem Gegenstand des vorliegenden Buches, gibt all dem eine weitere Dimension. Grüner Wasserstoff und Methanolökonomie können dann (im Referenzszenario) in Verbindung mit der biologischen Seite, also den naturbasierten Lösungen, „liefern".

Wichtig: Der vorgestellte Vorschlag ist nur möglich dank der Fortschritte bei den erneuerbaren Energien. Hinzukommen muss der massive Einsatz von Energiequellen im Sonnengürtel der großen Wüsten. Das ist die *Desertec-Idee*, für die sich der Club of Rome (Deutsche Sektion) schon lange einsetzt. Der direkte Transport von elektrischer Energie, z.B. von Afrika nach Europa, kann weiter ein Thema bleiben. Die Widerstände aller Art dagegen sind jedoch massiv. So hat das deutsche Erneuerbare-Energie-Gesetz mit seiner massiven Besserstellung von erneuerbarer Energie aus Deutschland (Einspeiseverordnung) wie ein nicht-tarifäres Handelshindernis einen großen Entwicklungssprung in Nordafrika verhindert. Mit grünem Wasserstoff/grünem Methanol (Desertec 2.0) ist diese Art der Verhinderung von Potenzialentwicklung nicht mehr in demselben Umfang möglich, obwohl Regulierungsfragen bei Klimaneutralität nach wie vor kritisch bleiben. Es können die Infrastrukturen genutzt werden, die heute für Öl und

Gas bereitstehen. Der gewaltige Industriekomplex, der von fossilen Energien abhängig ist, kann weiter aktiv bleiben, sich sogar ausdehnen (um 50% bis 2050). Einiges spricht dafür, dass Saudi-Arabien der größte Investor werden wird. Aber alle großen Konzerne aus diesem Wirtschaftsbereich werden dabei sein.

Positiv ist, wie schon erwähnt, dass Europa und Afrika auch alleine vorangehen können und dass daran jetzt auch ernsthaft gearbeitet wird. Die technologischen Potenziale für die Beteiligten eröffnen massive Optionen, gerade auch für Europa (Gabriel et al. 2019). Offensichtlich werden im Referenzszenario alle SDGs positiv „befördert". Das ist überall offensichtlich, außer bei Ziel 14 „Leben unter Wasser". Da aber die geplanten Aktivitäten bei Böden die Belastung der Meere mit Schadstofffrachten abmildern werden, sind sogar auch hier Fortschritte zu erwarten.

Wichtig ist auch die *soziale Dimension* des Themas. Hier eröffnet die vom Bundesministerium für wirtschaftliche Zusammenarbeit (BMZ) Ende 2018 gestartete *Allianz für Entwicklung und Klima,* die zwischenzeitlich durch das BMZ in eine Stiftung überführt wurde, viele interessante Anknüpfungspunkte und Chancen (Radermacher 2019a). Ihr Fokus sind Co-Benefits im Bereich der SDGs, also soziale Ziele (z.B. Frauenförderung, Ausbildung für alle, Verlangsamung des Bevölkerungswachstums, mehr Wohlstand), aber ebenso ökologische Ziele (Biodiversität, Wasserhaushalt). Mehr Wohlstand allein wird nicht ausreichen, um an dieser Stelle weiterzukommen. Verteilungsfragen sind immer schwierig. Die Allianz kann an dieser Stelle vieles bewirken und hoffentlich dazu beitragen, dass die Größe der Weltbevölkerung etwa 2050 mit zehn Milliarden Menschen ihren Höhepunkt erreicht. Das Referenzszenario wird die wirtschaftliche Entwicklung in Entwicklungs- und Schwellenländern fördern (Vorbild China). Die Ungleichheit zwischen den Staaten wird abnehmen. Für die Ungleichheit innerhalb der Staaten ist das nicht klar. *In all diesen Kontexten spielt die neue Allianz eine große Rolle. Sie sollte möglichst schnell auf die europäische Ebene gehoben werden.*

10 Jüngste Entwicklungen zum Thema

Im Rahmen der hier diskutierten Ansätze für eine Lösung der Weltenergie- und Klimaprobleme sind in jüngerer Zeit viele interessante Entwicklungen erfolgt. Sie werden im Detail in der Arbeit von *Herlyn* (2021) in diesem Band angesprochen, teils auch schon in Herlyn und Lévy-Tödter (2019). Mit Blick auf die Allianz für Entwicklung und Klima ist dabei hervorzuheben, dass sich die Firma Robert Bosch schon 2020 klimaneutral stellt, ebenso Kühne + Nagel, das weltweit größte Logistikunternehmen für Containertransport auf Schiffen. Dieser Transport soll bis 2030 klimaneutral sein – dies vor allem auch auf Basis von *naturbasierten Lösungen*. Durch die Brände im Amazonas-Gebiet haben Projekte zum konsequenten Regenwaldschutz enorm an Bedeutung gewonnen. Das BMZ engagiert sich hierzu auf UN-Ebene in Partnerschaft mit vielen Ländern. Der letzte IPCC-Sachstandsbericht wie auch die Preisvergabe 2019 des Deutschen Umweltpreises weisen in diese Richtung.

Gerade auch das Thema Boden gewinnt an Bedeutung. Mit der Satellitentechnik und Nutzung der IT-Möglichkeiten deuten sich neue Methoden der Kohlenstoffmessung wie der Kontrolle von Projekten an. Air France und Britisch Airways haben angekündigt, ihre innerstaatlichen Flüge zu kompensieren. Die Fluglinie EasyJet hat das zwischenzeitlich sogar für alle ihre Flüge angekündigt. Naturbasierte Lösungen werden auch dabei eine wichtige Rolle spielen. In der Allianz für Entwicklung und Klima wird der Umgang mit naturbasierten Lösungen engagiert diskutiert. Aufbauend auf wissenschaftlichen Erkenntnissen votiert der Autor dafür, bei geeigneten Waldprojekten zwei Tonnen CO_2-Kompensation pro Jahr und bei entsprechenden Bodenprojekten eine Tonne CO_2-Kompensation pro Jahr pauschal anzuerkennen und sich bei der Zertifizierung auf eine (erweiterte) Zertifizierung bei den Entwicklungseffekten zu beschränken. Dies dient dazu, die Kosten zu senken, um so die Anzahl der angebotenen Projekte zu vergrößern, denn die Projekte werden jetzt schon zum Engpass. Das ist ein gutes Zeichen, verlangt aber auch Maßnahmen zu Hochskalierung guter Projekte zur Förderung von Entwicklung und zur Verbesserung der Situation im Klimabereich.

Danksagung

Der Autor dankt zunächst Prof. Dr. Franz-Theo Gottwald, Schweisfurth Stiftung, für seine Initiative zur Publikation dieses Bandes mit der Stiftung des Senats der Wirtschaft. Er dankt weiterhin Heribert Offermanns und Ludolph Plass für die vielen Hinweise zur Methanolökonomie, ohne die dieser Text nicht entstanden wäre, sowie Jürgen Dollinger und Michael Gerth vom FAW/n für die Unterstützung bei der Datenbeschaffung und den Berechnungen in den Szenarien, Azadeh Farajpour vom FAW/n für Hinweise zum Themenfeld Nature-based solutions. Frithjof Finkbeiner – und seinem Sohn Felix – (Plant-for-the-Planet) gilt der Dank für die langjährige Zusammenarbeit in den Themenbereichen Aufforstung und Desertec. Prof. Estelle Herlyn (FOM) danke ich für die Zusammenarbeit im Bereich Nature-based solutions, ihre kritische Begleitung der Überlegungen und viele wichtige Hinweise sowie ihren eigenen Beitrag (Herlyn 2021) in dem vorliegenden Band.

Literaturverzeichnis

4 per 1000 (o.J.): *Homepage*. www.4p1000.org (letzter Aufruf: 18.6.2021).

BDBe, DVFG, MEW, MVaK, MWV, UFOP, UNITI und VDB Verbände (2019): *Allianz für grüne Kraftstoffe: Klimaziele im Verkehr sind nur mit CO_2-armen Kraftstoffen zu erreichen*. Berlin, 03.04.2019.

Bertau, M., Offermanns, H., Plass, L. & Wernicke, H.-J. (Hrsg.) (2014): *Methanol: The Basic Chemical and Energy Feedstock of the Future: Asinger's Vision Today*. Berlin/Heidelberg: Springer.

Club of Rome & Senat der Wirtschaft (2017): *Migration, Nachhaltigkeit und ein Marshall-Plan mit Afrika*. Denkschrift für die Bundesregierung. Sonderausgabe SENATE. http://wp5.senat-deutschland.de/wp-content/uploads/2019/11/Denkschrift_Marshallplan_mit_Afrika_Materialband.pdf (letzter Aufruf: 14.6.2021).

Crowther, T.W. et al. (2015): Mapping tree density at a global scale. *Nature* 525, S. 201–205.

Crowther, T.W. et al. (2017): *Predicting Global Forest Reforestation Potential*. bioRxive. doi:https://doi.org/10.1101/210062.

European Biochar Certificate (o.J.): *Homepage*. www.european-biochar.org (letzter Aufruf: 18.6.2021).

Finkbeiner, F. & Plant-for-the-Planet (2019): *Wunderpflanze gegen Klimakrise entdeckt: Der Baum!: Warum wir für unser Überleben pflanzen müssen!* Komplett Media GmbH, 1. Auflage.

Gabriel, S., Radermacher, F.J. & Rüttgers, J. (2019): *Europa fit machen für die Zukunft – Ein Beitrag zur Europawahl.* Ultrakurzvariante. Senat der Wirtschaft Deutschland und Senate of Economy Europe, März, Berlin.

Herlyn, E. & Lévy-Tödter, M. (2019): *Die Agenda 2030 als ‚Magisches Vieleck' der Nachhaltigkeit: Systemische Perspektiven.* Wiesbaden: SpringerGabler.

Herlyn, E. (2021): Nature-based Solutions – Aktuelle Herausforderungen und zukünftige Potenziale. In: Gottwald, F.-Th.., Plagge, J. & Radermacher, F.J., (Hrsg.), *Klimapositive Landwirtschaft und andere Nature-based Solutions.* Senat der Wirtschaft e.V., Berlin.

Hüttl, R.F., Bens, O. & Schneider, B.U. (2012): *Klimaänderung im System Erde: Minderung oder Anpassung?* Deutsches GeoForschungsZentrum GFZ, Potsdam.

IEA (2018): *World Energy Balances database.* © OECD/IEA, www.iea.org/statistics (letzter Aufruf: 14.6.2021).

Johnston, P. (2019): Protecting the climate, biodiversity and sustainable diets – rethinking land-use for bio-sequestration. Presentation at the ceremony for the Abbot Jerusalem Prise in Braunschweig, 26th November 2019, www.fawn-ulm.de.

Land-Management Options for Greenhouse Gas Removal and Their Impacts on Ecosystem Services and the Sustainable Development Goals. *Annual Review of Environment and Resources 44*, S. 255–286.

Müller, G. (2017): *UNFAIR! Für eine gerechte Globalisierung.* Hamburg: Murmann Publishers.

Müller, G. (2020): *UMDENKEN – Überlebensfragen der Menschheit.* Hamburg: Murmann Publishers.

Nair, C. (2018): *The Sustainable State – The Future of Government, Economy, and Society.* Broadway, CA: Berrett-Koehler Publishers.

Offermanns, H. (2016): Ein Institut und eine Vision. In: *Nachrichten aus der Chemie* 64, www.gdch.de/nachrichten (letzter Aufruf: 14.6.2021).

Offermanns, H., Effenberger, F., Keim, W. & Plass, L. (2017): Solarthermie und CO_2: Methanol aus der Wüste. In: Chemie – Ingenieur – Technik.

Olah, G.A., Goeppert, A. & Prakash, G.K.S. (2018): *Beyond Oil and Gas: The Methanol Economy.* 3. Auflage. Weinheim: Wiley-VCH.

Quicker, P. & Weber, K. (Hrsg.) (2016): *Biokohle. Herstellung, Eigenschaften und Verwendung von Biomassekarbonisation.* Wiesbaden: Springer Vieweg.

Radermacher, F.J. & Beyers, B. (2014): *Welt mit Zukunft. Die ökosoziale Perspektive* (1. Aufl. 2007, überarb. Aufl. 2014). Hamburg: Murmann Verlag.

Radermacher, F.J. (2018a): *Der Milliarden-Joker – Freiwillige Klimaneutralität und das 2°C-Ziel.* Hamburg: Murmann Verlag.

Radermacher, F.J. (2018b): *SDGs neu denken – Der nationale Fokus als Problem.* FAW/n Ulm, August 2018.

Radermacher, F.J. (2019a): Der Marshall Plan mit Afrika – ein Ansatz zur Umsetzung der Agenda 2030?! In: Herlyn, E. & Lévy-Tödter, M. (Hrsg.), *Die Agenda 2030 als ‚Magisches Vieleck' der Nachhaltigkeit: Systemische Perspektiven.* Wiesbaden: SpringerGabler.

Radermacher, F.J. (2019b): Die internationale Energie- und Klimakrise überwinden – Methanolökonomie und Bodenverbesserung schließen den Kohlenstoffzyklus. In: Senat der Wirtschaft (Hrsg.), *Europa fit machen für die Zukunft. Impulsbeiträge für eine gemeinwohlorientierte Europapolitik.* Berlin: Senat der Wirtschaft-Verlag.

Radermacher, F.J. (2019c): *Greta Thunberg: „How dare you?"* Eine Kommentierung, FAW/n Ulm, 16.10.2019.

Radermacher, F.J. (2019d): Klimawandel und Klimaschutz – Methanol hilft! In: *Klima und Kapital.* Audit Committee Quaterly 1. Das Magazin für Corporate Governance. Audit Committee Institute e.V.

Siegemund, S. et al. (2017): *The potential of electricity-based fuels for low-emission transport in the EU, "E-FUELS" Study.* Nov. Deutsche Energie-Agentur GmbH (dena) und Ludwig-Bölkow-Systemtechnik GmbH (LBST). Berlin: schöne drucksachen GmbH.

Terraton (o.J.): *Homepage.* www.terraton.indigoag.com (letzter Aufruf: 18.6.2021).

World Energy Council/Weltenergierat Deutschland (2018): *Internationale Aspekte einer Power-to-x Roadmap. frontier economics.* 18. Oktober 2018.

Teil II Landwirtschaftliche Lösungen

Bodenverbesserung und Humusaufbau als Beitrag zur Kompensation

Wie die Leistung der Landwirtschaft ermittelt werden kann und wie der politische Förderrahmen auszusehen hätte

Jan Plagge und Sigrid Griese

Humusreiche Böden sind meist fruchtbarer und ertragreicher, sie wirken sich positiv auf die Biodiversität und Wasserspeicherkapazität aus und erhöhen damit die Resilienz der Landwirtschaft gegenüber den Folgen des Klimawandels. Mit dem Aufbau von Bodenkohlenstoff besteht in der Landwirtschaft zugleich die Möglichkeit, um CO_2 zu speichern und zur Kompensation von Emissionen beizutragen. Dafür braucht es allerdings sinnhafte Instrumente zur Bilanzierung und zur Förderung dieser Leistung.

1 Bedeutung von Humus für die landwirtschaftliche Produktion

Die Bodenart, also die regional unterschiedliche Zusammensetzung des Bodens aus verschiedenen Mineralarten und -größen, bildet ein wichtiges Kontinuum über viele Generationen in der landwirtschaftlichen Produktion. Dieser Einfluss ist bis heute weit über den Ernteertrag des einzelnen Betriebes sichtbar. So war die Entwicklung von Städten gleichermaßen an die Fruchtbarkeit der Böden und damit der Versorgung mit Lebensmitteln geknüpft wie an andere wichtige Ressourcen wie Trinkwasser. Boden gestaltet die natürliche Landschaft ebenso wie die durch Menschen gemachte.

Mit der Landwirtschaft kommt ein großer Einflussfaktor auf die Bodenfruchtbarkeit hinzu. Im Gegensatz zur Bodenart unterliegt die Bodenfruchtbarkeit, also die mineralogischen, physikalischen, chemischen und biologischen Bodeneigenschaften und Prozesse, die das Pflanzenwachstum beeinflussen, im Vergleich zur Bodenart auch relativ kurzfristigen Veränderungen. Die Effekte wie ständiger Abtrag aller Ernterückstände, monatelange Schwarzbrachen oder das Ausbringen von Mineraldüngern statt festen Wirtschaftsdüngern wirken dennoch in so kleinen Schritten, dass die Folgen oft erst nach vielen Jahren bemerkbar werden. Ein schwerer Niederschlag, der den Boden vom Acker abträgt, zeigt dann ebenso plötzlich wie deutlich an, dass mit dem Verlust von Humus im Boden auch die Fähigkeit, größere Regenwassermengen aufzunehmen, verloren gegangen ist (Krauss et al. 2020).

Sollte also der Abbau von Humus im Boden ganz gestoppt werden und der Boden wie ein Schwamm mit möglichst viel organischer Substanz gefüllt werden? Der Abbau von organischer Substanz im Boden, zu der Humus gehört, ist ein natürlicher Prozess, der notwendig ist, um das Bodenleben und damit die Pflanzen zu ernähren. Beeinflusst wird dieser Prozess insbesondere durch das Klima oder die Bodenart. Es gibt allerdings auch Faktoren, die durch die Landwirtschaft bestimmt sind. Dazu gehören zum Beispiel die Bodenbedeckung, das Nährstoffmanagement oder Agroforstsysteme, die das Mikroklima positiv beeinflussen. Es gibt also auch einen Handlungsspielraum beim Aufbau von Humus. Hier bestehen über Maßnahmen, wie z.B. mehrjähriger Kleegrasanbau, optimierter Wirtschaftsdüngereinsatz oder Kompostierung und Zurückführen von Ernteresten, viele Möglichkeiten, organische Substanz auf den Acker zu bringen.

Humusaufbau und -abbau sind natürliche Prozesse, die unter anderem von der Landwirtschaft beeinflusst werden können. In einem optimalen System laufen diese Prozesse im Gleichgewicht. Kippt dieses in Richtung Abbau, gehen wichtige Funktionen des Bodens, wie die Fähigkeit Wasser aufzunehmen, zu halten und zu filtern, teilweise verloren. Zugleich besteht durch die humuszehrende Landwirtschaft der vergangenen Jahrzehnte ein großes Potenzial, diesen Prozess wieder in Richtung Aufbau zu lenken. Jedoch kann ein Zuviel des Guten negative Konsequenzen haben. Der Versuch, das Humusgleichgewicht über dem Potenzial der Bodenart einzustellen, kann beispielsweise Nährstoffauswaschungen ins Grundwasser nach sich ziehen.

Ein Aufbau von Humus oder der Erhalt sollte also im Interesse der Landwirtschaft sein, stehen doch viele Funktionen in direktem Zusammenhang mit dem Erfolg der landwirtschaftlichen Produktion. Mit den Veränderungen der jährlichen Niederschläge als eine der Auswirkungen der Klimakrise hin zu langen Trockenzeiten in den Sommermonaten und der Konzentration des Regens auf weniger, dafür intensivere Ereignisse gewinnt die Kapazität des Bodens, Wasser aufzunehmen und zu halten, an Bedeutung. Humusreiche Böden sind viel besser in der Lage, starke Niederschläge aufzunehmen und bei Ausbleiben der Niederschläge länger Wasser für das Pflanzenwachstum bereitzustellen. Deshalb sollte im Sinne der Ernährungssicherung und der zusätzlichen Umweltleistungen eines gesunden Bodens, wie dem Grundwasserschutz, auch die öffentliche Förderung darauf ausgerichtet sein.

Wo die Ansatzpunkte in der Landwirtschaft liegen, die wirkungsvoll zum Humusaufbau beitragen, zeigen mittlerweile eine Vielzahl an Studien. Dabei geht es gar nicht um technische Instrumente mit hohem Investitionsbedarf. Mit einer vielfältigen Fruchtfolge und dem Einsatz von Mist und Komposten kann dem Boden viel organische Substanz zurückgeführt werden (Krauss et al. 2020). Dies sind verhältnismäßig einfache Maßnahmen, die in den meisten Betrieben noch verbessert werden können (vgl. Abb. 1).

Tabelle 6.2 Klassifikation der ökologischen Landwirtschaft hinsichtlich der SOC-Vorräte im Vergleich zur konventionellen Landwirtschaft

	Anzahl Studien	Anzahl der VGP			Anteil (%) der VGP				
		Öko +	Öko =	Öko -	0	25	50	75	100
SOC Vorräte	52	67	45	19	51%		34%		15%

Öko +   Höhere SOC-Vorräte in ökologisch bewirtschafteten Flächen (> +10 %)
Öko =   Vergleichbare SOC-Vorräte in ökologisch bewirtschafteten Flächen (+/- 10 %)
Öko -   Niedrigere SOC-Vorräte in ökologisch bewirtschafteten Flächen (< -10 %)

Abbildung 1 Bodenbürtiger Kohlenstoff (SOC) in der ökologischen Landwirtschaft (Sanders und Heß 2019: S. 164)

Im Biolandbau sind diese und weitere Maßnahmen verpflichtend vorgesehen. Die positiven Effekte auf die Rate der Kohlenstoffspeicherung mit durchschnittlich 256 kg C/ha sind erheblich (Sanders und Heß 2019) und halten auch dem Vergleich zur konventionellen Erzeugung auf Produktebene stand (Skinner et al. 2014). Darüber hinaus gibt es viele innovative Maßnahmen, z.B. aus dem Agroforst, die noch breite Anwendung finden können (s. Abb. 2).

Vermeiden

Verzicht auf synthetische Düngemittel mit großem Energierucksack und Lachgasemissionen. Vermeidung von Landnutzungsänderungen für Eiweißfutterproduktion in Regenwald oder Dauergrünlandgebieten durch flächengebundene Tierhaltung.

Reduzieren

Geringere Transportwege durch Betriebseigenes Futter und Regionale Futterkreisläufe, regionale Produktion, Verarbeitung und Handel. Verlängerung der Nutzungsdauer und geringere Remontierung bei Nutztieren.

Kompensieren

Bindung von Kohlenstoff durch Humusaufbau.
Verantwortung in der Wertschöpfungskette übernehmen

Klimaverantwortung im Ökolandbau

Abbildung 2 Beispiele für Klimaverantwortung im Ökolandbau (eigene Darstellung)

Klimafreundliche Landwirtschaft, wie der Ökolandbau, trägt aber nicht nur zur Bindung von Kohlenstoff im Boden bei. Wichtige Beiträge zum Klimaschutz werden durch vermiedene oder reduzierte Emissionen geleistet. So verzichtet der Ökolandbau zum Beispiel auf Düngemittel mit einem hohen Energieeinsatz bei der Herstellung und setzt auf regionale Verarbeitung und Handel der Produkte, wodurch Emissionen der Transportwege verringert werden.

2 Politische und gesellschaftliche Hebelpunkte

Die Klimakrise ist mitten in der Gesellschaft angekommen. Das Engagement der Bevölkerung zeigt sich in Initiativen wie Fridays for Future und in den Wahlerfolgen für Parteien mit einem ambitionierten Klimaprogramm in Deutschland und der EU. Die Volksbegehren für Artenvielfalt haben das Ziel, die Art der Landwirtschaft zu verändern, und zeigen ein Bewusstsein in der Bevölkerung für den notwendigen Umbau der Landwirtschaft.

Der schwerfällige Reformprozess der gemeinsamen Agrarpolitik der EU macht allerdings deutlich, dass es nicht ausreicht, auf politische Entscheidungen und Fördermechanismen zu warten. Die aktuelle Agrarförderung bietet wenig Raum für eine effektive Honorierung von Umweltleistungen in der Landwirtschaft. Diese Lücke in der Honorierung notwendiger Gemeinwohlleistungen der Landwirtinnen und -wirte sowie den Standards zur Orientierung für Verbraucherinnen und Verbraucher wird jetzt durch privatwirtschaftliche Initiativen und den Lebensmittelhandel gefüllt und inhaltlich ausgestaltet.

Verbraucherinnen und Verbraucher möchten durch informierte Kaufentscheidungen ihren eigenen Klima-Fußabdruck reduzieren. Dafür sind sie auf Bilanzen und Zertifizierungen angewiesen, die diese Wahlmöglichkeit eröffnen. Dieses neue Bewusstsein und die damit zusammenhängende Bereitschaft, mehr für Lebensmittel zu bezahlen, ist eine große Chance für die Förderung klimafreundlicher Landwirtschaft. Eine weitere Gelegenheit ist die Digitalisierung, mit der Informationen weit über ein Label auf der Milchtüte hinaus zur Verfügung stehen. Hintergrundinformationen und Vergleiche sind einfach verfügbar, wirkungsvolle Zertifikate werden so sichtbar und das Bewusstsein für Klimathemen weiter gestärkt.

3 Verursacht und betroffen – Wie Humus zum Politikum wurde

Ein Gründungsimpuls des organisch-biologischen Landbaus war die Förderung des Bodenlebens, der Humusaufbau und das Bewusstsein, dass ein gesunder Boden die Grundlage für eine nachhaltige Wirtschaftsweise ist. Damals standen Themen wie Umweltschutz, gesunde unbelastete Lebensmittel oder die Unabhängigkeit von zugekauften Betriebsmitteln im Fokus. Auf dieser Grundlage entwickelten die Landwirtinnen und -wirte Richtlinien, mit denen sie diese Wirtschaftsweise überprüfbar und transparent machten.

Heute ist die Landwirtschaft zusammen mit der Forstwirtschaft als erster Wirtschaftsbereich unmittelbar betroffen von der Klimakrise. Ernteausfälle durch trockene Sommer oder verregnete Frühjahre bringen viele Betriebe, die bereits heute wirtschaftlich schlecht dastehen, noch weiter unter Druck. Diese Klimaveränderungen erfordern eine schnelle Anpassung und widerstandsfähige Betriebe in wirtschaftlicher wie ökologischer Hinsicht.

Die Regelungen des Ökolandbaus, die sich stetig weiterentwickeln, haben viele Antworten darauf. Nachdem in den vergangenen Jahren der Fokus auf die Weiterentwicklung der Tiergesundheit und der Biodiversität gelegt wurde, werden sich die kommenden Entwicklungsschritte deutlich auf die Herausforderungen durch die Klimakrise ausrichten.

Wenn der Druck zur Anpassung so hoch ist, stellt sich die Frage, warum dieser nicht reicht, um die Veränderungen in den einzelnen Betrieben anzustoßen. Ein Blick in die Ergebnisse einer Umfrage von 200 Landwirtinnen und -wirten zu hemmenden Faktoren zeigt, dass die Themen Preise, Finanzierung, Fachinformationen und politische Unterstützung ganz vorne stehen (s. Abb. 3).

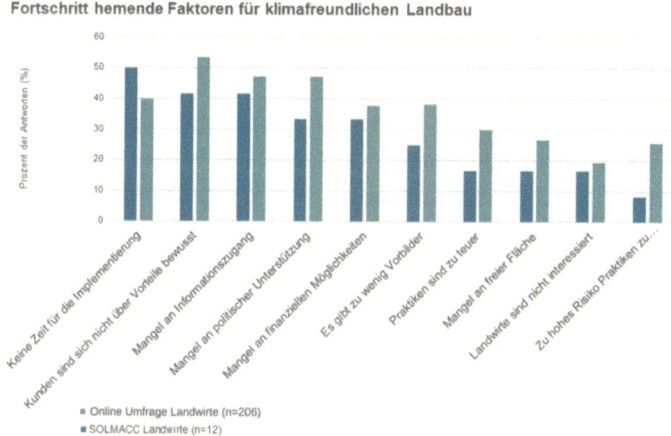

Abbildung 3   Hemmende Faktoren für die Umsetzung klimafreundlicher Maßnahmen (Darstellung aus dem Projekt SOLMACC, relevant sind nur die Ergebnisse der gesamten Gruppe der hellen Säulen)

Betriebsleiterinnen und -leiter brauchen Zeit und Arbeitskraft, um ihre Betriebe umzugestalten, und sie sind auf eine Agrarförderung angewiesen, die sie für ihre zusätzlichen Leistungen angemessen honoriert. Sie brauchen einen funktionierenden Markt, der die Leistungen für den Klimaschutz honoriert, sowie Informationen und Fachberatung, die die korrekte Umsetzung absichern.

Mit dem Aufbau von Humus steht ein Ansatz im Raum, der sowohl mit dem Potenzial für die Anpassung an die Klimaveränderungen die Lebensmittelerzeugung in der Klimakrise sichern kann, als auch mit der Bindung von CO_2 im Boden eine Antwort auf die gesamtgesellschaftliche Frage des Klimaschutzes bietet. So wird Humusaufbau zu einem politisch relevanten Vorgang, der im öffentlichen Interesse steht.

Beispiel aus dem Projekt SOLMACC auf dem Bioland Gemüsebaubetrieb Pfänder

Der seit 1986 ökologisch bewirtschaftete Betrieb konnte seine Klimabilanz durch neue Maßnahmen weiter verbessern.

Der Betrieb produziert Grünkompost aus Quellen wie z.B. Futterleguminosen, Abfällen aus der Gemüseverarbeitung, Stroh und Erde aus der Karottenreinigung. Der Kompost wird regelmäßig gewendet und als Dünger für alle Felder verwendet. Dadurch werden die Nährstoffkreisläufe im Betrieb geschlossen. CO_2-eq. Ermäßigung: -49%. Die Kompostierung von Gründüngung trägt außerdem dazu bei, die CH_4- und N_2O-Emissionen im Vergleich zu den Emissionen einer Lagerung unter anaeroben Bedingungen zu reduzieren.

Der viehlose Betrieb erweiterte den Leguminosenanbau auf 25% der gesamten Ackerfläche. Vor dem Anbau von Ackerbohnen, Felderbsen und Soja wurde auf dieser Fläche Mais (13 ha) angebaut. CO_2-eq. Ermäßigung: -7%.

Hülsenfrüchte tragen zur N-Fixierung bei und reduzieren somit den Düngemittelbedarf in den folgenden Jahren. Weitere Vorteile von Leguminosen sind erhöhte Artenvielfalt auf den Ackerflächen, wodurch eine vielfältigere Insektenfauna sowie eine höhere Bodenfruchtbarkeit durch N-Fixierung von Hülsenfrüchten unterstützt werden.

(Bautze et al (2018) Klimafreundliche Landwirtschaft – eine praktische Handreichung, https://solmacc.eu/solmacc-publications/)

4 Umweltleistungen honorieren – Wie Humus zur Ware wird

Es ist nicht überraschend, dass plötzlich eine Vielzahl an Definitionen für klimafreundliche Landwirtschaft im Raum stehen und eine Finanzierung einfordern.

In Anbetracht des akuten Handlungsbedarfs reagiert die Politik mit ihren Förderprogrammen zu langsam. Auch im durch das Kyoto-Abkommen etablierten, EU-internen Emissionshandel ist der landwirtschaftliche Sektor bislang nicht vorgesehen. Seit Jahrzehnten ist klar, worauf die Landwirtschaft im Zuge der Klimakrise zusteuert, ohne dass eine substanzielle Kursänderung in Sicht ist. Jetzt, wo sie mitten in den ersten Auswirkungen steckt, können wir nicht noch einmal so lange warten.

Wo Gesellschaft und Landwirtschaft bereit sind, sich für Klimaschutz und Klimaanpassung einzusetzen, kann der Markt diese zusammenbringen. Humusaufbau wird dadurch zu einer verkäuflichen und handelbaren Leistung. Sinnhaft wird dieser Handel vor allem dann, wenn er in der jeweiligen Region und innerhalb bestehender langfristiger Wertschöpfungsketten und Handelsbeziehungen stattfindet. Dabei ist der Humusaufbau ein besonders nachvollziehbares Beispiel, das dem abstrakten Thema von Klimabilanzen und Zertifikaten einen Bezugspunkt aus dem privaten Umfeld der Verbraucherinnen und Verbraucher gibt. Im Gegensatz zu den ebenso relevanten, vermiedenen oder eingesparten Emissionen ist der Humusaufbau für alle erlebbar. Er ist auch im privaten Beet oder auf dem Balkon sichtbar und greifbar.

Eine solche Klimazertifizierung entlang regionaler Lebensmittel-Wertschöpfungsketten birgt die Chance, Emissionen dort zu reduzieren, wo sie entstehen, und eine Kompensation nicht in entfernte Regionen auszulagern. Die Unternehmen vor Ort könnten somit in einer authentischen Weise Verantwortung für den CO_2-Ausgleich ihrer Produkte und Dienstleistungen übernehmen. Damit können sie den schon existierenden Zertifikatehandel mit Projekten, z.B. in Afrika, sinnvoll ergänzen.

Um die Landwirtinnen und -wirte zu schützen und sicherzustellen, dass die Klimaleistungen auch wirklich erbracht wurden und nicht nur auf dem Papier berechnet werden, braucht es Kriterien. Diese fehlen im Bereich der privatwirtschaftlichen, landwirtschaftlichen Klimazertifikate zurzeit noch in ausreichendem Maße.

5 Wie ein Kostendeckungsbeitrag von bäuerlicher Leistung ermittelt werden kann

Hier setzt ein Forschungsprojekt aus der Bioland Stiftung an. In der Studie (https://bioland-stiftung.org/was-wir-tun/) werden Kriterien für landwirtschaftliche Klimazertifikate erfasst und auf dieser Grundlage entwickelt. Ziel der Bioland Stiftung ist es, langfristig wirksame Veränderungen hinsichtlich Boden- und Klimaschutz zu initiieren und – im Falle der Vergabe von Zertifikaten – für alle Beteiligten faire, seriöse und wissenschaftlich fundierte Honorierungssysteme zu ermöglichen.

Die Methode beruht auf möglichst regionalen Kennzahlen zur betrieblichen Klima- und Humusbilanzierung. Dadurch unterscheidet sich dieser Ansatz bereits von einer Vielzahl genutzter Bilanzierungssysteme, die trotz regionaler Anwendung überwiegend auf internationalen Durchschnittswerten beruhen. Letzteres hat zwar den Vorteil, dass die Methoden und ihre Systemgrenzen „international" vergleichbar sind, jedoch ist der Nutzen für eine möglichst realistische, regionale Bewertung fraglich. In Kombination mit regelmäßigen Bodenproben soll die Boden.Klima-Bilanzierung einen nachvollziehbaren Blick auf die Entwicklung eines Betriebes ermöglichen (s. Abb. 4).

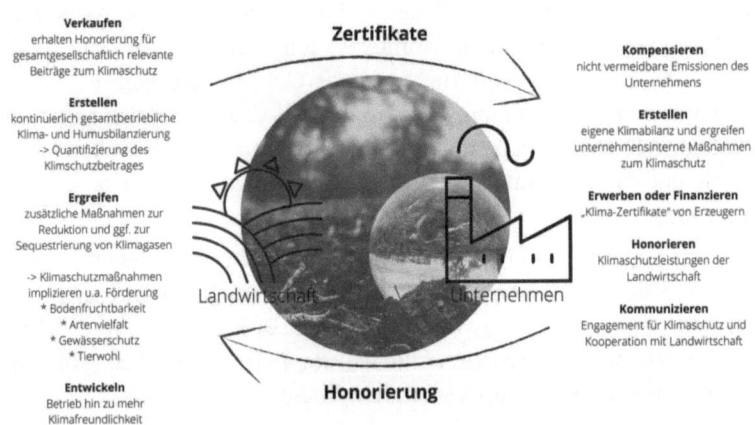

Abbildung 4 Regionale Klimazertifikate im Projekt Boden.Klima (eigene Darstellung)

Als elementar wird dabei die Einbeziehung des Gesamtbetriebes in die Bilanzierung gewertet. Dies sichert ab, dass es innerhalb des Betriebes zu einem Aufbau von Humus kommt und nicht nur organische Substanz von einer Fläche zur anderen verlagert wird (Wiesmeier et al. 2020). Zusätzlich zum Aufbau des Bodenkohlenstoffs werden für eine ganzheitliche Bewertung und Betriebsentwicklung auch Emissionsquellen auf dem landwirtschaftlichen Betrieb in die Bilanz mit aufgenommen. Klimaschädliche Gase wie Methan und Lachgas aus der Tierhaltung, der Güllelagerung und dem Ausbringen von Düngemitteln, aber auch Emissionen durch Kraftstoffverbrauch und Energienutzung müssen in die Bilanzierung einfließen.

Die jährliche Bilanzierung der Betriebe wird im Boden.Klima-Projekt ergänzt durch eine individuelle Fachberatung der Betriebsverantwortlichen und gezieltem Wissensaufbau im Rahmen von persönlichen Gesprächen und Vor-Ort-Terminen sowie Gruppenveranstaltungen und Feldtagen. Dies unterstützt die Betriebe bei der Entwicklung ihrer individuellen „Klima- und Humusstrategie" und sichert zudem die langfristige Umsetzung dieser Strategie ab.

Aus diesem privatwirtschaftlichen Anreizsystem darf die Landwirtschaft nicht als Verlierer herausgehen. Ein faires Verhältnis innerhalb regionaler Wertschöpfungsketten, das durch eine neutrale dritte Instanz geregelt wird, schützt die Erzeugenden und garantiert eine professionelle und vergleichbare Umsetzung des Zertifikatehandels.

Alle Kennzahlen beruhen auf wissenschaftlichen Ergebnissen und der komplette Berechnungsweg kann nachvollzogen werden. Diese Transparenz ist förderlich für die Weiterentwicklung der Betriebe und die Begleitung durch Fachleute. Eine aktive Einbindung der wissenschaftlichen Fachleute sichert die Aktualität des Systems ab und ermöglicht eine Weiterentwicklung nah an aktuellen wissenschaftlichen Erkenntnissen (s. Abb. 5).

VERLAGERUNG ORGANISCHER SUBSTANZ
Auslagerungseffekte bei Klimabilanzen vermeiden

Region
Zukauf von COrg über Komposte oder Pflanzenkohle

Betrieb
Konzentration COrg auf einzelnen Flächen durch Wirtschafts- oder Gründünger

Global
Verlagerung klimaschädlicher Produktionsweisen wie Kraftfutterproduktion

Abbildung 5 Mögliche Auslagerungseffekte bei Klimabilanzen (eigene Darstellung)

An welchem Ort klimaschädliche Gase anfallen, ist für deren Wirksamkeit irrelevant. Eine Klimabilanz, die mit einer Finanzierung der Klimaleistungen einhergeht, sollte dies mit beachten. Das heißt, dass sie mögliche Verlagerungen mit im Blick hat. Diese können z.B. innerhalb eines Betriebes stattfinden, wenn nur einzelne Flächen in die Bilanz mit aufgenommen werden. Innerhalb der Region besteht das Potenzial einer positiven Bilanz, durch den Zukauf von Düngemitteln deren Klimawirkung auszulagern. Auf globaler Ebene und auf die gesamte Landwirtschaft bezogen führt der Anbau von Futtermitteln für den Weltmarkt zu erheblichen negativen Effekten für das Klima. Für eine betriebliche Klimabilanz bedeutet dies, dass der gesamte Betrieb mit Zukäufen in den Blick genommen werden muss.

Die Frage nach dem Umgang mit der dauerhaften Absicherung des sequestrierten Kohlenstoffs ist noch unbeantwortet. Die IG Boden hält in ihrer Stellungnahme dazu fest: Beim „Humusaufbau geht es nicht darum, möglichst viel Kohlenstoff langfristig im Boden zu speichern, sondern jeweils die Bilanz humusabbauender und humusaufbauender biologischer Prozesse durch kluges Management nachhaltig zugunsten der humusaufbauenden Prozesse zu verschieben." (IG Boden o.J.: S. https://www.ig-gesunder-boden.de/Portals/0/doc/Positionspapiere/CO2-Zertifikate/2020-11-28_deutsch.pdf) Innerhalb einer Zertifizierung muss also angestrebt werden, diesen Prozess auf einem hohen Niveau einzustellen. Um dies zu erreichen, muss vor allem sichergestellt werden, dass die Maßnahmen langfristig umgesetzt werden. Dafür braucht es eine Kooperation zwischen Landwirtinnen und -wirten sowie Zertifikateabnehmern, die möglichst auf Dauer ausgelegt und vertraglich abgesichert ist. Die Umstellungen im Betrieb müssen mittel- und langfristig einen Gewinn darstellen, damit sie unabhängig von staatlichen Förderprogrammen auch weitergeführt werden.

6 Der politische Förderrahmen

Die reine Finanzierung klimafreundlicher Maßnahmen über privatwirtschaftliche Angebote kann nur eine Brückenlösung sein. Diese sind immer freiwillig und werden meist nur von einer Gruppe initiativer Betriebe genutzt. Dadurch werden wichtige Erfahrungen gesammelt und Kriterien für die Umsetzung in der Breite ausgelotet. Damit möglichst alle Betriebe erreicht werden, ist es dringend notwendig, die Gemeinsame Agrarpolitik der EU (GAP) auf die Förderung klimafreundlicher Umwelt- und Systemleistungen auszurichten. Wie in der Farm-to-Fork-Strategie (https://www.bundesregierung.de/breg-de/themen/buerokratieabbau/eu-agrarrat-1803234) beschrieben, braucht es für das Erreichen der europäischen Klimaziele Anreize aus der GAP und die von privaten Initiativen. Dass dieses Vorgehen gelingen kann, zeigt die Entwicklung des Ökolandbaus, wo aus einer Vielzahl privater Regelungen öffentliches Recht entwickelt wurde.

Um Zertifikate für zusätzliche Klimaleistungen in der Landwirtschaft in den EU-Handel mit aufnehmen, ist es notwendig, die Methoden zur Erfassung und die Bedingungen für den Handel weiterzuentwickeln und zu definieren. Das im Circular Economy Action Plan (https:// ec.europa.eu/environment/strategy/circular-economy-action-plan_ en) angekündigte regulatorische Rahmenwerk der Kommission für die Zertifizierung von Kohlenstoffsequestrierung in der Land- und Forstwirtschaft sollte die Erkenntnisse der bereits bestehenden Initiativen zum Zertifikatehandel mit aufnehmen.

Mit dem Biolandbau besteht schon heute ein klimafreundliches System, das innerhalb des öffentlichen Rechts geregelt und kontrolliert wird. Viele Maßnahmen und Regelungen, die für den Biolandbau vorgegeben sind, sowie das System als Ganzes tragen zur Vermeidung, Reduktion und Sequestrierung von Klimagasen bei (s. Abb. 6).

Abbildung 6 Leistungen des ökologischen Landbaus im Bereich Klimaschutz und Klimaanpassung (gekürzt aus Sanders und Heß 2019 S. 278)

Die vergleichsweise hohe Bindung von Kohlenstoff im Boden ist zugleich ein wichtiger Anpassungsfaktor an die Klimaveränderungen. Eine Förderung des Biolandbaus ist damit auch eine Förderung klimafreundlicher Landwirtschaft. Damit ist die öffentliche Förderung auch angehalten, bereits bestehende Klimaleistungen und deren Erhalt zu fördern.

Genauso wie der Ökolandbau muss auch der Umbau der Betriebe auf eine klimafreundliche Wirtschaftsweise über mehrere Jahre gefördert werden, um einen reellen Nutzen zu bringen. Die Effekte von Humusaufbau sind innerhalb eines Jahres weder messbar noch wirken sich positive Effekte auf die Anpassungsfähigkeit aus. Ziel muss es sein, die Landwirtschaft dauerhaft klimafreundlich auszurichten.

Damit Europa bis 2050 der erste klimaneutrale Kontinent wird, braucht es eine umfassende Strategie, in der die Landwirtschaft ihren Beitrag leisten kann.

7 Schlussfolgerungen

Der Ökolandbau entwickelt Mehrwerte. Ein klares Regelsystem macht die Produktion von Lebensmitteln für alle transparenter und nachvollziehbarer. Damit kommt er dem Bedürfnis nach gesunden Lebensmitteln mit Tieren in artgerechter Haltung nach. Darüber hinaus werden im Ökolandbau Bewertungsmaßstäbe für neue gesellschaftliche Herausforderungen entwickelt. Punktesysteme, wie das des Ökoverbandes BioSuisse und Bioland oder privatwirtschaftliche Systeme wie „Landwirtschaft für Artenvielfalt" von WWF und Edeka (Bioland e.V. 2019, BioSuisse 2021, WWF 2021) zeigen, wie dem Verlust von Biodiversität durch die Landwirtschaft etwas entgegengestellt werden kann: Eine auf wissenschaftlichen Ergebnissen beruhende Bemessung der aktuellen Situation des einzelnen Betriebes mit darauf aufbauenden effektiven Maßnahmen und einer angemessenen Honorierung.

Genauso muss es auch mit Antworten auf die Klimakrise sein. Betriebsleiterinnen und -leiter brauchen wissenschaftlich fundierte, praxisnahe Bewertungssysteme. Diese sollen sie darin unterstützen ihren Betrieb klimapositiv auszurichten und dafür angemessen honoriert zu werden. Bodenverbesserung und Humusaufbau können einen wichtigen Beitrag für die Transformation zu klimapositiver Landwirtschaft leisten. Dafür braucht es Systeme, die Humusaufbau im Betrieb umfassend betrachten. Der Ökolandbau bleibt auch hier in der treibenden

Rolle und entwickelt jetzt die nächste Stufe zu einer klimaneutralen oder sogar klimapositiven Landwirtschaft.

Literaturverzeichnis

Krauss, M., Berner, A., Perrochet, F., Frei, R., Niggli, U. & Mäder, P. (2020): Enhanced soil quality with reduced tillage and solid manures in organic farming – a synthesis of 15 years. *Scientific Reports 10*, S. 4430.

Sanders, J. & Heß, J. (Hrsg.) (2019): *Leistungen des ökologischen Landbaus für Umwelt und Gesellschaft*. 2. überarbeitete und ergänzte Auflage. Braunschweig: Johann Heinrich von Thünen-Institut, Thünen Rep 65. https://www.thuenen.de/media/publikationen/thuenen-report/Thuenen_Report_65.pdf (letzter Abruf 22.6.2021).

Skinner, C., Gattinger, A., Müller, A., Mäder, P., Fließbach, A., Stolze, M., Ruser, R. & Niggli, U. (2014): Greenhouse gas fluxes from agricultural soils under organic and non-organic management – A global meta-analysis. *Science of the Total Environment 468–69*, S. 553–563.

Bautze et al (2018) Klimafreundliche Landwirtschaft – eine praktische Handreichung, https://solmacc.eu/solmacc-publications/

https://bioland-stiftung.org/was-wir-tun/

Wiesmeier, M., Mayer, S., Paul, C., Helming, K., Don, A., Franko, U., Steffens, M. & Kögel-Knabner, I. (2020): CO_2-Zertifikate für die Festlegung atmosphärischen Kohlenstoffs in Böden: Methoden, Maßnahmen und Grenzen. *BonaRes Series 1*, S. 1–24.

IG Boden (o.J.): Positionspapier der IG gesunder Boden e. V. zum CO2-Zertifikate-Handel in der Landwirtschaft. https://www.ig-gesunder-boden.de/Presse/Positionspapiere (letzter Abruf 22.6.2021). https://www.ig-gesunder-boden.de/Portals/0/doc/Positionspapiere/CO2-Zertifikate/2020-11-28_deutsch.pdf

https://www.bundesregierung.de/breg-de/themen/buerokratieabbau/eu-agrarrat-1803234

https://ec.europa.eu/environment/strategy/circular-economy-action-plan_en

Bioland e.V. (2019): *Bioland verabschiedet neue Richtlinie „Biodiversität"* 26.11.2019, https://www.bioland.de/presse/pressemitteilungen/news-detail/bioland-verabschiedet-neue-richtlinie-biodiversitaet (letzter Abruf 22.6.2021).

BioSiusse (2021): *Biodiversitätscheck*. https://www.bio-diversitaet.ch/de (letzter Abruf 22.6.2021).

WWF (2021): *Modellprojekt „Landwirtschaft für Artenvielfalt"*. https://www.wwf.de/zusammenarbeit-mit-unternehmen/edeka/modellprojekt-landwirtschaft-fuer-artenvielfalt/ (letzter Abruf 22.6.2021).

Humuswirtschaft und klimapositive Landwirtschaft

Brücke zwischen nachhaltiger Entwicklung und internationalem Klimaschutz

Azadeh Farajpour Javazmi

1 Einleitung

Die negativen Auswirkungen des Klimawandels aufgrund des global beobachtbaren Temperaturanstiegs zeigen sich weltweit und beeinflussen auch die Gesellschaften zunehmend. Extreme Wetterbedingungen, längere Trockenzeiten sowie starke Regenfälle und Überschwemmungen, Erosion, Erdrutsche, Versalzung, Verlust organischer Bodenstoffe und Wüstenbildung sind die vermehrt auftretenden Phänomene, die viele Nationalstaaten immer häufiger negativ beeinflussen. In den letzten Jahren haben eine Reihe an Organisationen wie das Intergovernmental Panel on Climate Change (IPCC) erklärt, dass diese negativen Auswirkungen bis zum Ende des jetzigen Jahrhunderts drastisch zunehmen werden, weil die Durchschnittstemperatur um etwa 3,7–4,8°C steigen kann; es sei denn, es werden ernsthafte und groß angelegte Minderungsmaßnahmen ergriffen. Unter Berücksichtigung der Klimaunsicherheiten in den Klimaprojektionen ist mit einer noch höheren Temperatur von 2,5–7,8°C zu rechnen (IPCC 2014).

Im Jahr 2015 wurde im Pariser Klimaschutzabkommen festgelegt, den Anstieg der globalen Durchschnittstemperatur im Vergleich zu vorindustriellen Zeiten auf maximal 2°C (besser 1,5°C) zu begrenzen. In demselben Jahr wurden die 17 Ziele für nachhaltige Entwicklung (SDGs) von den Vereinten Nationen verabschiedet. Die SDGs zielen auf eine

Welt ohne Armut und Hunger und auf eine sozioökonomisch positive Entwicklung für alle Teile der Welt ab. Sie lassen gleichzeitig Raum für den Erhalt der biologischen Vielfalt und die Stabilisierung des Klimas. Eine solche Welt mit besseren Lebensbedingungen für viele Menschen erfordert jedoch ein massives Wirtschaftswachstum für die Schaffung von Wohlstand, unter anderem um den wachsenden Bedürfnissen einer (immer noch) schnell wachsenden Weltbevölkerung gerecht zu werden. Der Anstieg des Wohlstands ist derzeit mit einem höheren Ressourcenverbrauch und höheren CO_2-Emissionen verbunden. Nach dem gegenwärtigen Stand der Technik bleibt die komplizierte Frage nach der gleichzeitigen Umsetzbarkeit der SDGs – inklusive der ausreichenden Versorgung aller Nationen mit Energie als Grundlage für Wohlstand – und der Begrenzung der Erwärmung der Erde auf unter 2°C – im Rahmen des Pariser Abkommens – in Teilen noch unbeantwortet.

Der Boden ist die grundlegende Ressource für das Leben, die Entwicklung und die Ernährung einer wachsenden Bevölkerung. Genauso spielt er auch eine wichtige Rolle im Klimasystem. Abhängig vom Bodenzustand und der Art und Weise, wie diese Ressource bewirtschaftet wird, kann sie die nachteiligen Auswirkungen des Klimawandels verschärfen oder dazu beitragen, die Widerstandsfähigkeit des Bodens zu stärken. Die Landwirtschaft spielt in diesem Zusammenhang eine sehr wichtige Rolle, da sie die Bodenbedingungen entweder verschlechtern oder verbessern kann. Derzeit verursacht die Landwirtschaft 23% der gesamten anthropogenen Treibhausgasemissionen, ist für 80% der Entwaldung und des Verlusts der biologischen Vielfalt, für 70% der Süßwassernutzung und der Verschmutzung des Untergrundwassers sowie der aquatischen Ökosysteme verantwortlich.

Leider haben sich die Treibhausgasemissionen aus Land- und Forstwirtschaft sowie der Fischerei in den letzten 50 Jahren nahezu verdoppelt und könnten bis 2050 sogar um weitere 30% steigen – wenn keine größeren Anstrengungen unternommen werden, um sie zu reduzieren. So wie das Lebensmittelproduktionssystem das globale Öko- und Klimasystem nachteilig beeinflusst, bedroht der Klimawandel nun umgekehrt die Lebensmittelproduktion. Dies ist auf nicht-nachhaltige Praktiken zurückzuführen, die Bodenverlust, Erosion und Degradation zur Folge haben. Nicht-nachhaltige landwirtschaftliche Praktiken verhindern, dass der Boden seine vielfältigen Funktionen für Mensch und Ökosystem angemessen erfüllt. Dies führt zu einer Abnahme der Bodenfruchtbarkeit, des Kohlenstoffgehalts und der biologischen Vielfalt, einer geringeren Wasserspeicherfähigkeit, Störungen im Nährstoffkreislauf (in Form von Gasen und Feststoffen) und einem verringerten Abbau von Schadstoffen durch den Boden. Die Verschlechterung der Bodenqualität wirkt sich direkt auf die Qualität von Wasser und Luft, die biologische Vielfalt und den Klimawandel aus.

Das Risiko eines Bodenverlustes steigt mit dem anhaltenden Klimawandel auf der ganzen Welt erheblich an und wird auch in Europa möglicherweise sogar noch schneller stattfinden, als den meisten Menschen offenbar bewusst ist. In diesem Zusammenhang ist Desertifikation aufgrund von Bodenerosion eine weitere globale Herausforderung, die viele Lebensgrundlagen in Europa bedroht – rund 45% der europäischen Böden haben einen geringen Gehalt an organischen Substanzen und von 27 EU-Mitgliedstaaten haben 13 bereits erklärt, dass sie von der stattfindenden Wüstenbildung betroffen sind. Die Wüstenbildung betrifft nicht nur die Mittelmeerregionen, sondern auch Mittel- und Osteuropa. Eine Verringerung der Nahrungsmittelproduktion, ein Verlust der Bodenfruchtbarkeit, eine Abnahme der natürlichen Widerstandsfähigkeit der Landflächen und eine verminderte Wasserqualität, eine Zunahme der Armut und der Verlust von Lebensgrundlagen sind Folgen, die letztendlich die Menschen zur Migration zwingen – nicht nur nach, sondern potenziell auch innerhalb Europas.

2 Was ist zu tun?

Der potenzielle Beitrag des Agrarsektors zu besseren Lebensbedingungen, einem stabilen Klima und einem gesunden Ökosystem ist enorm. Nicht nur in Europa ist der Sektor ein Schlüsselbereich der Entwicklungszusammenarbeit, von dem ein großer Teil der Weltbevölkerung abhängt. Ein innovativer Ansatz für die Landwirtschaft würde die negativen Auswirkungen der gegenwärtigen Situation umkehren. Böden würden als Senke für Treibhausgasemissionen fungieren, gleichzeitig die Bodenfruchtbarkeit für eine bessere Lebensmittelqualität verbessern, die Wasserspeicherkapazität zur Bekämpfung der Wüstenbildung erhöhen sowie die biologische Vielfalt erhalten. Ein innovativer, politisch flankierter Ansatz für die Landwirtschaft könnte Praktiken in diese Richtung für Landwirtinnen und -wirte außerdem wirtschaftlich rentabel machen.

Der Boden ist das Fundament für landgebundene, lebende Systeme und die Landwirtschaft, die mit solchen arbeitet. Ein besserer Boden ist humusreich, stark, fruchtbar und voller Leben. Humus ist wichtig für die Bodenfruchtbarkeit und kann die Eigenschaften des Bodens erheblich verbessern. Rund 2500 Gigatonnen Kohlenstoff sind weltweit in Humus gebunden – das ist mehr als dreimal so viel Kohlenstoff wie in der Atmosphäre und fünfmal so viel wie in der Pflanzenmasse der Welt (s. Abb. 1). Kohlenstoff bleibt jahrhundertelang in humusreichen Böden gebunden. Durch Humusbildung können Milliarden Hektar wertvoller Böden, die durch falsche oder übermäßige Nutzung degradiert wurden oder durch Wüstenbildung verloren gegangen sind, wieder fruchtbar gemacht werden. Eine aktive Humuswirtschaft kann unsere derzeitige Landwirtschaft daher stark zum Positiven verändern. Im Folgenden werden die positiven Eigenschaften eines humusreichen Bodens zusammengefasst.

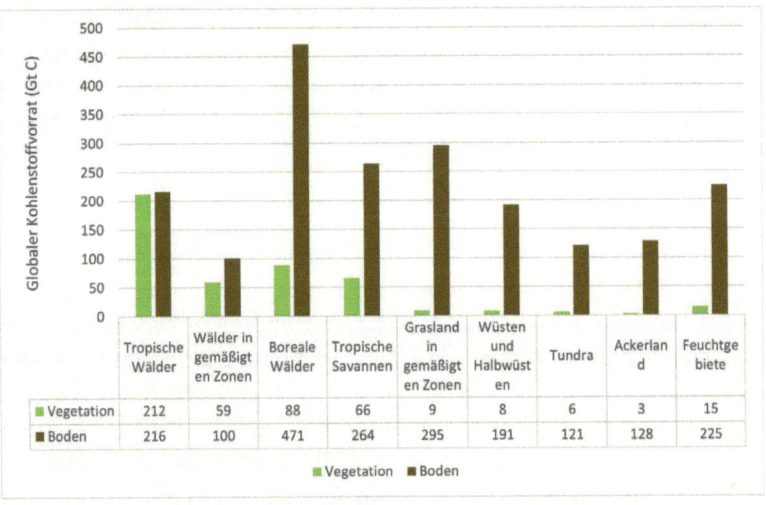

Abbildung 1: Globale Kohlenstoffvorräte (Gt C) in Vegetations- und Bodenkohlenstoffpools bis zu einer Tiefe von 1 m (IPCC 2000).

Boden mit Humus ...
- ... hat eine hohe Absorptionsfähigkeit für Wasser.

Ein gut mit Humus versorgter Boden kann bis zu 150 Liter Wasser pro Stunde aufnehmen. Bei extremen Regenfällen, die bei sich ändernden Klimabedingungen häufiger auftreten, kann humusreicher Boden schnell viel Regenwasser aufnehmen und den Wasserfluss in den Boden erleichtern sowie Überschwemmungen verhindern.

- ... hat eine hohe Speicherkapazität für Wasser.

Pro 1% Humuszuwachs können bis zu 400 m³ Wasser pro Hektar gespeichert werden. Humus wirkt wie ein Schwamm und nimmt bei Regen Feuchtigkeit auf, während er anschließend Wasser abgibt. Er hilft so den Pflanzen in langen Trockenzeiten.

- ... hat eine enorme Speicherkapazität für Nährstoffe.

1% Humus bei 30 cm Bodentiefe bedeutet einen Stickstoffpool von zusätzlichen 2500 kg pro Hektar. Mit anderen Worten: Humus ist ein Lagerhaus für Bodennährstoffe, das verhindert, dass diese weggespült und Böden ausgelaugt werden.

- ... hat einen hohen Filter- und Puffereffekt.

Je höher der Humusgehalt ist, desto besser können Schadstoffe aufgefangen und anschließend abgebaut werden. Dies ist der Schwammeffekt, der das Filtern sowie Reinigen von Grund- und Regenwasser umfasst.

- ... lässt zusätzliches Regenwasser durchfließen und befördert die Grundwasserbildung, sobald er mit Wasser und Nährstoffen gesättigt ist.

Humus ist wie grob gemahlenes Kaffeepulver, das den Kaffee in die Kaffeetasse fließen lässt. Im Gegensatz dazu ist humusarmer Boden wie Kaffee, der zu fein gemahlen wurde (Verdichtung). Wasser kann nicht durchkommen, und es entsteht kein Kaffee. In diesem Fall bildet sich kein Grundwasser unter dem Boden.

- ... macht die Produktion auf lange Sicht sicherer und billiger.

Der gesamte Pflanzenschutzaufwand sowie seine Kosten können erheblich reduziert werden.

- ... hat ein hohes Kohlenstoffbindungspotenzial.

Boden kann 2–20 Tonnen CO_2 pro Hektar und Jahr und sogar in New Mexico, USA im Durchschnitt 10.27 Tonnen Kohlenstoff pro Hektar und Jahr binden (Dunst 2015; Luske und van der Kamp 2009; Jones 2008; Allen 2007; Johnson et al. 2015).

- ... erhöht die Pflanzengesundheit und Produktivität.

Je höher der Humusgehalt, desto aktiver ist der Boden und desto gesünder können die Pflanzen werden. Humus erhöht die Pflanzengesundheit, indem er eine ausgewogene Pflanzenernährung ermöglicht und die Wechselwirkungen zwischen Pflanzenwurzeln, Bodenmikroben und der Bodenstruktur erleichtert. Darüber hinaus füttert und schützt Humus Mikroben im Boden und fängt Sauerstoff ein, der für die Wurzelentwicklung wichtig ist und das Wachstum der Wurzelstrukturen unterstützt, indem er zu einem verbesserten Lebensraum beiträgt.

- ... bewahrt und fördert die biologische Vielfalt von und in Wäldern, Feuchtgebieten und Mooren.

Je höher der Humusgehalt, desto höher sind die Erträge pro Flächeneinheit und desto geringer ist der Bedarf an Flächenerweiterungen.

- ... kann dazu beitragen, das Ansehen der Landwirtinnen und -wirte zu verbessern.

Während Landwirtinnen und -wirte die Menschen ernähren, werden sie zu Klimaschützenden und fördern nachhaltige Entwicklungen: Dazu gehören Klimaschutz, Wasserschutz durch Reduzierung der Nitratbelastung, Bodenschutz durch Erhaltung oder Wiederaufbau der Bodenfruchtbarkeit, ökologische Produktion durch weniger oder idealerweise keinen Pestizideinsatz, gesündere Lebensmittel und schönere Landschaften durch Hecken und Agroforstsysteme.

- ... verhindert Erosion, indem Bodenpartikel zusammengehalten werden.

Humus schützt den Boden vor extremen Temperaturen und hält den pH-Wert des Bodens aufrecht, wodurch die Probleme von Versauerung oder Versalzung des Bodens behoben werden.

Allein diese Tatsachen zeigen, dass Humus im Kohlenstoff- und Stickstoffzyklus eine extrem wichtige Bedeutung hat und erheblich zum Schließen dieser Zyklen beitragen kann. Humus kann einen großen Beitrag zur Eindämmung des Klimawandels leisten und gleichzeitig mehrere Ökosystemdienstleistungen (Co-Benefits) für Menschen bereitstellen. Tatsächlich hat der IPCC 2007 geschätzt, dass die Landwirtschaft ein Minderungspotenzial von 5,5 bis 6 Gt CO_2-Äquivalente pro Jahr aufweist, insbesondere durch Kohlenstoffbindung im Boden.

Humusaufbaupraktiken können die Bodenqualität und -fruchtbarkeit erhöhen und gleichzeitig anthropogene Treibhausgasemissionen aus der Atmosphäre herausziehen und binden. Diese Praktiken umfassen:

1. eine angemessene Bodenbehandlung, wie die Minimierung der Bodenbearbeitung, z.B. durch geringen Einsatz des Pfluges und minimales Umwälzen oder „Umrühren" des Bodens,
2. ein nachhaltiges Pflanzenmanagement, wie die Verwendung von Gründüngung einschließlich Leguminosen, Cover Crops, Fruchtfolge (z.B. Mais-Getreide/Getreide-Mais oder Mais-Wintergerste-Soja), Zwischenkulturen (z.B. Mais + Bohnen, Weizen + Leindotter, Sonnenblume + Buchweizen), Zwischenfrüchte (z.B. Weißklee unter Mais oder Getreide),
3. Anwendung von Kompost sowie Pflanzenkohle und
4. Einbau von mehrjährigen Pflanzen und Agroforstsystemen.

Die Übernahme einige dieser Praktiken könnte den Boden wieder auf den richtigen Weg bringen, um ein besserer Boden für eine bessere Welt zu werden!

Humuswirtschaft und klimapositive Landwirtschaft haben global betrachtet ein immenses Potenzial, die SDGs zu befördern und gleichzeitig den Klimawandel einzudämmen. Mit den Worten des IPCC-Berichts: „Eradicating poverty and ensuring food security can benefit from applying measures promoting land degradation neutrality (including avoiding, reducing and reversing land degradation) in rangelands, croplands and forests, which contribute to combating desertification, while mitigating and adapting to climate change within the framework of sustainable development." (IPCC 2019: S. 20)

3 Umfangreiche Beiträge zu den Sustainable Development Goals (SDGs)

Humuswirtschaft kann zur Umsetzung der Agenda 2030 und zur Überwindung von Zielkonflikten zwischen Umwelt und Entwicklung einen guten Beitrag leisten. Insbesondere kann das Ziel 13 „Climate Action" positiv befördert werden. Durch die Bindung großer Mengen CO_2 und anderer Treibhausgasemissionen in Humus, Biomasse und Pflanzenkohle können Humusaufbauaktivitäten zum internationalen Klimaschutz beitragen. Der Zielkonflikt zwischen Umwelt- und Entwicklungsmaßnahmen wird durch die gleichzeitige Erzeugung von Co-Benefits im Sinne der SDGs überwunden. Eine stärkere Resilienz gegen veränderte klimatische Bedingungen fördert gleichzeitig alle anderen SDGs. Diese Co-Benefits werden im Folgenden genauer erläutert.

Humusreicher Boden erhöht die Pflanzengesundheit und kann helfen, bodenbedingte Pflanzenkrankheiten zu unterdrücken. Trotz eines derzeit noch begrenzten wissenschaftlichen Verständnisses wurde festgestellt, dass organische Bodensubstanzen Krankheitserreger binden und wie ein Schwamm wirken können. Diese Funktion kann verhindern, dass sich Krankheitserreger durch Infiltration und Oberflächenabfluss bewegen (Smith et al. 2019, Stone et al. 2004, Pachepsky et al. 2008, Zhao et al. 2015, Callahan et al. 2016). Der humusreiche Boden kann die Pflanzenproduktivität erhöhen und verbessert die Ertragsstabilität über viele Jahre hinweg. Wie erwähnt verhindert Humus Boden-, Wasser- und Winderosion sowie -degradation und Wüstenbildung, indem er Bodenpartikel zusammenhält, die Bodenstruktur verbessert, die Widerstandsfähigkeit in der Lebensmittelproduktion erhöht und mehr Lebensmittel und Futtermittel pro Landeinheit für Mensch und Tier produziert. Humus trägt damit positiv zur Ernährungssicherheit und Einkommensgenerierung bei, insbesondere im globalen Süden, und damit zu einer Welt ohne Armut (SDG 1; No Poverty) und ohne Hunger (SDG 2; Zero Hunger).

Praktiken zur Verbesserung des Bodenhumusgehalts sind Methoden, die, wie die Erhöhung der Bodenbedeckung, die Anfälligkeit von Böden für Degradation und Erdrutsche verringern und die Vielfalt in der Pflanzenproduktion erhöhen. Eine abwechslungsreiche Ernährung ist einer der wichtigsten Vorteile dieser Praktiken, die sich positiv auf die Gesundheit und das Wohlbefinden auswirken (SDG 3; Good Health and Wellbeing). Mit den Worten der Studie von Smith et al. unter Mitwirkung des Berliner Klimaforschungsinstituts MCC (Mercator Research Institute on Global Commons and Climate Change): „Given soil organic matter content is a headline indicator of soil health, Soil Carbon Sequestration (SCS) would be expected to enhance the Nature's Contributions to People (NCP) Medicinal, Biochemical and Genetic Resources, by maintaining the resource for medicines isolated from soil organisms [e.g., penicillin, statins, and cyclosporins]." (Smith et al. 2019: S. 12)

Böden mit hohem Humusgehalt haben eine hohe Filter- und Pufferwirkung. Humus fängt Schadstoffe nicht nur im Boden ein und dekontaminiert sie, sondern filtert sie auch aus der Luft und dem (Regen-)Wasser und erleichtert anschließend deren Abbau. Dies umfasst auch das Filtern sowie Reinigen von Grund- und Regenwasser (SDG 6; Clean Water and Sanitation) und kann zum Schutz des Lebens unter Wasser beitragen, indem verhindert wird, dass Schadstoffe in Gewässer gelangen (SDG 14; Life Below Water). Böden mit hohem Humusgehalt haben im Untergrund eine höhere Artenvielfalt. Je lebendiger der Boden und je höher der Humusgehalt ist, desto höher sind die Erträge pro Landeinheit und desto geringer ist der Bedarf an Flächenausdehnung. Dadurch können die Artenvielfalt in Wäldern, Feuchtgebieten und Mooren bewahrt werden (SDG 15; Life on Land).

Über die landwirtschaftliche Perspektive hinaus können auch Formen der Zusammenarbeit zwischen Kontinenten und Ländern ermöglicht und beschleunigt werden (SDG 17; Partnership for the Goals), die sich als besonders Erfolg versprechend erwiesen haben. Humusaufbau kann Nahrungsgrundlagen von Menschen vielfältig verbessern und die Verbindung zwischen Wohlstandsaufbau und Frieden stark positiv befördern. Außerdem können Aktivitäten und Projekte im Bereich Bodenverbesserung die Grundlage für institutionelle Zusammenarbeit zwischen Ländern und Kontinenten sein, die umgekehrt einen Aufbau von verschiedenen Institutionen benötigt. Dies befördert SDG 16 (Peace, Justice and Strong Institutions).

Humusbildung ist ein positiver Beitrag zur Förderung der SDGs, da an dieser Stelle wirtschaftliche, soziale und ökologische Belange mit erhöhter Wertschöpfung Hand in Hand gehen. Erreicht werden bei geeigneten Programmen und Projekten in der Regel (bisher quantifiziert und bekannt) bis zu 20 Tonnen CO_2-Bindung pro Jahr und Hektar und sogar in New Mexico, USA im Durchschnitt 10.27 Tonnen Kohlenstoff pro Jahr und Hektar (Dunst 2015; Luske und van der Kamp 2009; Jones 2008; Allen 2007; Johnson et al. 2015). Durch Humusaufbau wird der Boden zu einer permanenten CO_2-Senke für Kohlenstoff aus Pflanzen- oder Holzkohle, Pflanzenresten sowie Rest- oder Altholz und anderen Formen von Biomasse.

In diesem Kontext spielen Humus, Humusbildungspraktiken (z.B. der Einsatz von Kompost und Pflanzenkohle) sowie Aktivitäten und Projekte, die solche Praktiken fördern, eine besondere Rolle in den Bereichen nachhaltige Entwicklung und internationaler Klimaschutz. Die Versorgung von hunderten Millionen von Menschen mit Wohlstand und Entwicklungschancen benötigt jedoch eine Hochskalierung von Humusaufbauaktivitäten auf Millionen von Hektar. Um eine solche Hochskalierung mit Milliarden Euro Investitionen in großem Umfang erfolgreich, effektiv und effizient umsetzen zu können, ist es dringend notwendig, Informationen, Wissen und Erfahrungen aus bereits erfolgreichen landwirtschaftlichen Projekten, die Humusbildung und Verbesserung der Kohlenstoffbilanz im Boden betreiben, zu nutzen. Daher wird im Folgenden untersucht, in welcher Form ein „upscaling" der bereits existierenden Projekte möglich ist oder wie ein neuer Ansatz aussehen könnte, der die Erfolgsfaktoren der einzelnen Projekte miteinander vereint.

4 Wie weit sind wir in der Praxis? Projekte, Akteurinnen und Akteure, Narrative, befördernde Faktoren und Empfehlungen

Für eine erfolgreiche Umsetzung von internationalem Klimaschutz und zur Förderung von nachhaltiger Entwicklung im Sinne der SDGs der Vereinten Nationen sind Projekte im Bereich der naturbasierten Lösungen (NbL) ein zentrales Element. Dies betrifft vor allem den konsequenten Schutz von Regenwäldern, Aufforstung und Wiederaufforstung sowie Humusbildung in der Landwirtschaft auf vielen Millionen Hektar degradierter Flächen am Rande der Wüsten und in den

Tropen. Außerdem sind Feuchtgebiete sowie Mangrovenwälder weitere wichtige Elemente.

In den letzten Jahrzehnten sind viele Kohlenstoffprojekte sowohl global als auch auf dem afrikanischen Kontinent nicht nur im Waldbereich entstanden, um den Regenwald zu schützen und Bäume zu pflanzen, sondern auch, um auf landwirtschaftlichen Flächen den organischen Kohlenstoffgehalt im Boden zu erhöhen und die Bodenqualität dadurch zu verbessern. Hauptziel solcher Projekte ist die Reduzierung des Kohlenstoffverlusts in Wäldern und Böden, sodass damit Beiträge zu Verminderung des Ausstoßes von Treibhausgasemissionen geleistet werden. Außerdem dienen die Projekte dazu, der Atmosphäre Treibhausgasemissionen wieder zu entziehen. Weiterhin sollen Armut bekämpft und die Nahrungsmittelsicherheit erhöht werden.

Solche Projekte erfordern eine Zusammenarbeit vieler Akteurinnen und Akteure über unterschiedliche Hierarchieebenen hinweg. Projekte im Bereich der NbLs sind daher vielschichtig und multidimensional aufgestellt, oft über Staatengrenzen hinweg, unter Einbindung von Investoren, Regierungen bis hin zu lokalen Bäuerinnen und Bauern sowie Gemeinschaften von Einheimischen.

Die Projekte zeichnen sich oft durch verschiedene Narrative,[1] Interessen und Motive der auf unterschiedlichen Ebenen beteiligten Akteurinnen und Akteure aus. In vielen Fällen stimmen einige der vorherrschenden Zielsetzungen mit den Motiven der lokalen Bevölkerungsgruppen überein, z.B. die Armutsbekämpfung und Nahrungsmittelproduktion für eine schnell wachsende Bevölkerung auf regionaler und nationaler Ebene. Diese Vielzahl zugleich verfolgbarer Ziele ist oft der Hauptgrund, warum verschiedene (globale und lokale) Stakeholder zusammenkommen und Projekte entwerfen, um diese Ziele gemeinsam zu erreichen. Auf der anderen Seite fördern und beeinflussen Akteurinnen und Akteure die Motive und Narrative. Sie können dadurch das generelle Interesse an ihrem Handeln und das Engagement anderer steigern und Strategien zur Förderung der Umsetzung solcher Projekte entwickeln.

---

1 Verbindende, sinnstiftende Erzählungen oder Geschichten. Narrative sind einzelne zusammenhängende Geschichten, die die Verbindung zwischen Akteurinnen und Akteuren in einem Netzwerk beschreiben (Ponti 2011).

Für groß angelegte und zukünftige neue erfolgreiche Projekte im Bereich der NbLs ist es wichtig, die Situation vor Ort zu verstehen und die lokalen Gegebenheiten mit umfassenden Strategien, Plänen und Projektdesigns zu verknüpfen. Das Erkennen von und das Lernen aus Stärken und Schwächen bestehender Projekte durch detaillierte Analysen – auch solcher Projekte, die gescheitert sind – kann große Vorteile mit sich bringen. Der vorliegende Abschnitt 4 leistet dazu einen Beitrag.

Die vorgestellten Inhalte beruhen auf der Analyse von Dokumenten, Berichten und Interviews, die im Rahmen verschiedener Projekte durchgeführt wurden, sowie auf qualitativer Datenexploration in solchen Projekten. Die zugrunde liegenden Projekte stammen sowohl aus dem Bereich der Forst- als auch der Landwirtschaft, da sich hier, wie erwähnt, große Potenziale bieten, Kohlenstoff durch Negativemissionen langfristig zu binden, während gleichzeitig viele Entwicklungswirkungen erschlossen werden. Eine bereits erwähnte Studie unter der Mitwirkung des Berliner Klimaforschungsinstituts MCC (Mercator Research Institute on Global Commons and Climate Change) zeigt diese positive Korrelation mit anderen SDGs sehr eindrücklich (Smith et al. 2019).

4.1 Akteure und Narrative

Als erstes ist es sinnvoll, die an einem Projekt beteiligte Akteurinnen und Akteure und ihre Narrative (s. o.), Interessen sowie Motive zu identifizieren und zu klassifizieren, die für sie eine Rolle spielen. Die Agierenden lassen sich in Bezug auf ihre Ausrichtung meist in zwei Kategorien unterteilen: lokal und global. Es ist manchmal der Fall, dass in einem Projekt die Anzahl der lokalen Akteurinnen und Akteure größer ist als die der globalen und die Narrative der lokalen vielfältiger sind als die der globalen. In Tabelle 1 finden sich Beispiele für beteiligte Akteurinnen und Akteure.

Tabelle 1: Akteurinnen und Akteure an Projekten

Lokale Akteurinnen und Akteure	Globale Akteurinnen und Akteure
− Investoren − NGOs − Beraterinnen und Berater − Gemeinschaften − Institutionen (öffentlich + privat) − Bäuerinnen und Bauern − Dorfleitende − Partnerinnen und Partner − Regierung und Ministerien − Projektmitarbeitende/staff	− Beraterinnen und Berater − Partnerinnen und Partner − Investoren − Institutionen − Firmen − Projektentwicklerinnen und -entwickler − Ministerien/Staaten (z.B. aus Ländern mit hohem Einkommen)

Parallel zur Identifizierung von Akteurinnen und Akteuren ist es notwendig, Narrative und Motive ausfindig zu machen, die beschreiben, warum diese sich engagieren und was sie durch diese Art von Projekten und ihre Mitwirkung darin erreichen wollen. Es folgt eine Zusammenfassung häufiger Motive, die in vier Kategorien unterteilt werden.

i. Auf Betriebs- bzw. Farmebene

Gründe dafür, dass sich Landwirtinnen und -wirte Projekten anschließen, betreffen hauptsächlich die Verbesserung ihrer wirtschaftlichen Situation. Durch das Projekt wollen sie erreichen:

− Kontrolle der Bodenerosion auf der Farm,
− Steigerung der Lebensmittelvielfalt,
− Erhöhung der Produktivität und des Ernteertrags,
− Steigerung der Einkommensquellen,
− Erhalt von neuen Ressourcen (u.a. Wissen) zur Anwendung guter landwirtschaftlicher Praktiken, um die stabile Produktion von Lebensmitteln in einem sich ändernden Klima zu steigern (Widerstandsfähigkeit, Resilienz),
− Erhöhung der Ernährungssicherheit,

- Verwendung von mineralischen und organischen Düngemitteln in nur geringem Umfang, um somit die landwirtschaftlichen Kosten zu reduzieren.

ii. Auf Projektebene

Die Prioritäten der Projektmitarbeitenden und Gründe, warum sie diese Art von Projekten organisieren und durchführen, sind Folgende:
- Verringerung der Erschöpfung des Ackerlandes pro Kopf,
- Produktivitätssteigerung bei gleichzeitiger Verringerung der Armut auf Projektebene (hauptsächlich in den Nachbardörfern und sogar kleinen Bezirken und Regionen, die gemeinsam solche Projekte betreiben). Einige der Projekte arbeiten sogar mit zehn Nachbardörfern zusammen, die dasselbe Ziel vereint: Verringerung der Armut auf Dorf- und Projektebene,
- Erhöhung der Ernährungssicherheit in der Region,
- Wiederherstellung eines degradierten Ökosystems rund um das Projekt,
- Stabilisierung der Produktion,
- Kontrolle der Bodendegradation auf Projektebene.

iii. Auf Landes- und nationalstaatlicher Ebene

Die Motive auf der Seite der Nationalstaaten sind die Folgenden:
- Verbesserung der wirtschaftlichen Entwicklung/des Wohlstands durch Landwirtschaft,
- Erhalt von Ökosystemen wie Moore, Feuchtgebiete, Wälder etc.,
- Erhöhung der Widerstandsfähigkeit in der Landwirtschaft,
- Erhöhung der Ernährungssicherheit auf Landesebene,
- Verringerung des Verlusts an biologischer Vielfalt,
- Reduzierung von Entwaldung.

iv. Auf globaler Ebene

- Anpassung an den Klimawandel verstärken und die Widerstandsfähigkeit erhöhen,
- Reduzierung von Entwaldung,

- Reduzierung von Treibhausgasemissionen,
- Erhalt von Ökosystemen,
- Erhöhung der Ernährungssicherheit,
- Verringerung des Verlusts und Erhalt der biologischen Vielfalt,
- Verringerung von Armut,
- Erfüllung/Förderung der SDGs.

Überraschenderweise erscheinen Motive/Narrative mit Bezug zum Klimaschutz nicht auf allen Ebenen, auch wenn die Projekte häufig als Klimaschutzprojekte deklariert sind. Auf Landes- und auf globaler Ebene sind diese Projekte zum Teil als Klimaschutzprojekte konzipiert, werden auf Projekt- und Dorfebene sowie den einzelnen Bauernhöfen jedoch eher als Entwicklungsprojekte gedacht.

Bis hin zur Dorfebene haben die Behandlung von Entwicklungs- und Wirtschaftsfragen der lokalen Bevölkerung Vorrang. Darüber hinaus gibt es Umweltmotive, wie die Kontrolle der Bodenerosion sowohl auf Farm- als auch auf Projektebene, die stark mit der Verbesserung der wirtschaftlichen Situation der Einheimischen zusammenhängen, wie z.B. Ernährungssicherheit und Ertragssteigerung.

4.2 Ableitung befördernder Faktoren für die Projektumsetzung

Für zukünftige neue Projekte und die Umsetzung solcher Projekte auf tausenden oder sogar Millionen von Hektar ist es wichtig, die Faktoren der laufenden und sogar fehlgeschlagenen Projekte zu identifizieren und zu verstehen, die die Erfolgsaussichten positiv befördern bzw. Erfolgschancen verringern können. Es folgt eine Zusammenfassung solcher Faktoren

Kombination von Entwicklungs- und Klimaeffekten

Projekte, die an erster Stelle Entwicklungsnarrative und -erwartungen unterschiedlicher Akteurinnen und Akteure sowie Stakeholder adressieren, erzeugen mehr Zufriedenheit bei der Lokalbevölkerung und motivieren diese, aktiv mitzuwirken. Auf unterschiedlichen Ebenen haben die Agierenden verschiedene Interessen.

Lokale Akteurinnen und Akteure benötigen oft Entwicklungseffekte, z.B. die Steigerung des Ertrags und die Bekämpfung von Armut. Klimaeffekte, insbesondere durch CO_2-Sequestrierung, haben auf Landesebene Priorität. In Wirklichkeit besteht die Hauptaufgabe dieser Projekte jedoch darin, die wirtschaftliche Situation der lokal ansässigen Menschen zu verbessern und Lebensmittel für eine schnell wachsende Bevölkerung auf allen Ebenen zu sichern. Bei einigen Wiederaufforstungsprojekten ist den Vor-Ort-Lebenden bewusst, dass Bäume Regen in ihr Dorf bringen, weswegen sie mit den Projektmitarbeitenden kooperieren, um selbst Bäume auf ihrem Bauernhof zu pflanzen. Die Tatsache, dass Bäume das Klimasystem regulieren, atmosphärische Emissionen beseitigen und die Widerstandsfähigkeit der landwirtschaftlichen Betriebe erhöhen, ist der Mehrheit der einheimischen Bevölkerung und der Landwirtinnen und -wirte nicht bekannt – sie sind an Bäumen interessiert, weil sie an höheren Niederschlägen interessiert sind. Sie wissen auch, dass sie dadurch zusätzliche Nahrungs- und Futtermittelquellen für den Eigenverbrauch und/oder den Verkauf erschließen, wenn sie Bäume pflanzen. Dies hängt wiederum stark mit der wirtschaftlichen Verbesserung der landwirtschaftlich Tätigen zusammen, die durch die Erweiterung ihres gewohnten Anbausystems ein vielfältigeres Einkommen erzielen können.

Langfristigkeit

Viele Projekte haben eine Laufzeit von mindestens 20–30 Jahren, einige sogar von 99 Jahren. Projekte mit kurzer Laufzeit und mit begrenztem Budget führen oft auch nur zu kurzfristigem Erfolg. Die ersten Jahre sind normalerweise dazu da, das Vertrauen der lokalen Bevölkerung zu gewinnen, um die Menschen vor Ort zu motivieren und zum Mitmachen zu bewegen. Viele Farmerinnen und Farmer sind vorsichtig mit Belangen, die ihren Hof betreffen. Die Höfe sind ihre Existenzgrundlage, weswegen sie anfängliche Ergebnisse erst beobachten wollen, bevor sie dazu bereit sind, grundlegende Veränderungen anzugehen. In diesem Zusammenhang sind kurzfristige Projekte meist problematisch.

Starke Mitwirkung und Unterstützung von lokalen Akteurinnen und Akteuren beim Projektaufbau und der Projektentwicklung

Einige dieser Projekte sind im Laufe der Jahre erfolgreich, da sie von lokalen Institutionen entwickelt und umgesetzt werden. Diese Institutionen arbeiten über Jahre oder sogar Jahrzehnte mit Einheimischen in den Dörfern und Bauernhöfen zusammen und bieten im Laufe der Aufbauphase sowie nach Ablauf der eigentlichen Projektzeit Rat und Unterstützung an. Sie genießen großes Vertrauen in der lokalen Bevölkerung. Vielen Einheimischen fällt es schwer, richtige Ansprechpartnerinnen und -partner zu finden, wenn sie bei auftretenden Problemen Rat benötigen, z.B. während sie die Praktiken innerhalb der Rahmenbedingungen des Projekts umsetzen und auf ihre Farmen übertragen. Sobald externe Projektpartnerinnen und -partner verschwinden und sie alleine mit den neuen Gegebenheiten leben, kann bei Problemen oftmals nicht geholfen werden, wenn keine lokalen Institutionen vorhanden sind und vormalige Dienstleistungen nicht mehr zur Verfügung stehen.

Wirtschaftlichkeit

Nach dem Ablauf der Projektlaufzeit ist es wichtig, dass das Projekt „von alleine läuft" und der Aufwand mehrerer Jahre nicht im Sande verläuft, weil das Projekt auf kurzfristigen Geldern und befristet engagierten Projektpartnerinnen und -partnern basierte. Projekte, die wirtschaftlich sind, den beteiligten Bäuerinnen und Bauern Einkommensquellen erschließen und die so gestaltet sind, dass sie auch nach der Projektlaufzeit weiterhin Einkommen generieren, werden von lokalen Kräften stark unterstützt.

Fort- und Weiterbildung

Einige Projekte bieten Trainings, Kurse und Workshops für Aus- und Weiterbildung an. Die Landwirtinnen und -wirte in diesen Projekten können kostenlos nützliche Schulungen erhalten, die auf ihre Bedarfe zugeschnitten sind, beispielsweise um den Ertrag zu steigern oder durch Aufforstung auf dem Bauernhof (Agroforst) vielfältigere Einkommensquellen aufzubauen. Solche Programme beschleunigen die

Vertrauensbildung zwischen den unterschiedlichen Teilnehmenden an dem Projekt, motivieren weitere Menschen, sich dem Projekt anzuschließen und fördern nicht zuletzt die schnellere Adoption der gewünschten Projektpraktiken.

Einbettung in die lokale (Projekt-)Historie und Berücksichtigung von Erfahrungen früherer Projekte in der Region

Projekte sollten sich mit der Historie und den Erfahrungen der einheimischen Akteurinnen und Akteure und ihren komplexen sozioökologischen und sozioökonomischen Kontexten auseinandersetzen. Es ist sehr wichtig, eine umfassende Untersuchung, z.B. durch Umfragen bei der lokalen Bevölkerung durchzuführen, um herauszufinden, welche Bedürfnisse und Narrative sie hat, wie viele Projekte und welche Art von Projekten in der Vergangenheit in der Region entwickelt und durchgeführt wurden und wie erfolgreich diese waren. Schlechte Erfahrungen mit Projekten im Bereich der naturbasierten Lösungen und anderer Kategorien beeinflussen die lokale Wahrnehmung neuer Projekte und erhöhen die Skepsis gegenüber externen Interventionen. Die Geschichte erfolgreicher Projekte kann andererseits den Projektentwicklerinnen und -entwicklern helfen, ihre Projekte so zu gestalten, dass Skepsis vermieden wird, in der Landwirtschaft Tätige und andere Einheimische motiviert werden, sich zu engagieren und an der Umsetzung des Projekts aktiv zu beteiligen. Zukünftige Projekte können aus der Historie früherer erfolgreicher Projekte lernen und ihre Intervention so gestalten, dass Bäuerinnen und Bauern sowie alle Einheimischen diese akzeptieren.

Berücksichtigung der multisektoralen Dimensionen von Projekten

Projekte, die Projektziele so umsetzen, dass sie gleichzeitig verschiedene Zieldimensionen fördern, haben mehr Erfolg. Dies spiegelt sich auch in den 17 Nachhaltigkeitszielen der UN wider, die auch kaum einzeln zu adressieren sind, da sie eng miteinander wechselwirken. Projekte zur Verbesserung der Kohlenstoffvorräte durch Aufforstung sollten z.B. auch auf die Steigerung und Verbesserung der Lebensmittelproduktion abzielen.

Einbettung in die lokale Marktbeschaffenheit

Projekte, die ihre Praktiken mit Bezug auf den relevanten Markt und die verfügbaren Ressourcen vor Ort gestalten, sind tendenziell erfolgreicher. So sollte z.B. beim Einbringen neuer Pflanzen oder Baumarten in das Projekt der relevante Markt für diese Pflanzen und Früchte berücksichtigt werden. Wenn es keinen Markt für die Produzierenden gibt, auf dem die relevanten Pflanzen, Ernteerträge und Folgeprodukte verkauft werden können, könnte die Existenz des Projekts gefährdet sein.

Aus den beschriebenen Faktoren können Hinweise auf mögliche Barrieren zur Umsetzung und Hochskalierung von Entwicklungs- und Klimaschutzprojekten abgeleitet werden. Eine Nicht-Berücksichtigung dieser Faktoren kann eine Barriere darstellen. Das Ignorieren der vorher genannten Narrative und Faktoren könnte zu Hindernissen führen, um lokale und globale Akteurinnen und Akteure zusammenzubringen, die Interessen aller Seiten anzusprechen, Projekte umzusetzen und finanzielle Unterstützung zu finden.

4.3 Zusätzliche Empfehlungen für das Projekt-Setup

Zusätzlich zu den oben beschriebenen abgeleiteten Faktoren lassen sich weitere Empfehlungen aus den Untersuchungen unterschiedlicher Projekte formulieren, die zur effektiven Umsetzung eines Projekts führen können bzw. als Lehre aus gescheiterten Projekten gezogen werden sollten.

Kommunikation mit der Öffentlichkeit

Die Kommunikation des Projektverlaufs durch regelmäßige Berichterstattung über Projektaktivitäten erhöht die Transparenz und schafft Vertrauen zwischen Projekten, Kundinnen und Kunden, Investierenden und Individuen.

Zusammenarbeit mit der Wissenschaft

Universitäten und Forschungseinrichtungen können dem Projekt helfen, indem sie quantitative Daten zu Design-, Implementierungs- und Betriebskosten zur Verfügung stellen. Solche Ergebnisse können sehr hilfreich sein, vor allem in der Projektentwicklungsphase viele Fragen beantworten, und allgemein dabei helfen, Unklarheiten zu beseitigen. Die Wissenschaft kann ebenfalls dabei unterstützen: durch qualitative Datenerfassung durch Interviews mit verschiedenen Projektbeteiligten, Narrative, Motive sowie politische und gesellschaftliche Herausforderungen. Sie kann helfen, Probleme und Lücken sowohl in der Aufbauphase als auch während der Laufzeit zu erkennen und zu verstehen.

Es bestehen viele Fragen und Unklarheiten in Bezug auf die Klimawirkung und langfristige CO_2-Bindung bzw. Sequestrierung im Boden und der Biomasse. Eine Zusammenarbeit mit Universitäten und Forschungseinrichtungen kann durch Messungen (von z.B. Kohlenstoffgehalten) die Wirksamkeit solcher Projekte genauer nachverfolgen und einschätzen, ob die Projekte ihre Ziele und quantifizierbare Zielmarken erreichen. Diese Informationen sind wertvoll, wenn es um die Hochskalierung der Ansätze auf z.B. Millionen von Hektar geht und Fragen der ökonomischen Machbarkeit dringend notwendig sind.

Lernen durch Ähnlichkeiten und Nachahmung

Es besteht in Bezug auf das Projektdesign und die Rahmenbedingungen weltweit eine hohe Ähnlichkeit zwischen Projekten, die z.B. unter dem Label „Carbon Forestry for Carbon Sequestration" und REDD entwickelt wurden bzw. werden. Daher können Untersuchungen einiger Projekte, z.B. zu den Erfolgsfaktoren und Narrativen verschiedener Akteurinnen und Akteure, die Entwicklung neuer Projekte erleichtern und die Erfolgsaussichten steigern.

Economy of Scale bzw. Hochskalierung

Design, Aufbau und die Implementierung vieler Projekte erzeugen Kosten. Eine Hochskalierung auf Millionen von Hektar könnte die Gesamtkosten solcher Projekte reduzieren. Hier sollte eine Abwägung zwischen Kostenreduktion und steigendem Managementaufwand stattfinden.

Halten von Versprechen und Pünktlichkeit

Versprechen, die das Projekt gibt, sind wichtige Motive für lokale Agierende, vor allem für Land- und Forstwirtinnen und -wirte, um weiter mit dem Projekt zusammenzuarbeiten oder um neue Kräfte dafür zu gewinnen. Realistische Zielsetzungen für Leistungen und deren pünktliche Bereitstellung können den generellen Ablauf und die Umsetzung der Projekte erleichtern. Wenn den Landwirtinnen und -wirten z.B. Emissionsgutschriften oder Vorfinanzierungspakete versprochen wurden, kann eine verspätete Lieferung oder ein verzögerter Geldtransfer deren Skepsis erhöhen und die langfristige Zusammenarbeit zwischen Projekten und Einheimischen beeinträchtigen.

Konkurrenz zwischen „Carbon Credits" und Erträgen durch „Cash Crops"

Der Preis für Emissionsgutschriften konkurriert häufig mit dem hohen Preis für Cash Crops wie Kakao, Baumwolle, Marihuana und in einigen Fällen Kaffee. Daher kann eine Kombination aus Cash-Crop-Erträgen und Einkommen durch Emissionszertifikate die Motivation der Landwirtinnen und -wirte erhöhen, sich an dem Projekt zu beteiligen, sofern realistische Preisabschätzungen einschließlich der Inflationsrate und möglichst über einen langen Zeitraum gewährleistet sind.

Short-Term- vs. Long-Term-Profit

Viele Junglandwirtinnen und -wirte finden oft weniger Anreize, sich in den genannten Projekten zu engagieren, weil sie kurzfristig hohe Gewinne erzielen möchten. Sie reisen oft in nahe gelegene Städte in der Hoffnung, mehr Einkommen zu erwirtschaften, um ihre Lebenssituation zu verbessern. Klimaeffekte erzielende und die Erzeugung von Kohlenstoffzertifikaten ermöglichende Projekte sind normalerweise ein langfristiges Geschäft. Die Integration von Entwicklungseffekten in die CO_2-Preisgestaltung könnte kurzfristig mehr Gewinn für die Einheimischen generieren und die Anreize und das Engagement für diese Projekte erhöhen (siehe hier auch die erwähnte Verbindung von Klimaschutz- und Entwicklungsprojekten weiter oben im Text).

Synergieeffekte durch die Kopplung verschiedener Sektoren

Klimaschutzprojekte sollten verschiedene Sektoren miteinander kombinieren und übergreifend gedacht werden. Am Beispiel der SDGs wird deutlich, dass sich viele Einzelziele und Sektoren überschneiden – Fortschritte in einem Sektor können gleichzeitig Fortschritte in mit ihnen verbundenen Sektoren erzielen. Land- und Forstwirtschaft sind die besten Beispiele dafür. Landwirtschaft ist für 80% der Entwaldung verantwortlich, weil die Nahrungsmittelproduktion für eine wachsende Weltbevölkerung eine massive Expansion von Ackerland verursacht und erfordert. Der Erhalt der Wälder ist schon allein wegen ihrer Wasserbindungskapazität in hohem Maße mit einer Steigerung der Produktivität in der Landwirtschaft verbunden. Viele Waldprojekte müssen sich daher gleichzeitig mit der Steigerung der Landproduktivität befassen. Humusverbesserungsaktivitäten sollten als obligatorische Maßnahmen in Aufforstungs- und Waldschutzprojekte mit Landwirtinnen und -wirten integriert werden, um die Entwaldung für landwirtschaftliche Zwecke zu verringern. Die tägliche Arbeit vieler in der Landwirtschaft Tätigen richtet sich daran aus, die Landproduktivität zu steigern und mit sinkenden Ernteerträgen aufgrund des Klimawandels und unvorhergesehenen Niederschlagsmustern umzugehen. Projekte, die auf die Kohlenstoffbindung durch Wiederaufforstung zur Bekämpfung des Klimawandels abzielen, sollten letztendlich die agrarökologischen Bedingungen für eine nachhaltige Lebensmittelproduktion verbessern. Entsprechend sollten auch die Narrative der Projekte denen der Lebensmittelproduktion entsprechen und diese nicht behindern. Die Projektgestaltung sollte so sein, dass der Ertrag des zur Verfügung stehenden Ackerlandes für die Einzelperson erhöht werden kann, die sich der Projektpraktiken angenommen und diese übernommen hat.

Aktuell existieren häufig Zielkonflikte zwischen der Förderung wirtschaftlicher Entwicklung im Landwirtschaftsbereich einerseits und dem Schutz von Wäldern andererseits. Dies wird beispielhaft in der Studie von Hashmiu (2012) dargestellt:

> "Although the majority of countries that are participating in the REDD+ mechanism recognize agriculture as the main cause of deforestation, most of them lack clear policies on how they would address the link between agriculture and forestry. In Ghana for instance, expansion in cocoa production is a major cause of deforestation, yet the immense contribution of cocoa to the Ghanaian economy makes it quite challenging for the government to restrict the quantity of cocoa production. There is simply no way governments can have credible REDD+ strategies unless their top priority is to address agriculture and food security. The need to build bridges between REDD+ strategies and agriculture is urgent because the commercial demands, food security issues, and government mandates driving agriculture's expansion into forested areas will only increase". (Hashmiu 2012: S. 1)

4.4 Empfehlungen für in Projektentwicklung, Politik und Praxis Tätige

Es ist dringend erforderlich, in größerem Maßstab bessere Methoden für die Bodenbewirtschaftung zu etablieren, nicht nur um die SDGs umzusetzen, z.B. hinsichtlich der Steigerung des Ertrags für eine wachsende Bevölkerung, sondern auch zur Reduzierung der atmosphärischen, weltweiten Treibhausgasemissionen. Zur raschen Erfüllung dieser Ziele ist es notwendig, verschiedene Agierende auf unterschiedlichen Ebenen zu mobilisieren und zu verknüpfen, die zur Humuswirtschaft und der Verbesserung der Bodenqualität gemeinsam beitragen können, und die Zusammenarbeit und das aktive Engagement zu beschleunigen.

Aus dieser Sicht ergeben sich eine Reihe von Forderungen:

An die in der Praxis/Landwirtschaft Tätigen (Europa + weltweit)

Die Anbaumethoden der Humuswirtschaft müssen in der Praxis weltweit mehr Beachtung finden. Es ist äußerst wichtig, dass Landwirtinnen und -wirte vor Ort durch ihre landwirtschaftlichen Praktiken vor allem zum Schließen der natürlichen Kohlenstoff- und Stickstoffkreisläufe beitragen. Das Schließen dieser Zyklen ist für die Bodenverbesserung absolut notwendig. Dass diese beiden Zyklen derzeit vieler Orts offen sind, ist einer der Hauptgründe für das atmosphärische Ungleichgewicht und damit für den Klimawandel. Wenn sich die landwirtschaftlichen Betriebe darauf konzentrieren, die Kreisläufe durch die Ausübung einer Humuswirtschaft zu schließen, können Kohlenstoff und Stickstoff im

Boden gebunden werden. In der Landwirtschaft oder anderer Praxisbereiche Tätige können die Brücke zwischen Klimaschutz und wirtschaftlicher Entwicklung schlagen, indem sie bessere Bodenpraktiken auf die Felder bringen. Dabei sollte sichergestellt sein, dass im Vergleich zu den Kosten enorme Vorteile erzielt werden, wie oben bereits erwähnt wurde. Durch Humusaufbau-Praktiken werden landwirtschaftliche Betriebe widerstandsfähiger gegen die negativen Auswirkungen des Klimawandels.

An den privaten Sektor (Industrie, Unternehmensleitung und Geschäftsführung)

Der Betrieb einer gezielten Humusökonomie und das Schließen der Kohlenstoff- und Stickstoffkreisläufe verursachen zumindest für einige Jahre in der Übergangsphase Kosten. Agierende des Privatsektors können diesen Übergang finanziell unterstützen, indem sie externe Kosten ihrer wirtschaftlichen Aktivitäten freiwillig internalisieren – ein Thema, das seit Jahren ignoriert wird. Derzeit besitzt der Privatsektor insgesamt 5–7-mal mehr Kapital und Vermögen als die Nationalstaaten (Alvaredo et al. 2018). Akteurinnen und Akteure des privaten Sektors können Projekte finanziell unterstützen, die darauf abzielen, Humusaufbau zu betreiben und die Bodenqualität zu verbessern, während Treibhausgasemissionen aus der Atmosphäre entfernt werden. Diese Projekte können atmosphärisches CO_2 binden und somit direkt zum Klimaschutz und zur Entwicklung beitragen. Externe Kosten werden so freiwillig internalisiert. Solche Projekte sind einer der wenigen Fälle einer positiven Korrelation zwischen Wohlstandsförderung im Sinne der SDGs und Klimaschutz. Dadurch tragen sie zur Überwindung interner Widersprüche zwischen einzelnen SDGs bei und die Frage des Wirtschaftswachstums (SDG 8) ohne Belastung des Klimas (SDG 13), ohne Zerstörung von Lebensräumen und Verringerung der biologischen Vielfalt (SDG 14 und SDG 15) kann angegangen werden. Der Privatsektor kann immens zum Erreichen dieser globalen Ziele, der SDGs und damit einer besseren Welt beitragen!

An die Nationalstaaten

Die einzelnen Staaten haben eine hohe Verantwortung und Handlungskompetenz in diesem Bereich. Sie sollten Humusaufbaumaßnahmen in ihren Ländern in die Praxis umsetzen und sie als lohnende Maßnahmen in ihre Politik integrieren, um mehr Landwirtinnen und -wirte zu ermutigen, als Klimaschützende zu fungieren und die wirtschaftliche Entwicklung zu fördern. Die landwirtschaftliche Produktion wird überwiegend von vielen kleinen landwirtschaftlichen Betrieben in ihren Ländern verwaltet und ist daher ein großes Geschäft. Die Nationalstaaten sollten klein-, mittel- und großbäuerlich Arbeitende wirtschaftlich und politisch dabei unterstützen, nicht nur sie, sondern auch die Nahrungsmittelproduktion des Landes durch die Einführung besserer Bodenpraktiken widerstandsfähiger gegen die negativen Auswirkungen des Klimawandels zu machen. Es sollte wirtschaftlich rentabel sein, sie umzusetzen, und die Politik kann die Rahmenbedingungen dafür schaffen.

An die Europäische Union

Die Europäische Union kann Projekte und Aktivitäten auf riesigen Flächen nicht nur auf europäischer Ebene, sondern auch auf globaler Ebene initiieren, um bessere Bodenpraktiken und die Verbesserung des Humusgehalts auf degradierten und sandigen Böden zu fördern. Solche Projekte können auch erodierte europäische Böden wieder fruchtbar machen, atmosphärisches CO_2 binden und so direkt zum Klimaschutz und zur Widerstandsfähigkeit der europäischen Landwirtschaft beitragen. Der *Green New Deal* und Forschungsprogramme wie *Horizon 2020* können dafür gute Plattformen sein. Darüber hinaus sollte die EU in ihrer Gemeinsamen Agrarpolitik (GAP) einen viel stärkeren Schwerpunkt auf bessere Grundsätze zur Verbesserung von Boden und Humus legen. Darüber hinaus kann die EU bessere Praktiken der Bodenbewirtschaftung und die Verbesserung des Kohlenstoffgehalts im Boden als lohnende Maßnahmen in ihre Politik integrieren. Das bedeutet, dass in der Landwirtschaft, der Lebensmittelproduktion und der Bodenbewirtschaftung Tätige finanziell dafür belohnt werden, Kohlenstoff- und Stickstoffkreisläufe zu schließen, um atmosphärische Treibhausgase zu vermeiden, zu reduzieren und zu entfernen und damit etwas Gutes für das Klima zu tun.

An die Einzelpersonen auf der ganzen Welt

Einzelpersonen können helfen, das Bewusstsein für die Vorteile von besseren Böden zu schärfen und Botschaften für bessere Böden aussenden. Je mehr Personen aus Familien, Freundes- und Kollegenkreisen mobilisiert werden können, sich für einem besseren Boden zu engagieren, desto besser. Sie können weitere Agierende des privaten und politischen Sektors für mehr Engagement für den globalen Klimaschutz und Entwicklung durch bessere Bodenpraktiken mobilisieren und motivieren. Last but not least, können sie Projekte und Landwirtschaft, die weltweit und lokal Humusaufbaupraktiken der Bodenbewirtschaftung (auch bekannt als Soil Carbon Enhancement/Sequestration Projects) anwenden, finanziell unterstützen und sich dadurch selbst klimaneutral stellen.

5 Möglichkeit für eine schnelle Hochskalierung

Im Umfeld der Erfüllung der SDGs – der gleichzeitigen Förderung von Entwicklung und Klima – gibt es Projekte im Bereich der naturbasierten Lösungen bzw. in den Bereichen Wald- und Bodenwirtschaft, die über einen Standard hohe Entwicklungswirkungen (Co-Benefits) und/oder Klimawirkungen nachweisen können. Jedoch wollen bzw. können diese Projekte in der Projektfrühphase nicht zusätzlich zu den Entwicklungswirkungen den Nachweis über geeignete Zertifizierungsmaßnahmen ihrer Aktivitäten finanzieren.

Das ist für die lokale Bevölkerung ungünstig, weil Wälder und Böden und ihr CO_2-Bindungspotenzial für Entwicklung und Klimaschutz eine besondere Bedeutung besitzen. Im Folgenden wird deshalb im Einzelnen begründet, warum für nachhaltige Waldprojekte (z.B. Aufpflanzungs- und Baumpflanzprojekte oder nachhaltige Forstprojekte unter Berücksichtigung von Biodiversitätsaspekten) in den Tropen pauschal eine CO_2-Bindung von zwei Tonnen pro Hektar und Jahr anerkannt werden sollte, ohne eine teure externe Zertifizierung durchzuführen. Bei Baumpflanzungen muss es sich jedoch um einheimische Baumarten handeln. Von den genannten Projekttypen wird erwartet, dass im Zuge der erforderlichen Zertifizierung von Entwicklungswirkungen außerdem Qualitätskriterien wie Permanenz, Leakage und Additionalität bestätigt werden. Das Kriterium der Permanenz ist dabei regelmäßig mindestens alle fünf Jahre zu überprüfen.

Für Land- und Humuswirtschaftsprojekte bzw. bei Bewirtschaftung nach Prinzipien des Humusaufbaus, die situationsabhängig z.B. auch als nachhaltige oder integrierte Bewirtschaftungsansätze bezeichnet werden können, kann eine konservative CO_2-Bindung von einer Tonne pro Hektar und Jahr pauschal anerkannt werden. Mit der Einbringung von Holz- oder Pflanzenkohle in den Boden, die aus vielen Gründen wünschenswert ist, kann dieser Wert weiter gesteigert werden. Über die erforderliche Zertifizierung von Entwicklungswirkungen muss in diesem Kontext u.a. der Charakter einer Humuswirtschaft bzw. einer Bewirtschaftung nach Prinzipien des Humusaufbaus und ausreichende Niederschlagsmengen abgebildet werden. Aussagen zur Einbringung von Holz- und Pflanzenkohle müssen explizit bestätigt werden.

5.1 Mindest-CO_2-Bindung bei Wald

Die Schlüsselreferenz zur pauschalen Anerkennung der jährlichen CO_2-Bindung im Rahmen von nachhaltigen Waldprojekten (z.B. Aufpflanzungs- und Baumpflanzprojekte oder nachhaltige Forstprojekte) ist das IPCC-Dokument „Guidelines for National Greenhouse Gas Inventories" aus dem Jahr 2006 (IPCC 2006), das sich in wesentlichen Teilen auf die Vorgängerversion von 2003 bezieht (IPCC 2003). Im Jahr 2019 wurde ein Bericht des IPCC veröffentlicht, der das Dokument von 2006 nicht ersetzt, sondern in Verbindung mit der Version von 2006 verwendet werden soll (IPCC 2019). Die Berichte zeigen Standardwerte für die Bindung von CO_2 pro Hektar Wald pro Jahr in unterschiedlichen Klimazonen auf. Das Dokument gibt die Menge der trockenen Biomasse pro Hektar pro Jahr für unterschiedliche Kontinente und Klimazonen (unterschieden aufgrund der Menge an Niederschlag) an. 50% der Trockenmasse eines Baumes bilden ungefähr die enthaltene Kohlenstoffmenge. Eine Tonne Kohlenstoff entspricht 3,67 Tonnen CO_2. Auf dieser Basis kann man kalkulieren, wie viele Tonnen CO_2 pro Hektar im Wald pro Jahr gebunden werden können.

Tabelle 2 beinhaltet einen Ausschnitt der Basisreferenz des IPCC 2003, deren Werte im Bericht von 2006 zitiert werden. Dort wurden die gebundenen Tonnen CO_2 pro Hektar pro Jahr in unterschiedlichen Klimazonen eingefügt, wobei ausreichende Niederschlagsmengen vorausgesetzt werden. Ein pauschal anerkannter Wert von zwei Tonnene-CO_2 pro Hektar und Jahr für Wald, der jünger als 20 Jahre ist, erscheint angemessen, wenn Permanenz, Leakage und Additionalität bestätigt sind und Projekte mit negativen Wirkungen auf SDGs und NDCs ausgeschlossen sind.

Tabelle 2: Mindest-CO2-Bindung von Wäldern[2]

			Tropen und Sub-Tropen (Niederschlag pro Jahr)				
			>2000 mm	1000–2000 mm		<1000 mm	
Kontinent			CO_2 t/ha/ Jahr	Moist with Short Dry Season	Moist with Long Dry Season	Dry	Montane Wet	Montane Dry
				CO_2 t/ha/Jahr			CO_2 t/ha/Jahr	
Afrika		Wald, jünger als 20 Jahre	18	10	4,4	2,2	9,2	3,67
		Wald, älter als 20 Jahre	6	2,4	3,3	1,65	1,8	2,75
Amerika		Wald, jünger als 20 Jahre	18	13	7,3	7,3	9,2	3,3
		Wald, älter als 20 Jahre	3,5	3,67	1,8	1,8	2,6	0,7
Asien & Ozeanien	Kontinental	Wald, jünger als 20 Jahre	12,8	16,5	11	9	9	1,8
		Wald, älter als 20 Jahre	4	3,67	2,7	2,4	1,8	0,9
	Insular	Wald, jünger als 20 Jahre	23,9	20	12,8	3,67	22	5,5
		Wald, älter als 20 Jahre	6,2	5,5	3,67	1,8	5,5	1,8

---

2 Die Werte in der Tabelle wurden von der Autorin des Beitrags auf Basis der IPCC-Guidelines (IPCC 2003 und 2006) selbst berechnet.

Tabelle 3: Referenztabelle aus IPCC-Report (IPCC 2003)

TABLE 3A.1.5
AVERAGE ANNUAL INCREMENT IN ABOVEGROUND BIOMASS IN NATURAL REGENERATION BY BROAD CATEGORY
(tonnes dry matter/ha/year)
(To be used for G_W in Equation 3.2.5)

Tropical and Sub-Tropical Forests

Age Class	Wet	Moist with Short Dry Season	Moist with Long Dry Season	Dry	Montane Moist	Montane Dry
	R > 2000	2000>R>1000	2000>R>1000	R<1000	R>1000	R<1000
Africa						
≤20 years	10.0	5.3	2.4 (2.3 – 2.5)	1.2 (0.8 – 1.5)	5.0	2.0 (1.0 – 3.0)
>20 years	3.1 (2.3 -3.8)	1.3	1.8 (0.6 – 3.0)	0.9 (0.2 – 1.6)	1.0	1.5 (0.5 – 4.5)
Asia & Oceania						
Continental						
≤20 years	7.0 (3.0 – 11.0)	9.0	6.0	5.0	5.0	1.0
>20 years	2.2 (1.3 – 3.0)	2.0	1.5	1.3 (1.0 – 2.2)	1.0	0.5
Insular						
≤20 years	13.0	11.0	7.0	2.0	12.0	3.0
>20 years	3.4	3.0	2.0	1.0	3.0	1.0
America						
≤20 years	10.0	7.0	4.0	4.0	5.0	1.8
>20 years	1.9 (1.2 – 2.6)	2.0	1.0	1.0	1.4 (1.0 – 2.0)	0.4

Temperate Forests

Age Class	Coniferous	Broadleaf
≤20 years	3.0 (0.5 – 6.0)	4.0 (0.5 – 8.0)
>20 years	3.0 (0.5 – 6.0)	4.0 (0.5 – 7.5)

Boreal forests

Age Class	Mixed Broadleaf-Coniferous	Coniferous	Forest-Tundra	Broadleaf
Eurasia				
≤20 years	1.0	1.5	0.4 (0.2 – 0.5)	1.5 (1.0 – 2.0)
>20 years	1.5	2.5	0.4 (0.2 – 0.5)	1.5
America				
≤20 years	1.1 (0.7 – 1.5)	0.8 (0.5 – 1.0)	0.4 (0.2 – 0.5)	1.5 (1.0 – 2.0)
>20 years	1.1 (0.7 — 1.5)	1.5 (0.5 – 2.5)	0.4 (0.2 – 0.5)	1.3 (1.0 – 1.5)

Note: R= annual rainfall in mm/yr
Note: Data are given as mean value and as the range of possible values.

5.2 Mindest-CO2-Bindung bei Land- und Humuswirtschaft

Land- und Humuswirtschaftsprojekte, die über Standards zertifiziert werden, sollen insbesondere über geeignete Methoden der Bodenbearbeitung eine große Menge CO_2 binden. Diese können situationsabhängig z.b. als ökologische, nachhaltige oder integrierte Bewirtschaftungsansätze bezeichnet werden bzw. genügen den Prinzipien des Humusaufbaus (s. o.). Zusätzlich fördern diese Bewirtschaftungsmaßnahmen von Flächen weitere Sustainable Development Goals, die z.b. das Ziel 14 „Life on Land" betreffen, weil Biodiversität gefördert wird. Als weiteren Beitrag gibt es insbesondere positive Effekte auf den Wasserhaushalt, Ziel 6 „Clean Water and Sanitation".

Die CO_2-Bindung beträgt bei der beschriebenen Art von Landwirtschaft im Minimum eine Tonne pro Hektar pro Jahr. Mit Einbringung von Bio- oder Holzkohle in den Boden kann die CO_2-Bindung pro Hektar um ein Vielfaches erhöht werden. Je nachdem, wie intensiv der Humusaufbau von den Landwirtinnen und -wirten betrieben wird, sind im Boden auch wesentlich höhere CO_2-Bindungswerte möglich – auch ohne den Einsatz von Pflanzenkohle. Der zutreffende Wert der CO_2-Bindung pro Hektar pro Jahr variiert in Abhängigkeit von der Klimazone, der Niederschlagsmenge, der Art der angewendeten Bewirtschaftungsmethoden, die den Prinzipien des Humusaufbaus genügen müssen, und anderer Faktoren. Zur Feststellung des im Boden gebundenen Kohlenstoffs sollten geeignete Verfahren genutzt werden. Aktuell werden in diesem Bereich neue und preiswerte Technologien entwickelt. Vielversprechend ist dabei zudem der Einsatz von Satelliten.

Für mittlere Breiten hat die Ökoregion Kaindorf seit langem Erfahrungen mit Feldversuchen gesammelt. In einem Szenario mit moderatem, ökologischem Humusaufbau konnten 2–10 Tonnen, im Minimum also zwei Tonnen CO_2 pro Hektar pro Jahr, gebunden werden. Die mittleren Werte waren deutlich höher. SEKEM in Ägypten betreibt ökologische Landwirtschaft nach Demeter-Standard auf Flächen, die vorher Wüste (mit 0,06% Kohlenstoff in der Tiefe von 0–10 cm) waren. Dort wurden im ersten Jahr 15 Tonnen CO_2 pro Hektar und über die ersten fünf Jahre im Durchschnitt 10–13 Tonnen CO_2 pro Hektar pro Jahr im Boden gebunden. Bei den Werten spielt eine Rolle, dass der anfängliche Kohlenstoffvorrat des Wüstenbodens sowie von degradierten

Böden (extrem) niedrig ist und somit eine Erhöhung des organischen Kohlenstoffgehalts im Frühstadium von Projekten zügig erreicht werden kann. Eine Studie aus Australien gibt die Menge des gebundenen CO_2 in der Landwirtschaft bei Humusaufbau mit 5–20 Tonnen pro Hektar pro Jahr an. Der IPCC-Bericht 2014 schätzt schließlich 1–10 Tonnen CO_2e pro Hektar und Jahr durch „high input carbon practices", mehr als 10 Tonnen CO_2e durch den Einsatz von Pflanzenkohle und mehr als 10 Tonnen CO_2e pro Hektar und Jahr durch Wiederherstellung von degradierten Böden durch eine klimapositive Landwirtschaft.

Auf der Basis dieser Studien kann also für Landwirtschaftsprojekte im Frühstadium für Böden, die nach Humusaufbauprinzipien bewirtschaftet werden, der Minimumwert von einer Tonne CO_2 pro Hektar pro Jahr weltweit verwendet werden.

6 Schlussfolgerung

Naturbasierte Lösungen sind biologische Ansätze, von denen der Lebensunterhalt von hunderten Millionen von Menschen und der Lebensraum für Milliarden von Lebewesen direkt und indirekt abhängen, die die biologische Vielfalt erhöhen und eine entscheidende Rolle im Klimasystem spielen. Böden, (Regen-)Wälder und Biomasse, Mangroven und Feuchtbiotope, insbesondere Moore sind ein Teil der naturbasierten Lösungen: Einerseits enthalten sie bereits enorme Mengen Kohlenstoff und sind zudem in der Lage, zusätzlich weitere, große Mengen an CO_2 aus der Atmosphäre zu entfernen und zu binden. Andererseits befördern sie sozioökonomische Entwicklungen und den Aufbau von Wohlstand auf dem Globus.

Boden ist die Grundlage für das Leben auf der Erde und die Bodenfruchtbarkeit ist für die landwirtschaftliche Produktion, die Ernährungssicherheit und die Lebensumstände der Menschen von wesentlicher Bedeutung. Die Landwirtschafts- und Nahrungsmittelsysteme sind existenziell vom Boden abhängig und eine nicht nachhaltige Bodenbewirtschaftung hat bereits dazu geführt, dass Teile dieser lebenswichtigen Ressource für heutige und zukünftige Generationen verloren gegangen ist (UN World Soil Day 2019). Die Menschheit braucht dringend einen besseren Boden für eine nachhaltige Lebensmittelproduktion. Ein besserer Boden ist stark, fruchtbar und voller Leben. Er ist reich an Humus, ist sehr widerstandsfähig und in der Lage, extremen Wetterbedingungen standzuhalten, die durch den Klimawandel vermehrt verursacht werden. Er ist auch die Heimat einer Vielzahl unterirdischer Organismen sowie die Voraussetzung für oberirdisches Leben. All diese Eigenschaften machen ihn – sofern er richtig behandelt wird – zur zuverlässigen Nahrungsquelle für die immer noch wachsende menschliche Bevölkerung.

Das Konzept eines besseren Bodens ist ein integraler und systemischer Ansatz, der das Ganze betont, ohne notwendige Einzelbestandteile außer Acht zu lassen. Es verbindet wirtschaftliche Rentabilität mit nachhaltigen Bewirtschaftungspraktiken, mit handwerklichem Fachwissen, mit Respekt vor der Natur, mit wissenschaftlicher Forschung und mit einem global ausgerichteten Ansatz zur Bekämpfung des Klimawandels.

Darüber hinaus ist Boden, wie andere naturbasierte Lösungen, in der Lage, atmosphärische Treibhausgasemissionen, insbesondere Kohlenstoffdioxid (CO_2 – das wichtigste Gas des anthropogenen Klimawandels) aus der Atmosphäre herauszuziehen und sogenannte Negativemissionen zu erzeugen. Durch die Kombination von Humusaufbau mit Kompost und Pflanzenkohle wird der Boden zu einer effektiven Kohlenstoffsenke und einem potenziellen „Game Changer". Dies betrifft den Kampf gegen die Klimakrise und für eine nachhaltige Entwicklung, insbesondere in Ländern mit niedrigem und mittlerem Einkommen. In der Tat kann ein besserer Boden die wirtschaftliche und soziale Entwicklung in Ländern mit niedrigem Einkommen fördern und gleichzeitig zum Klimaschutz beitragen. Hier können globales Handeln und lokale Anstrengungen verbunden werden.

Schließlich sind die Prinzipien einer Humuswirtschaft auf der ganzen Welt umsetzbar und wirtschaftlich zu betreiben – auch für bäuerliche Betriebe mit kleinen Flächen. Unter Berücksichtigung der genannten Faktoren und Empfehlungen ist das Konzept zur Hochskalierung geeignet, wie Pioniere in der Bereichen Boden, Aufforstung und Waldschutz bereits gezeigt haben. Ihre Projekte liefern interessante Einblicke und Anschauungsmaterial, das zur Nachahmung empfohlen wird. Für finanziell starke Akteurinnen und Akteure bieten sich hier Möglichkeiten, die externen Kosten ihrer wirtschaftlichen Aktivitäten so zu internalisieren, dass gleichzeitig die globalen Ziele für nachhaltige Entwicklung (SDGs) und der internationale Klimaschutz gefördert werden.

Literaturverzeichnis

Allen, M.F (2007) 'Mycorrhizal fungi: highways for water and nutrients in arid soils'. Soil Science Society of America, Vadose Zone Journal Vol 6 (2) pp. 291–297. <www.vadosezonejour-nal.org>

Alvaredo, F., Chancel, L., Piketty, T., Saez, E. & Zucman, G. (Hrsg.) (2018): *World inequality report 2018*. Belknap Press.

Atela, J. O. (2012): *The politics of Agricultural carbon finance: The case of the Kenya Agricultural Carbon Project.*

Callahan, M.T., Micallef, S.A. & Buchanan, R.L. (2016): Soil type, soil moisture, and field slope influence the horizontal movement of Salmonella enterica and Citrobacter freundii from floodwater through soil. J. *Food Prot. 80*, 189–97.

Cavanagh, C. J., Anthony K. C., Vedeld, P. O. & Petursson, J. G. (2017): Old wine, new bottles? Investigating the differential adoption of 'climate-smart' agricultural practices in western Kenya. *Journal of rural studies 56*, 114–123.

Desjardins, R. L., Smith, W., Grant, B., Campbell, C. & Riznek, R. (2005): Management strategies to sequester carbon in agricultural soils and to mitigate greenhouse gas emissions. In: *Increasing Climate Variability and Change* (S. 283–297). Dordrecht: Springer.

Dunst, G. (2015): *Humusaufbau: Chance für Landwirtschaft und Klima*. Verein Ökoregion Kaindorf.

Hassard, F. et al. (2016): Abundance and distribution of enteric bacteria and viruses in coastal and estuarine sediments—a review. *Front. Microbiol. 7*, 1692.

Hashmiu, I. (2012): Carbon Offsets and Agricultural Livelihoods: Lessons Learned From a Carbon Credit Project in The Transition Zone Of Ghana, STEPS Working

Paper 50, Brighton: STEPS Centre

IPCC (Intergovernmental Panel on Climate Change) (2000): *Global Carbon Cycle Overview*. https://archive.ipcc.ch/ipccreports/sres/land_use/index.php?idp=3 (letzter Aufruf: 21.6.2021).

IPCC (Intergovernmental Panel on Climate Change) (2006): *IPCC Guidelines for National Greenhouse Gas Inventories, Prepared by the National Greenhouse Gas Inventories Programme*. Eggleston H.S., Buendia L., Miwa K., Ngara T. & Tanabe K. (Hrsg.). IGES, Japan.

IPCC (Intergovernmental Panel on Climate Change) (2014): *Climate Change 2014: Mitigation of Climate Change. Contribution of Working Group III to the Fifth Assessment Report of the Intergovernmental Panel on Climate Change. August.* Edenhofer, O., R. Pichs-Madruga, Y. Sokona, E. Farahani, S. Kadner, K. Seyboth, A. Adler, I. Baum, S. Brunner, P. Eickemeier, B. Kriemann, J. Savolainen, S. Schlömer, C. von Stechow, T. Zwickel & J.C. Minx (Hrsg.). Cambridge, UK/New York: Cambridge University Press.

IPCC (Intergovernmental Panel on Climate Change) (2019): *Climate Change and Land: an IPCC special report on climate change, desertification, land degradation, sustainable land management, food security, and greenhouse gas fluxes in terrestrial ecosystems,* P.R. Shukla, J. Skea, E. Calvo Buendia, V. Masson-Delmotte, H.-O. Pörtner, D. C. Roberts, P. Zhai, R. Slade, S. Connors, R. van Diemen, M. Ferrat, E. Haughey, S. Luz, S. Neogi, M. Pathak, J. Petzold, J. Portugal Pereira, P. Vyas, E. Huntley, K. Kissick, M. Belkacemi, & J. Malley, (Hrsg.).

IPCC (Intergovernmental Panel on Climate Change) (2003): *Good Practice Guidance for Land Use, Land-Use Change and Forestry.* Institute for Global Environmental Strategies (IGES), Japan, S. 210.

Jindal, R., Swallow, B. & Kerr, J. (2008): Forestry-based carbon sequestration projects in Africa: Potential benefits and challenges. *Natural Resources Forum* 32(2), 116–130. Oxford, UK: Blackwell Publishing Ltd.

Jindal, R. (2006): *Carbon sequestration projects in Africa: Potential benefits and challenges to scaling up.* EarthTrend.

Johnson, D., Ellington, J., & Eaton, W. (2015): Development of soil microbial communities for promoting sustainability in agriculture and a global carbon fix (No. e789v1). PeerJ PrePrints.

Johnson, I., & Coburn, R. (2010): *Trees for carbon sequestration. Prime Facts, Industry and Investment.* NSW Government.

Jones, C. E. (2008): Liquid carbon pathway unrecognised. *Australian Farm Journal* 8(5), 15–17.

Kamunde-Aquino, N. (2017): Who Owns Soil Carbon in Communal Lands? An Assessment of a Unique Property Right in Kenya. In: *International Yearbook of Soil Law and Policy* (S. 321–338). Cham: Springer.

Lal, R., Singh, B. R., Dismas, L., Mwaseba, D. K., Hansen, D. O. & Eik, L. O.(Hrsg.) (2015): *Sustainable intensification to advance food security and enhance climate resilience in Africa.* Cham: Springer.

Lee, J. (2017): Farmer participation in a climate-smart future: Evidence from the Kenya Agricultural Carbon Project. *Land use policy 68,* 72–79.

Leach, M. & Scoones, I. (Hrsg.) (2015): *Carbon conflicts and forest landscapes in Africa.* Routledge.

Le Quéré, C. (2010): *Filling the gap in scientific institutions to support global carbon management.* S. 5–7.

Lipper, L., Neves, B., Wilkes, A., Tennigkeit, T., Gerber, P., Henderson, B., Branca, G. & Mann, W. (2011): *Climate change mitigation finance for smallholder agriculture: a guide book to harvesting soil carbon sequestration benefits.* Food and Agriculture Organization of the United Nations (FAO).

Lawlor, K., Madeira, E. M., Blockhus, J. & Ganz, D. J. (2013): Community participation and benefits in REDD+: A review of initial outcomes and lessons. *Forests* 4(2), 296–318.

Losi, C. J., Siccama, T. G., Condit, R. & Morales, J. E. (2003): Analysis of alternative methods for estimating carbon stock in young tropical plantations. *Forest Ecology and Management 184*(1–3), 355–368.

Luske, B. & van der Kamp, J. (2009): *Carbon sequestration potential of reclaimed desert soils in Egypt.*

Nord, J. (2014): *Farming for Carbon Credits: The economic integration of greenhouse gases through smallholder agriculture in the Kenya Agricultural Carbon Project.*

Pachepsky, Y.A., Yu, O., Karns, J.S., Shelton, D.R., Guber, A.K. & Van Kessel, J.S. (2008): Strain-dependent variations in attachment of E. coli to soil particles of different sizes. *Int. Agrophys. 22*, 61.

Ponti, M. (2011): Uncovering causality in narratives of collaboration: Actor-network theory and event structure analysis. *Forum Qualitative Sozialforschung/Forum: Qualitative Social Research. 13*(1).

Reynolds, T. W. (2012): Institutional determinants of success among forestry-based carbon sequestration projects in Sub-Saharan Africa. *World Development 40*(3), 542–554.

Ringius, L. (2002): Soil carbon sequestration and the CDM: opportunities and challenges for Africa. *Climatic change 54*(4), 471–495.

Shames S, Wollenberg E, Buck LE, Kristjanson P, Masiga M and Biryahaho B. (2012): Institutional innovations in African smallholder carbon projects. CCAFS Report no. 8. Copenhagen, Denmark: CGIAR Research Program on Climate Change, Agriculture and Food Security (CCAFS). Available online at: www.ccafs.cgiar.org

Smith, P., Adams, J., Beerling, D., Beringer, T., Calvin, K., Fuss, S., Griscom, B., Hagemann, N., Kamman, C., Kraxner, F., Minx, J., Popp, A., Renforth, P., Vicente, J. & Keesstra, S. (2019): *Impacts of Land-Based Greenhouse Gas Removal Options on Ecosystem Services and the United Nations Sustainable Development Goals, Annual Review of Environment and Resources.* https://doi.org/10.1146/annurev-environ-101718-033129.

Smith, P., Bustamante, M., Ahammad, H., Clark, H., Dong, H., Elsiddig, E. A., Haberl, H., Harper, R., House, J., Jafari, M., Masera, O., Mbow, C., Ravindranath, N. H., Rice, C. W., Robledo Abad, C., Roma-Novskaya, A., Sperling, F. & Tubiello, F. (2014): Agriculture, Forestry and Other Land Use (AFOLU). In: Edenhofer, O. et al. (Hrsg.), *Climate Change 2014: Mitigation of Climate Change. Contribution of Working Group III to the Fifth Assessment Report of the Intergovernmental Panel on Climate Change.* Cambridge UK/New York: Cambridge University Press.

Stone, A.G., Scheurell, S.J. & Darby, H.M. (2004): Suppression of soilborne diseases in field agricultural systems: organic matter management, cover cropping and other cultural practices. In: Magdoff, F. & Weil, R.R. (Hrsg.), *Soil Organic Matter in Sustainable Agriculture* (S. 131–77). Boca Raton, FL: CRC Press LLC.

Vereinten Nationen auf dem World Soil Day (2019): *Pressemitteilung.* https://news.un.org/en/story/2019/12/1052831 (letzter Aufruf: 21.6.2021).

Von Unger, M. & Emmer, I. E. (2018): *Carbon Market Incentives to Conserve. Restore and Enhance Soil.*

Wollenberg, E., Tapio-Bistrom, M.-L., Grieg-Gran, M. & Nihart, A. (Hrsg.) (2013): *Climate change mitigation and agriculture.* Routledge.

Zhao, W., Liu, X., Huang, Q. & Cai, P. (2015): Streptococcus suis sorption on agricultural soils: role of soil physicochemical properties. *Chemosphere 119,* 52–58.

Grasland und die Potenziale nachhaltiger Beweidung für Bodenfruchtbarkeit, Biodiversität, Klima und (Tier-)Gesundheit

Anita Idel

1 Dauergrünland – ein auch für die Menschheitsentwicklung entscheidendes Ökosystem

Der Zweck von Agrarpolitik, Agrarforschung und Agrarausbildung muss darauf ausgerichtet sein, in und mit der landwirtschaftlichen Praxis die Basisressourcen für die Welternährung – Bodenfruchtbarkeit, Gewässerqualität und biologische Vielfalt – *dauerhaft* zu sichern. Deshalb darf die Landwirtschaft nicht dazu instrumentalisiert werden, vorrangig die Atmosphäre von Klimagasen zu entlasten oder gar die von fossiler Energie getriebenen industriellen Emissionen via Landwirtschaft zu kompensieren. Jedoch ist der Zusammenhang zwischen Klima und Landwirtschaft und damit dem Potenzial nachhaltiger Bodennutzung evident: Jede zusätzliche Tonne Humus im Boden entlastet die Atmosphäre um 1,8 Tonnen CO_2.

Der Green Deal der EU-Kommission bietet mit der Farm-to-Fork- und der Biodiversitätsstrategie den Rahmen, diese Erfordernisse und Potenziale umzusetzen; denn der Fokus des Green Deal liegt explizit auf dem Klima- *und* Artenschutz. Deshalb müssen Lösungsstrategien den größten Landnutzer, die Landwirtschaft, zwingend einbeziehen: Die tatsächliche Umsetzung des Green Deals erfordert ebenso wie die dauerhafte Ernährungssicherung eine völlige Neuausrichtung der Gemeinsamen Agrarpolitik (GAP). Dazu muss der Ressourcenschutz vom Anhängsel zum Kern der landwirtschaftlichen Betriebseinkommen werden. Und vor allem bei dieser Aufgabe ist dem Dauergrünland besondere Aufmerksamkeit zu schenken.

Dauergrünland ist das weltweit größte Biom und die größte Dauer- und Mischkultur. Es bietet entscheidende Potenziale für die Förderung der Bodenfruchtbarkeit, der biologischen Vielfalt und der Klimaentlastung. Aber während sein Anteil an der landwirtschaftlichen Nutzfläche (LN) weltweit bei 70% liegt, verfügt die EU nur noch über gut 40% und Deutschland über weniger als 30%. Der Druck auf das verbliebene Dauergrünland, insbesondere durch häufiges Mähen, Nachsaat und vermehrte Gülleeinträge, bewirkt(e) zudem einen drastischen Rückgang seiner Qualität: Der Verlust an biologischer Vielfalt insbesondere in der Samenbank der Böden verringert damit auch dessen *kurzfristiges* Anpassungspotenzial – und damit *das* Alleinstellungsmerkmal dieser Pflanzengesellschaft; denn die Resilienz des Dauergrünlandes beruht wesentlich auf dessen Fähigkeit, flexibel *und* schnell zu reagieren (Saatkamp 2014). Damit verbunden nehmen Bodenbildung und Klimaentlastung sowie die Wasseraufnahme und -speicherung ab, sodass Ertragsrisiken insbesondere angesichts von Dürre- ebenso wie Starkregenereignissen zunehmen. Evident ist der Zusammenhang mit Regenwürmern: Deren Vorkommen und Vielfalt sinkt signifikant in Abhängigkeit vom Verlust der Pflanzenvielfalt (Dietrich et al. 2021).

Beweidung von Dauergrünland steht sowohl für Ursprung und Entwicklung der weltweit besonders fruchtbaren Ebenen – den sogenannten *Kornkammern* –, als auch des *nicht-ackerfähigen* Landes, welches zu steil, zu steinig, zu trocken oder zu nass für den Pflug ist. Die enormen Potenziale nachhaltiger Beweidung sind somit ein zentraler Schlüssel für die Basisressourcen der Welternährung: biologische Vielfalt, Gewässerqualität, Bodenfruchtbarkeit und damit verbunden das Klima – hinzu kommt die (Tier-)Gesundheit. Trotz dieser umfassenden Bedeutung werden diese Potenziale in Wissenschaft, (medialer) Öffentlichkeit und Politik dramatisch unterschätzt oder übersehen, während Hochleistungszucht und Industrialisierung durch die *Externalisierung von Kosten* sowie die *Economies auf Scale* bevorteilt werden (Idel and Reichert 2013; McIntyre et al. 2009).

Bereits vor Millionen Jahren begann die Entwicklung des Ökosystems Weide: eine *Ko-Evolution* des Graslandes und der grasenden Tiere.

Wegen des vergleichsweise geringen Wasserbedarfs der Gräser dominierte Dauergrasland in den niederschlagsarmen Glacialen und ist auch im aktuellen Interglacial das größte Biom, die größte Perma- und die größte Mischkultur (Pfadenhauer und Klötzli 2014).

Aber die *Wahrnehmbarkeit* der Potenziale des Dauergrünlandes und seiner Beweidung sinkt dramatisch (Idel 2018; 2020). Die Gründe liegen neben dem dramatischen Flächenrückgang in häufig nicht zielführender Forschung, zudem in der Benachteiligung durch die Förderpolitik und daraus resultierend im nicht angemessenen Management in der Praxis. Dadurch verschlechtert sich der Status quo des Dauergrünlandes, was sich insbesondere in Dürreperioden auswirkt. Hinzu kommt, dass die Klimaforschung Wiederkäuer überwiegend auf Methanemissionen beschränkt, wodurch Rinder generell als Problem wahrgenommen werden und die Potenziale nachhaltiger Beweidung für die biologische Vielfalt und die Bodenfruchtbarkeit und in der Folge die Klimaentlastung ausgeklammert bleiben.

Hinzu kommt, dass sich die generelle Bodenverdichtung, welche sich durch Verdrängung der Beweidung durch die Mahd mit zu schwerem Gerät und zu hohen Achslasten der Güllefässer immer weiter ausbreitet wird (Stahl 2009, Poeplau and Don 2013, Diepolder et al. 2015, Sexlinger 2020). Damit verbunden ist ein weiteres gravierendes Problem: die zunehmende Tiefenverdichtung. Dadurch führen Starkregenereignisse nicht nur in Hanglagen, sondern auch bei gestautem Oberflächenwasser *nicht* zur notwendigen Regeneration des Grundwassers.

Über Jahrzehnte vernachlässigten die finanzielle Förderung und die Forschung das Dauergrünland im Vergleich zum Ackerland. Seit den 1970er Jahren beträgt der quantitative Rückgang des Dauergrünlandes mehr als ein Viertel (Möckel 2018) und die Intensivierung verschärfte auf den verbliebenen Flächen den Nutzungsdruck, so dass vielerorts auch seine aktuelle biologische Qualität abnahm.

In der Folge ist die Wahrnehmung des Dauergrünlandes weitgehend reduziert auf Intensivgrünland sowie marginales, nicht-ackerfähiges Land und dessen zwangsläufig geringen Erträge. Unbeachtet bleibt hingegen die Genese der fruchtbarsten Schwarzerdeböden weltweit: Ob Prärie (Hewins et al. 2018) oder Puszta oder Börden (Huyghe et al.

2014) – diese heutigen Kornkammern weisen eine *Steppengenese* auf: und ihre enorme Fruchtbarkeit resultiert aus ihrer Ko-Evolution mit Weidetieren (Wang et al. 2016).

Gräser entwickelten in ihrer Evolution zwei Besonderheiten. Anders als bei anderen Pflanzen befördert der Biss der Weidetiere die Photosyntheseleistung der Gräser. Zudem verfügen Gräser aufgrund ihres besonders hohen Anteils an Feinwurzeln über das größte Potenzial zur Bodenbildung (Bakker et al. 2013, Ford et al. 2016, Sobotik et al. 2020, Terrer et al. 2021). In der Folge bergen die Böden unter dem Grasland weltweit mehr Kohlenstoff als die Waldböden. Unverzichtbar ist zudem der (unbelastete) Dung der Weidetiere[1] für Nahrungsketten: Die Fladen einer einzelnen Kuh bieten pro Jahr Futter für über 100 kg Insektenbiomasse – und damit das Überleben von Vögeln, Fledermäusen und den weiteren Tieren in der Nahrungskette (Young 2015, Buse 2020).

2 Die Agrarindustrie verdient vorrangig am Ackerbau

Grasland nimmt mehr als 30% der Landfläche des Planeten ein und ist somit trotz dramatischen Umbruchs immer noch das größte irdische Biom (Hewins et al. 2018, White et al. 2000; Wang und Fang 2009; Pfadenhauer und Klötzli 2014). Bezogen auf die weltweit landwirtschaftlich genutzte Fläche (LN) sind wie oben erwähnt 70% Grasland, aber die (Klima-)Forschung beschränkt sich überwiegend auf die anderen 30%, das Ackerland. In der EU nimmt das Dauergrünland noch circa 40% der LN ein: darunter die Schweiz mit 70, Irland mit 80, aber Deutschland mit nur 28% (Sousanna et al. 2007, Sousanna et al. 2010; Roser und Ritchie 2018, Deutscher Bundestag 2020).

Es gibt sehr unterschiedliche Gründe, die dazu beitragen, dass das gigantische Potenzial nachhaltiger Beweidung überwiegend verkannt bzw. ignoriert wird. Die Bewirtschaftung von Dauergrasland spielt trotz des weltweiten enormen Umfangs in der Ausrichtung der Agrarforschung und -politik kaum eine Rolle. In der Folge bleiben die speziellen Wachstumsdynamiken des Dauergrünlandes und die darauf

---

1 Das bedeutet: ohne prophylaktische Parasitenbehandlung (Buse 2020).

basierenden Potenziale nachhaltiger Beweidung für die Artenvielfalt und die Bodenfruchtbarkeit – und damit verbunden das Weltklima – sowie den Wasserhaushalt weitgehend unerkannt und ungenutzt. Ein wesentlicher Grund für das Desinteresse liegt darin, dass die Agrarindustrie an gesunden Rindern, die auf Resilienz gezüchtet werden und auf artenreichem Grünland ausreichend Nahrung finden, nicht verdient bzw. nicht verdienen kann. Entsprechend gering fließen Drittmittel. Hingegen profitiert die Agrarindustrie vom nicht artgemäßen Kalorienbedarf und fördert Forschung zu Rindern, die einseitig auf Hochleistung selektiert sind und weiterhin werden. Entsprechend konzentriert sich ihr Interesse auch bei *tierischen* Produkten wegen des dazu notwendigen Anbaus von Kraftfutter auf den Ackerbau. In der Folge nehmen der ökologische und der Klima-Fußabdruck der Tierproduktion mit der weltweiten Expansion der Milch- und Fleischkonzerne dramatisch zu (GRAIN und IATP 2018). Zulieferer sind insbesondere die chemische Industrie mit Saatgut, Mineral- und chemisch-synthetischem Stickstoffdünger, Pestiziden, Desinfektionsmitteln, Futtermitteln, Antibiotika, Antiparasitika und Hormonen sowie die Landmaschinenindustrie, die Stalleinrichtungsfirmen und die Tierzuchtunternehmen. Unter den Abnehmern dominieren im tierischen Bereich neben den Transportunternehmen Molkerei-, Schlacht- und Lebensmittelkonzerne.

3 Zur Ko-Evolution von Grasland und Weidetieren

3.1 Die Steppengenese der Kornkammern

Die Nicht-Wahrnehmung von Potenzialen gründet auch in der mangelnden Berücksichtigung der (Forschungs-)Frage, wie Bodenfruchtbarkeit entstand, *bevor* sich Menschen sesshaft machten und zu gärtnern und zu ackern begannen. Der Schlüssel liegt in nachhaltiger Beweidung. Den entscheidenden Hinweis dazu bietet die Genese der weltweit fruchtbarsten Schwarzerdeböden (Tschernoseme). Seit Jahrzehnten – und teilweise bereits im 19. Jahrhundert beginnend – produzieren dort Äcker mit Getreide, Mais und Soja in riesigen Monokulturen extreme Ernten. Deshalb gelten diese Regionen als Kornkammern oder *bread-*

baskets. Dazu zählen insbesondere Tschernoseme in Nordamerika (Prärien), in der Ukraine, in Ungarn (Puszta), in Rumänien (Bărăgan) sowie in Kasachstan, der Mongolei und der Mandschurei in China. In Deutschland liegen vergleichbare Schwarzerdeböden in den deutschen Tieflandsbuchten – den bis zu 100-Punkte-Böden der Börden um Magdeburg und Hildesheim und bis in die Kölner Bucht – sowie z.B. in der hessischen Wetterau. Hinzu kommen die Tschernoseme der subtropischen Pampas in Argentinien und in Uruguay.

Das Gemeinsame dieser Gunstlagen liegt in ihrer Genese als Steppenböden. Sie alle sind durch jahrtausendelange Beweidung entstanden. Ihre hohen, einst unbelebten Lössanteile boten eine günstige Voraussetzung für Bodenfruchtbarkeit. Aber belebt wurden sie, wie alle Böden, durch den Bewuchs und das heißt: *von oben* durch die Nutzung der Weidetiere. Deren Biss regt das Wachstum der oberirdischen Pflanzenmasse an, verstärkt damit die Photosyntheseleistung und fördert so auch das unterirdische Wachstum: die Graswurzeln.[2] Vor allem aus dieser Wurzelbiomasse generieren vorrangig Mikroorganismen und Regenwürmer organische Bodenbiomasse (Sobotik et al. 2020). Unterstützt werden sie auch durch wühlende Kleinsäuger (vgl. Prairie dogs o.J.). Auch deshalb kommt es bei der Bodenbildung *nicht* zu der häufig vermuteten *Sättigungsgrenze*. So konnten zum Beispiel im Mittleren Westen Nordamerikas bis zu sechs Meter und in der Ukraine bis zu drei Meter dicke Humusschichten entstehen (Canadell et al. 2007; Fileccia et al. 2014, Hewins et al. 2018).

3.2 Gräser brauchen den Biss

Bei Gräsern löst die Beweidung einen *Wachstumsimpuls* aus, hingegen bewirkt der sogenannte *Verbiss* bei Baumschösslingen eine *Wachstumsdepression*. Die Gründe für diese völlig entgegengesetzten Effekte der Beweidung liegen im fundamentalen Unterschied in der Wachstumsdynamik von Gräsern und anderen Pflanzen – eine Folge der Ko-Evolution: Gräser haben sich so sehr an die Weidetiere angepasst, dass

---

[2] Über Millionen Jahre löste allein Beweidung den Wachstumsimpuls aus. Die Routine, mit Sensen zu mähen, entstand in Europa erst im Verlauf des Mittelalters.

nachhaltige Beweidung sie bevorteilt. Sie wachsen aus ihrer Basis und somit von unten aus dem Boden heraus nach und können auf den Biss mit vermehrter Photosyntheseleistung reagieren. Ihre Anpassung hat sie letztlich abhängig von der Beweidung gemacht: Kein Dauergrünland bleibt erhalten, wenn es *dauerhaft* ungenutzt bleibt. Gleichzeitig entwickelte ein Teil der Tiere seit der Zeit, als Gräser begannen, Böden flächig zu bedecken, hochkronige Backenzähne, sodass ihr Gebiss dem Abrieb beim Malmen länger standhält (Ungar 2015, Melo et al. 2019).

Durch den Ausschluss von Weidetieren verbuscht oder verwaldet die Vegetation – je nach Verfügbarkeit von Wasser (Peyraud et al. 2014). Andere Pflanzen – wie Bäume – wachsen hingegen aus dem oberirdischen Spross heraus. Da junge (Baum-)Schösslinge anfangs nur über einen einzigen Spross verfügen, bedeutet es ihr Ende, wenn dieser abgefressen wird. Viele Pflanzen wehren sich deshalb mit erheblichem energetischen Aufwand gegen den Verbiss durch pflanzenfressende Tiere: Sie bilden Bitterstoffe, Toxine oder Stacheln. Gräser wehren sich erst, wenn zu häufige bzw. zu tiefe Beweidung ihre Regeneration gefährdet und Stress auslöst (Vanselow 2010).

So wie das Dauergrasland seine enorme Verbreitung seiner biologischen Vielfalt verdankt, entstand kein Grasland in Ko-Evolution mit nur einer Tierart; dabei zähl(t)en die meisten Weidetiere zu den Wiederkäuern – ergänzt durch Pferdeartige. So wie noch heute in der Serengeti oder Massai-Mara das wiederkäuende Gnu dominierte innerhalb der Wiederkäuer jeweils eine Art: Die 40 bis 60 Millionen Bisons Nordamerikas wurden erst im 19. Jahrhundert fast bis zur völligen Ausrottung dezimiert; deshalb ist der Bison noch im kollektiven Gedächtnis verankert – perpetuiert durch das Kino-Genre Western. Zu der Zeit lag die tatsächliche Ausrottung des Auerochsen, der den eurasischen Doppelkontinent vom äußersten Westen bis zum äußersten Osten beweidete, schon Jahrhunderte zurück (van Vuure 2002). Wie auf allen Kontinenten prägten somit auch in Europa wandernde Weidetiere in der noch zaunlosen nacheiszeitlichen Welt Böden und Landschaften (Vera 2002, Bunzel-Drüke et al. 1999). Erst die Veröffentlichung von Jaubert (Jaubert et al. 2016) über Neandertaler in der französischen Bruniquel-Höhle vor circa 176 000 Jahren belegte, warum gerade in Höhlenregionen so wenig direkte Nachweise – zum Beispiel Skelette – gefunden werden: Knochen(fette) verursachen bei der Verbrennung weit weniger Rauch und Ruß als Holz und konnten somit in Höhlen als dauerhafte Lichtquelle dienen. Auch die fast völlige Verdrängung der Guanakos von den Pampas Südamerikas ist weitgehend vergessen, obwohl dort zur Zeit der Kolonisierung circa 40 Millionen Tiere von dieser Wildform der Lamas weideten (Cebra et al. 2010).

3.3 Mangel an Daten

Der weltweit enormen Verbreitung und Vielfalt von Dauergrünland steht ein erheblicher Mangel an Daten gegenüber (Rumpel et al. 2015, Baily et al. 2019, Cavicchioli et al. 2019, Terrer et al. 2021). Das wurde auch 2014 in einem Bericht für die FAO festgestellt (Velthof et al. 2014). Trotz seines wichtigen Beitrages zur Bodenfruchtbarkeit und zum Humusaufbau fand Dauergrünland auch auf Veranstaltungen des für das Jahr 2015 proklamierten *UN-Jahres der Böden* kaum Beachtung. Der Fokus lag auf dem Ackerboden. Das gilt auch für die vom *Global Soil Forum* seit 2012 bereits sechsmal veranstaltete *Global Soil Week* (GSW 2019).

Insbesondere im Forstbereich gilt Wald immer noch als die *natürliche* bzw. *ursprüngliche* Vegetation Mitteleuropas. Aber zunehmend wächst das Verständnis für die Dynamiken von Ökosystemen. Dazu trägt wesentlich die Klimakrise bei: Denn durch den Abgleich der Erfahrungen infolge bereits eingetretener Entwicklungen mit den immer komplexeren Klimamodellen, werden auch Widersprüche offenkundig (Covey et al. 2019, Terrer et al. 2021, Bastos and Fleischer 2021). So schärfen wissenschaftliche Studien den Blick sowohl für die generellen Unterschiede beim Wachstum von Bäumen und Gräsern, als auch z.B. für das Miteinander von Bäumen und Gräsern in der Serengeti und anderen Savannen im südlichen Afrika. In Europa mangelt es vielfach an der Datengrundlage und zudem an der transdisziplinären Rezeption und Auswertung der bereits vorhandenen Daten.

Mit dem Beginn von Eiszeiten verlieren Bäume durch die abnehmende Wasserverfügbarkeit sukzessive ihren Lebensraum. Überleben konnten sie in Nischen, die Tiefwurzlern unvereistes Grundwasser boten. Abseits der Gletscher bewuchsen vor allem Gräser das Land, wo es nicht von Fels oder Sand bedeckt war (Pfadenhauer und Klötzli 2014). Entsprechend verbessern sich die Lebensbedingungen für Bäume sukzessive, wenn Eiszeiten zu Ende gehen. Das gilt auch für die letzte Eiszeit. Ein wichtiger Baustein für das Verständnis der Entwicklung liegt darin, dass in der noch zaunlosen Welt (wandernde) Weidetiere in den meisten Regionen zu den natürlichen Mitbewohnern zählten. Anfangs wirkte noch die mangelnde Feuchtigkeit als der begrenzende Faktor für die Ausbreitung von Bäumen und Wäldern. Als dann mit zunehmender Gletscherschmelze wieder ausreichend Niederschlag für Baumwachstum verfügbar wurde, bestimmte vor allem die Zahl und Art der Weidetiere die weitere Entwicklung.

Begriffe wie *parkähnliche Weidelandschaften* (Bunzel-Drueke et al. 1999) sowie *Lichtwald* (Rupp, 2013, Jotz et al. 2017) beschreiben bildhaft die nacheiszeitlichen Zustände. Somit konnten Sonnenstrahlen auch den Waldboden direkt erreichen – Voraussetzung für das Wachstum der Gräser, so wie auch heute noch im zeitigen Frühjahr im noch unbelaubten Mischwald. Verstärkter Jagddruck führte zu Störungen, sodass sich die wandernden Weidetiere immer weiter in den Nordosten Europas zurückzogen. In der Folge konnten sich Wälder ausbreiten, zumal noch kein Werkzeug zu ihrer Begrenzung verfügbar war. Mit zunehmender Bevölkerungsdichte weitete sich die lokale Ausrottung von Auerochsen und Wisenten immer weiter aus. Deshalb waren in unseren Breiten bereits vor 2000 Jahren, zur Zeit der Römer, Zahl und Größe der Herden mit Auerochsen oder Wisenten erheblich dezimiert. Im Vergleich zur mediterranen Vegetation bzw. den zuvor parkähnlichen Weidelandschaften, in denen die Tiere kleine und große Lichtungen oder Ebenen dauerhaft *offenhielten*, wie wir es heute nennen, galt Germanien damals bereits als Waldland. Aber die Wälder waren weitaus lichter und nicht vergleichbar mit heutigen Forsten. Sie weiteten sich über Jahrhunderte aus und dominierten letztlich die Bodenbedeckung. Dann verringerte sich ihre Verbreitung bis zum Ende des 14. Jahrhunderts auf ein Drittel der Landfläche; denn die Holznutzung nahm immer mehr zu: für den Städte- und Schiffsbau sowie die Energie für Bergbau, Schmieden, Bäckereien und die Wärmenutzung. Hinzu kam der Platzbedarf für den Ackerbau.

3.4 Mehr Kohlenstoff in Grünland- als in Wald-Ökosystemen

Das Verhältnis von oberirdischer Pflanzenmasse zur Wurzelmasse – das Spross-Wurzelverhältnis – fällt bei Graspflanzen stark zugunsten der Wurzelmasse aus (Mueller et al. 2013, Poeplau 2016, Sobotik et al. 2020). Wie der oberirdische Zuwachs stammt auch der unterirdische aus dem Kohlenstoffanteil des atmosphärischen CO_2. Das gilt folglich auch für den Humus. Jede zusätzliche Tonne Humus im Boden entlastet die Atmosphäre um 1,8 Tonnen CO_2. Im Dauergrünland entsteht die organische Bodensubstanz überwiegend aus der verrottenden Wurzelmasse und den Wurzelausscheidungen sowie Kleinstlebewesen durch die Arbeit der (Mikro-) Organismen. Für das Dauergrünland gilt deshalb griffig zusammengefasst: „Die Wurzeln von heute sind der Humus von morgen" (Idel 2010; 2013; 2018). Eine wesentliche Rolle kommt damit verbunden den Bodenwühlern wie z.B. Murmeltieren, Maulwürfen, Viscachas und Präriehunden zu. Sie arbeiten den Humus tiefgründig ein (*Bioturbation*) und wirken damit einer C-Sättigung in den oberen Bodenschichten entgegen.

Das Wurzel-Spross-Verhältnis der Gräser beträgt 2–20 : 1 und das der Bäume überwiegend 1 : 2. Dennoch liegt die gesamte unterirdische *pflanzliche* Biomasse der Wälder weit über der des Graslandes. Dass Grasland trotzdem über ein weit höheres Bodenbildungspotenzial verfügt, liegt somit nicht an der schieren Masse ihrer Wurzeln, sondern an deren Qualität: Bäume verfügen über ein sogenanntes extensives Wurzelsystem, Gräser überwiegend über die besonders zur Bodenbildung geeigneten Feinwurzeln (Bakker et al. 2013, Ford et al. 2016, Sobotik et al. 2020). Darin liegt der Grund für die weitgehend unbekannte bzw. ignorierte Tatsache, wonach die weltweiten Graslandökosysteme mehr Kohlenstoff speichern als die weltweiten Waldökosysteme (Conant 2010).

Anfang 2021 erschien eine Meta-Studie von Terrer et al. (2021), in der die dem Mainstream der Klima-Modelle zugrundeliegende Setzung, der Wald verfüge über die größte biologische Effizienz zur Kohlenstoffspeicherung – auch im Boden, erstmals grundsätzlich problematisiert wurde. Bezüglich unerwarteter Forschungsergebnisse resumierten sie: „Die Mechanismen hinter diesen Variationen entlang der Experimente bleiben nur mangelhaft verstanden und verursachen

Unsicherheit bei den Klima-Projektionen" (ebd.: S. 599). Im Rahmen ihrer Studie werteten sie 108 Experimente aus und kamen zu dem Ergebnis, dass die verwendeten Modelle *nicht* die Realität abbilden. Damit stellen sie die dieser Setzung zugrundeliegende Unterstellung in Frage, wonach eine Pflanze umso mehr zur Kohlenstoffspeicherung *im Boden* beiträgt, je mehr Biomasse sie insgesamt bildet. Dementgegen konstatierten Terrer et al. (2021) bei zunehmendem CO_2-Partialdruck beim Wald sogar ein Trade-off zwischen Biomasse- und Bodenbildung und heben stattdessen die Bedeutung und Potenziale des Dauergraslandes mit seinen Fein-Wurzeln hervor: „Der organische Kohlenstoff nimmt bei erhöhten CO_2-Werten überall im Grasland zu (8 ± 2 Prozent), nicht aber im Wald (0 ± 2 Prozent)." Da die meisten terrestrischen Ökosystemmodelle auf diesem Biomasse-Dogma basieren, bilden sie diesen realen Abtausch nicht ab. Entsprechend lautet die Schlussfolgerung von Terrer et al. (2021): "Das impliziert, dass Projektionen zum organischen Boden-Kohlenstoff eine Revidierung erfordern." (ebd.: S. 599) (Übersetzungen Anita Idel); siehe dazu auch Bastos & Fleischer (2021).

Während Bäume den Kohlenstoff überwiegend im oberirdischen Holz anreichern, speichern die Böden unter dem Grasland weltweit 50% mehr Kohlenstoff als Waldböden (Conant 2010).[3] Die Nutzung der weltweiten Kornkammern zehrt von diesem Effekt. Aber der Umbruch des Dauergrünlandes zu Ackerflächen vermindert den Kohlenstoffgehalt dieser Gunstlagen drastisch (Poeplau et al. 2011, Conant et al. 2017). So verursachten Landnutzungsänderungen und die anschließende Ackernutzung zwischen 1850 und 2000 in den Steppenböden der Prärien Nordamerikas erosionsbedingte Humusverluste von 25 bis 30%. Pro Hektar werden die Verluste auf ca. 13 Tonnen pro Jahr geschätzt (Pimentel et al. 1997). Für die fruchtbarsten Steppenböden Europas in der Ukraine veröffentlichen im Jahr 2014 Weltbank und FAO ähnlich drastische Ergebnisse: Bodenverluste in Höhe von 15 Tonnen pro Hektar und Jahr (Fileccia et al. 2014). In Mitteleuropa

---

3 Zwar stellen nicht die Wurzeln, sondern die Böden das Hauptspeicherorgan der Gräser dar. Das heißt aber nicht (!), dass überall unter jedem Hektar Grasland mehr Kohlenstoff gespeichert ist / wird, als unter einem Hektar Wald.

beträgt pro Hektar das Gewicht von einem Millimeter Oberboden bei mittelschweren Böden ca. 12 bis 13 Tonnen.

3.5 Gräser / Dauergrasland und Bäume / Wald im Vergleich

Im gemäßigten Klima Europas zählt die Vegetationsperiode von Gräsern zu den längsten; das wird insbesondere im Vergleich zu Bäumen deutlich: Bereits ab fünf Grad Celsius in den obersten Zentimetern des Bodens ist Wachstum der Grasbiomasse durch Photosynthese möglich. Die Vegetationsperiode bei Laubbäumen ist wesentlich kürzer: Sie beginnt mit dem Wachsen der Blätter im Frühjahr und ab dem Hochsommer sinkt die Aktivität mit der Verfärbung der Blätter. Tabelle 1 fasst diese Aussagen nochmals zusammen.

Tabelle 1: Vorteilhafte Eigenschaften der Gräser / des Dauergrünlandes und der Gräser

Dauergrünland
– ist das größte Biom – das großräumigste Ökosystem;
– ist die größte Permakultur – die Pflanzengemeinschaft mit mehrjährigem Bewuchs mit der größten Ausdehnung;
– ist die größte Mischkultur – die am weitesten verbreitete Pflanzen*gesellschaft*;
– ist überwiegend in Ko-Evolution mit Weidetieren entstanden;
– ist überwiegend – in Folge der Ko-Evolution – von der Beweidung/ggf. Mahd abhängig: „Grasland braucht den Biss";
– hat aufgrund des hohen Anteils an Feinwurzeln an seiner Wurzelmasse ein besonders großes Potenzial zum Humusaufbau und damit verbunden eine besonders große Wasserspeicherkapazität und ein großes Potenzial, Wassererosion zu verringern.
Gräser
– haben im Vergleich mit anderen Pflanzen eine lange Vegetationsperiode;
– bilden im Vergleich zu anderen Pflanzen mehr Wurzelmasse im Verhältnis zum oberirdischen Spross;
– verfügen über einen hohen Feinwurzelgehalt pro Einheit Bodenvolumen und sind deshalb effizienter in der Wasser- und Nährstoffaufnahme als Bäume, die über ein sogenanntes extensives Wurzelsystem verfügen;
– bewachsen den Boden natürlicher Weise flächendeckend und hemmen dadurch Erosion;
– wachsen von unten und nicht aus der (Spross-)Spitze;
– können überall dort leben, wo Bäume leben können – und zudem darüber hinaus;
– werden durch Nutzung (Beweidung oder Mahd) zum Wachstum angeregt.

4 Zu enge Systemgrenzen und Blickwinkel (aus Ackerbau und Forstperspektive) legen falsche Schlussfolgerungen nahe

Einige allgemeine Aspekte der Nutzung von Dauergrünland vorab: Der Grünlandanteil der Landnutzung befindet sich überwiegend auf weniger produktiven Böden als der Ackerbau. Das müsste generell bei vergleichenden Untersuchungen zum Status quo des gespeicherten Kohlenstoffs berücksichtigt werden.

Eine wesentliche Benachteiligung des Dauergrünlandes liegt im Management: Grünlandstandorte werden häufiger befahren und mit zunehmend höheren Achslasten der Schlepper und Güllefässer und insbesondere zu (Jahres-)Zeiten, in denen Ackerböden wegen der möglichen Verdichtung geschont werden. Deshalb weist das Dauergrünland meistens eine (noch) höhere Bodenverdichtung auf als das Ackerland. Damit verbunden sind Sauerstoffmangel und eine gehemmte Wurzelentwicklung (Stahl 2009, Diepolder et al. 2015, Sexlinger 2020). Über die Bodenverdichtung hinaus wirken weitere Einflüsse reduzierend auf das Bodenleben. Beispielhaft und dramatisch wahrnehmbar ist der Schwund der Regenwürmer, die unter mechanischen (z.B. Pflug, Kreiselmäher) und chemisch-toxischen (z.B. Glyphosat) Auswirkungen leiden (vgl. Takeshi and Kazuyoshi 2011).

Angaben zur Produktivität müssen generell darauf überprüft werden, ob die Erntemengen *auf Dauer* oder nur temporär – auf Kosten der Ressourcen – erbracht werden können.

4.1 Irreführende Blickwinkel

Eine weitere generelle Problematik liegt darin, dass vom Ackerbau oder vom Forst ausgehende begrenzte Blickwinkel die Potenziale des Dauergrünlandes unterschätzen. Es ist wissenschaftlich nicht angemessen, aus Erfahrungen mit dem temporären Ackerbau einerseits und mit der Dauerkultur Wald in der Forstwirtschaft andererseits auf die Wachstumsdynamiken der Dauerkultur Grasland zu schließen.

Das betrifft insbesondere die Vorstellung von einer *Sättigungsgrenze*. Bäume erreichen einen Reifungsgrad, mit dem ihr ober- und unterirdisches Wachstum letztlich zum Stillstand kommt. Gräser hingegen erfahren infolge der Ko-Evolution bei nachhaltiger Nutzung eine permanente Regeneration. Im Ackerbau wird die Erfahrung gemacht, dass infolge verbesserter Maßnahmen die Bodenfruchtbarkeit umso schneller zunimmt, je schlechter die Ausgangssituation war. Aber die Schlussfolgerung, wonach das Potenzial für weiteren Zuwachs mit zunehmender Fruchtbarkeit erschöpft sei, trifft nicht zu. Das belegen über Jahrtausende die Steppengenesen der weltweiten Kornkammern.

Ebenfalls irreführend ist die häufige Gleichsetzung von Dauergrünland und Mooren. Moore sind gigantische Kohlenstoff*speicher*. Durch Entwässerung emittieren sie Kohlenstoff und wirken als erhebliche Kohlenstoff*quellen*. Ihre Wiedervernässung – dauerhaft auf ein Niveau nicht unterhalb von minus 20 cm Wasserstand – dient somit der notwendigen Schadensbegrenzung. Hingegen ist ihr Potenzial zur Sequestrierung von Kohlenstoff extrem gering: Die Torfschicht naturnaher Moore „wächst in unseren Breiten durchschnittlich um einen Millimeter pro Jahr. Es dauert also rund 100 Jahre, um eine Torfschicht von 10 Zentimetern aufzubauen" (UBA 2020, o. S.). Gleichzeitig emittieren naturnahe Moore geringe Mengen an Methan (CH_4). Gelangt durch Senkung des Wasserstandes Luft in den Moorkörper, können Bakterien und andere Bodenbewohner das pflanzliche Material abbauen (Mineralisierung). „Große Mengen Kohlenstoff werden dann in die Atmosphäre freigesetzt. Außerdem wird Lachgas (N_2O) emittiert." Deshalb tragen entwässerte Moore „erheblich zum Klimawandel bei" (ebd.: o. S.).

Dementgegen steht Dauergrünland am entgegengesetzten Ende der Skala: Durch seinen großen Anteil an Feinwurzeln verfügt es über ein sehr großes Potenzial als Kohlenstoff*senke* (Sobotik et al. 2020).

Fehlschlüsse, die sich insbesondere negativ auf die Wahrnehmung der Potenziale des Dauergrünlandes auswirken, sind auch unter renommierten Bodenexperten verbreitet. Ein Beispiel ist Pete Smith, Professor für Böden und Globalen Wandel an der Universität von Aberdeen. Er leitet das Schottische Expertenzentrum für Klimawandel und war mehrfach Autor von Berichten für den Weltklimarat IPCC. Im ansonsten lesenswerten Buch über US-amerikanische Bauern im Kampf gegen die Klimakrise (Landzettel 2020) formuliert er im Interview mit der Autorin: „In den Tropen, also diesseits und jenseits des Äquators, findet man wenig Kohlenstoff im Boden. Je weiter man sich nach Norden oder Süden vom Äquator entfernt, desto mehr Kohlenstoff können die Böden speichern." (ebd.: S. 35) Tatsächlich gibt es in den Tropen Böden, die fast überhaupt keinen Kohlenstoff speichern – können: Denn die Böden unter dem Regenwald sind fast permanenter Ausspülung ausgesetzt. Aber diese Sichtweise klammert die Kornkammern – und damit die Steppengenese der fruchtbaren Schwarzerdeböden auf der Nord- und Südhalbkugel – aus.

4.2 Zur häufigen Beschränkung auf Emissionen (statt Bilanz aus Emissionen und Sequestrierung)

Fatal wirkt sich für die Wahrnehmung und Meinungsbildung aus, dass der für die Industrie entwickelte *ökologische Fußabdruck*, der in der Regel auf Emissionen beschränkt ist, im Rahmen der Umwelt- und Klimapolitik auch auf die Landwirtschaft übertragen wurde und wird. So blendet die Beschränkung auf Emissionen aus, dass Böden C- Speicher sind und in Abhängigkeit von der Nutzungsweise entweder zur C-Quelle werden oder als C-Senke wirken können. Letzteres gilt vorrangig für Dauergrünland. Entscheidend ist somit jeweils, durch gutes Management die Bilanz aus Boden abbauenden und Boden aufbauenden Prozessen jeweils zugunsten der letzteren zu verschieben (Baily et al. 219).

4.3 Zur mangelhaften Erhebung bzw. Zuordnung von Daten

Aber auch unabhängig davon legen Forschungsergebnisse zum Klima- und Ressourcenschutz häufig Schlussfolgerungen nahe, die sich kontraproduktiv auswirken. Das ist in der Regel nicht Folge von Rechenfehlern oder gar Fälschungen, sondern von mangelhafter Erhebung bzw. Zuordnung von Daten sowie – zeitlich und räumlich – zu engen Systemgrenzen. So wird der größte Beitrag der Landwirtschaft zur Klimakrise ausgeklammert, denn die Landnutzungsänderungen – die Rodung von (Regen-)Wald und der Umbruch von Dauergrünland – werden separat den

LULUCF (*Land Use, Land-Use Change and Forestry*) zugeordnet und nicht der Landwirtschaft angerechnet (Hargita et al. 2016). Darüber hinaus geht aus der „Studie zur Vorbereitung einer effizienten und gut abgestimmten Klimaschutzpolitik für den Agrarsektor" (Flessa et al. 2012) explizit hervor, welche weiteren Emissionsdaten bei der Erhebung für den jeweiligen nationalen „Ist-Stand der Treibhausgas- und Ammoniakemissionen" – und somit auch in Deutschland – routinemäßig *nicht* berücksichtigt bzw. *nicht* der Landwirtschaft zugerechnet werden. Dazu zählen im vorgelagerten Bereich die beiden zentralen das Klima belastenden Einflüsse: die Futtermittelimporte und die Bereitstellung von chemisch-synthetischem Stickstoffdünger (Zhou 2019, Sutton et al. 2011) – hinzu kommt außerdem der landwirtschaftliche Energieeinsatz.

4.4 Zur Nichtberücksichtigung des Dauergrünlandes in der Bodenforschung

Trotz des erheblichen Umbruchs nehmen Grünlandflächen mit knapp 30% auch in Deutschland einen immer noch bedeutenden Anteil der landwirtschaftlichen Nutzfläche ein. Aber in Erhebungen und Projekten zur Bodenforschung und speziell zur Bodenfruchtbarkeit werden sie überwiegend nicht berücksichtigt.

Das gilt zum Beispiel auch für die Studie „Leistungen des ökologischen Landbaus für Umwelt und Gesellschaft", deren Ergebnisse 2019 als „Thünen Report 65" herausgegeben wurden (Sanders und Heß 2019): Demnach wurden Grünlandflächen „bei der Literatursuche (...) ausgeschlossen, (...), weil sich Ackerbausysteme und Grünlandflächen in ihrer Ökologie und in der Art der Bewirtschaftung erheblich voneinander unterscheiden." (ebd.: S. 17). Damit blieb eine weitere Chance ungenutzt, eben diese Unterschiede herauszuarbeiten und damit die Wahrnehmung für die speziellen Erfordernisse des Managements im Dauergrünland zu schärfen.

Ein weiteres Beispiel bietet eine von *Soil & More* für *Greenpeace Deutschland* durchgeführte Studie (Bandel et al. 2020). *Soil & More* nutzten dazu nach eigener Angabe in der Forschung verbreitete Tools. Ihr Resümee lautet: „Ökologisch erzeugtes Rindfleisch verursacht wegen langsamen Wachstums und der dadurch anteilig höheren Methanemissionen je kg auch etwas höhere externe Kosten als Rindfleisch aus intensiver Tierhaltung." (ebd.: S. 7) An anderer Stelle wird aber explizit benannt, dass die Ökosystemdienstleistungen des Dauergrünlandes – beginnend bei biologischer Vielfalt und Bodenaufbau über den Klimaschutz bis zum Wasserhaushalt – nicht einbezogen wurden: „Bei den flächenbezogenen Monetarisierungsfaktoren werden ausschließlich die ackerbaulichen Flächen berücksichtigt." „Grünland für die Weidehaltung und Futtergewinnung wird nicht einbezogen." (ebd.: S. 11) Solch ein Vorgehen ist auch in der Klimaforschung keine Ausnahme. So galt die Studie „Klimawirkungen und Nachhaltigkeit ökologischer und konventioneller Betriebssysteme" als erster *umfassender* Vergleich der Klimawirkungen von konventionellen und ökologischen Betrieben in Deutschland. Aber auch dabei wurden die Effekte des Dauergrünlandes ausgeklammert und somit allein die Ackerböden berücksichtigt (Hülsbergen und Rahmann 2015).

4.5 Zur problematischen Berücksichtigung des Dauergrünlandes in der Bodenforschung

Aber nicht nur das den Erfordernissen nachhaltiger Landnutzung nicht angemessene Ausklammern von Grünland in der Bodenforschung führt zu problematischen Schlussfolgerungen. Denn eine weitere massive Beeinträchtigung für die Wahrnehmung seines Potenzials erfolgt auch gerade dann, wenn Dauergrünland in Berechnungen einbezogen wird. So führt zwangsläufig zu einer Unterschätzung des Dauergrünlandes, dass dort die Messungen des Kohlenstoffs routinemäßig auf den Bereich von 0 bis 10 cm Bodentiefe beschränkt werden (Bohner et al. 2016). Messungen in tieferen Bodenschichten sind die Ausnahme (Stahl 2009).

Insbesondere Gräser verfügen über das Potenzial, auf Trockenstress mit einer teilweisen Verlagerung ihrer Wurzelmasse in tiefere Bodenschichten zu reagieren (Herndl et al. 2011). Entsprechend findet dann in den oberen Bodenschichten eine Abreicherung statt. Gegenteilig reagieren Böden auf moderne Ackerbausysteme, wo eine Anreicherung oberer Bodenschichten auf Kosten der tieferen erfolgt (Luo et al. 2010). Deshalb fallen Vergleiche, die die jeweils tatsächliche Wurzeltiefe im Ackerbau nicht berücksichtigen, zwangsläufig zu Ungunsten des Dauergrünlandes aus und führen hinsichtlich seines Potenzials zu falschen Schlussfolgerungen.

Vor diesem Hintergrund kommt dem Thünen-Report 64 (Jacobs et al. (2018) spezielle Bedeutung zu: Er dokumentiert die Ergebnisse der ersten Bodenzustandserhebung Landwirtschaft (BZE-LW) in Deutschland – differenziert nach mineralischen und organischen Böden (Mooren). Die Autor:innen konstatieren, dass die Unterböden von 30–100 cm Bodentiefe maßgeblich zum gespeicherten organischen Kohlenstoff beitragen.

Auch im Arbeitspapier 136 des Thünen Instituts (Isermeyer et al. 2019) Acker- und Grünlandböden vergleichend einbezogen. Grundlage der Messungen bietet die Gesetzmäßigkeit, wonach der Kohlenstoffanteil der abgestorbenen organischen Substanz im Boden (Humus) immer rund 58% beträgt: „In Deutschland weisen die meisten *Ackerböden* in den Oberböden (0 bis 10 cm) einen Humusgehalt *zwischen 2 und 4 Prozent* auf (…). Der Humusgehalt unter *Grünland* liegt zumeist *zwischen 4 und 8 Prozent* (…). In den tieferen Bodenschichten sind die Unterschiede zwischen Acker- und Grünland weniger ausgeprägt, aber immer noch signifikant." (ebd.: S. 53) Dennoch benachteiligt auch diese Studie die Dauerkultur Grünland, denn sie verwendet im Text nur „einheitlich die Zahlen der C-Vorräte in 0–30 cm".

5 Zu enge – auf Methan reduzierte – Systemgrenzen legen falsche Schlussfolgerungen nahe

Besonders drastisch wirken sich reduzierte Systemgrenzen auf die Bewertung der Rolle der Rinder beim Konsum tierischer Produkte aus. Daraus resultieren häufig falsche und für Umwelt und Klima nicht selten kontraproduktive Schlussfolgerungen. Der Grund liegt auch hier zumeist im Studiendesign, denn das, was zeitlich und räumlich in die Studien einfließt und was nicht, entscheidet bereits vorab über die Ergebnisse.

5.1 ...Rinder sind schlechte Futterverwerter und deshalb nicht effizient

Rinder sind perfekte Grasverwerter. Aber lange bevor Rinder als *Klimakiller* galten, vermittelten Studienergebnisse bereits den Eindruck, sie seien nicht effizient. Schon in den 1970er Jahren wurde an Universitäten gelehrt, sie seien *schlechte Futterverwerter*. Das beruhte damals wie heute auf Studien, deren Design zwangsläufig zu dieser Schlussfolgerung führt. Denn die Rinder werden dabei nicht in einem für Wiederkäuer artgemäßen System und somit nicht an dem gemessen, was sie gut können: Gras verdauen. Stattdessen erhalten sie hohe Anteile an Kraftfutter aus ungleich energieintensiverem Ackerbau und werden mit den Allesfressern Huhn und Schwein verglichen. Entsprechend schlussfolgern Mitarbeitende der Welternährungsorganisation (FAO), intensive Hühner- und Schweineproduktion sei *effizienter* und deshalb besser als Rindfleisch (MacLeod et al. 2013). Wissenschaftlich geboten ist hingegen, auf Unterschiede *innerhalb* der Tierarten zu fokussieren, indem zwischen nachhaltigen und industrialisierten Agrar- und Fütterungssystemen unterschieden wird.

5.2 ...Rinder sind *Klimakiller*

Rinder rülpsen das Gas Methan (CH_4); dieses ist 25-mal relevanter für das Klima als CO_2. Das ist bereits bekannt, bevor Studien beginnen. Statt Systemgrenzen auf Methan zu beschränken, müssten jeweils für die betreffende Tierart unterschiedliche Agrarsysteme bezüglich ihrer gesamten Klima- (und Umwelt-)Relevanz verglichen werden.

Dementgegen wird der Wiederkäuer Rind überwiegend allein bezüglich der Emissionen des Klimagases Methan (CH_4) bewertet und dann wiederum mit den Allesfressern Schwein und Huhn (und manchmal auch mit Fisch und Mensch) verglichen. Dabei sind die Systemgrenzen so eng gesetzt, dass das Potenzial der Beweidung zur Bodenbildung und der damit verbundenen Kohlenstoffspeicherung unberücksichtigt bleibt. Stattdessen bedingt somit das Studiendesign auch bei diesen Untersuchungen die zwangsläufige Schlussfolgerung: Rinder sind *Klimakiller* (Würger 2010). Entsprechend resümiert die FAO unter „Key facts and findings": „Rinder (gehalten für Fleisch und Milch ebenso wie für nicht essbare Leistungen wie Dung und Arbeitskraft) sind die Tierart, die für die meisten Emissionen verantwortlich ist. Rinder stehen für 65 Prozent der Emissionen des Sektors Viehhaltung" (FAO o.J.). Weiterhin verbreitet sind in der Wissenschaft zudem Vergleiche mit Autos. So resümieren von Witzke und Noleppa (2007, S. 14) in einer Studie für den WWF: „Eine Milchkuh emittiert im Durchschnitt 111,7 kg Methan im Jahr. Umgerechnet in CO_2-Äquivalente entspricht das allein einer jährlichen Fahrleistung von 18.000 km eines von der Politik in der EU propagierten Personenkraftwagens mit einem durchschnittlichen CO_2-Ausstoß von 130 g/km". Und nach Ogino et al. (2007) belastet ein Kilo Rindfleisch das Klima im gleichen Maße wie 250 Kilometer mit einem Kleinwagen.

Die einseitige Erforschung der Methan-Emissionen von Rindern begann bereits, bevor Kühe als Klimakiller dargestellt wurden. Denn schon in den 1970er Jahren fokussierte die Forschung auf die Energiemenge, die die Kühe mit dem Methan ausrülpsen. *Vergeudung* lautete das Stichwort, ohne insbesondere ihre einzigartige Leistung, auch auf den weltweit nicht ackerfähigen Böden aus Gras hocheffizient Fleisch- und Milchenergie zu bilden, mit zu berücksichtigen. Die Fütterung wurde intensiviert und immer weiter technisiert, indem die Tiere weniger weiden und das Futter stattdessen zu ihnen transportiert wird: das heißt weniger Gras und immer mehr Kraftfutter vom Acker und in der Folge Nahrungskonkurrenz zum Menschen. Hinzu kommen die durch die Produktion von Kraftfutter bedingten Klimaeffekte, denn insbesondere Lachgas (N_2O), welches circa 300-mal relevanter ist für das Klima als CO_2, bleibt ausgeblendet. N_2O entsteht insbesondere bei der Anwendung von chemisch-synthetischem Stickstoffdünger: Pro Düngeeinheit fallen 2–5 Prozent an – desto mehr, je verdichteter der Boden ist (Sutton et al. 2011) Hinzu kommen die Emissionen, die routinemäßig *nicht* berücksichtigt bzw. *nicht* der Landwirtschaft zugerechnet werden (Zhou et al. 2019, Hargita et al. 2016, Flessa et al. 2012).

Flachowsky und Brade (2007, S. 435) resümierten die Ergebnisse von Studien zur „Beeinflussung der Pansenprozesse mit dem Ziel einer nachhaltigen Reduzierung der CH_4-Bildung". Das sei schwierig, „da die Komplexität und die Wechselwirkung vieler Umsetzungen noch nicht voll verstanden sind". Weltweit hält die Erprobung von Substanzen zur Verringerung der Methanbildung im Pansen an. Roque et al. (2021) beziffern sie mit über 80% – durch regelmäßige Verfütterung von Algen. Es wird bereits spekuliert, wie für die Weltpopulation von circa einer Mrd. Rinder Algen generiert werden können. Ihr Potenzial als *Klimaschützer* können Rinder aber nur ausleben, wenn sie sich überwiegend als Weidetiere ernähren.

5.3 ...Rinder *verbrauchen* viel Fläche und sind deshalb *nicht effizient*

Neben der Beschränkung auf Emissionen – und häufig allein auf das Klimagas Methan – führt auch ein anderes verbreitetes Studiendesign zu absehbar falschen Schlussfolgerungen: So ist es üblich, hinsichtlich der genutzten Flächen (Böden), nicht zwischen Äckern und Dauergrünland zu differenzieren. In der Folge *verbraucht* dann ein Rind umso mehr Land, je artgerechter es mit Gras ernährt wird. Den größten und damit schlechtesten Flächenrucksack generiert dann ein Rind, welches ausschließlich auf bzw. von Dauergrünland lebt und gar keine Nahrungskonkurrenz zum Menschen bewirkt. Alle Studien, die dem Bericht „Fleisch frisst Land" des WWF von 2011 zugrunde liegen, folgen bei der Bewertung verschiedener Tierarten und Nutzungsformen diesem Ansatz. Bei „Wie viel Fläche steckt im Fleisch?" rangiert dann zwangsläufig das Rind ganz oben (von Witzke und Noleppa 2011, S. 53). Ebenfalls auf Basis der kontraproduktiven *Flächeneffizienz* resümieren Eshel et al. (2014, S. 11998) für die USA: „Die Produktion von Rindfleisch erfordert 28-mal so viel Land (...) wie der Durchschnitt der anderen Nutztierkategorien". Ebenfalls in dieser Logik rangierte die Mongolei beim WWF-International unter den größten Umweltsündern, weil das Nationaltier, das Yak, soviel Fläche *verbrauchen* würde. Ob Fleisch oder Milch: Damit bleibt das Entscheidende, nämlich die *Nahrungskonkurrenz* zum Menschen, völlig ausgeblendet und wird so der Wahrnehmung und Meinungsbildung entzogen. Entsprechend sind auf Hochleistung gezüchtete Kühe, die im Jahr 7000 Liter Milch und mehr produzieren, auf Kraftfutter vom Acker angewiesen (Idel 2020).

Zum *Flächenrucksack* kommt der *Wasserrucksack*: Für die Erzeugung eines Kilogramms Rindfleisch sind Zahlen bis 100 000 Liter Wasser im Umlauf (Pimentel et al. 1997), denn nicht nur die künstliche Bewässerung, sondern auch der Regen werden berechnet. Entsprechend reüssiert wiederum zwangsläufig die *industrialisierte* Produktion: Sie hat demnach den vermeintlich geringeren Flächen- und damit auch Wasser*verbrauch*. Dass die nachhaltige Nutzung von Dauergrasland mit Rindern auch beim Wasser mit keiner anderen Nutzung konkurriert, weil dabei nichts auf Kosten der menschlichen Ernährung *verbraucht* wird, gerät dabei völlig aus dem Blick (Pimentel und Pimentel 2003): Infolge seines hohen Feinwurzelanteils verfügt Dauergrasland über ein enormes Wasserspeicherpotenzial (Gyssels et al. 2005). Aufgrund der größeren Fläche und der geringeren Belastung mit chemisch-synthetischen Düngern, Herbiziden und Medikamenten leistet es quantitativ und qualitativ weltweit den entscheidenden Beitrag zur Regeneration von Grundwasser.

Hinzu kommt, dass der Begriff *Verbrauch* bei der Nutzung von Dauergrünland durch Wiederkäuer völlig unangemessen ist. Infolge der Ko-Evolution bleibt Dauergrünland *auf Dauer* nur erhalten, wenn es genutzt wird. Seine Nutzung erfolgte – unterbrochen durch Feuer – über Millionen Jahre allein durch Beweidung (McSherry und Ritchie 2013). Je nach Wasserverfügbarkeit erfolgt eine Verbuschung oder Verwaldung und damit der Verlust der Futterbasis, wenn Weidetiere vertrieben oder dauerhaft durch Zäune ferngehalten werden.

6 Ausblick

Die dargestellte vergleichsweise geringe Berücksichtigung der Potenziale des Dauergrünlandes und der Beweidung in der Wissenschaft tragen wesentlich zu der Unterschätzung seiner Potenziale bei: Das beginnt innerhalb der Wissenschaft und wirkt direkt auf die öffentliche und politische Meinungsbildung. Beides verstärkt wiederum die mangelnde Forschungsförderung.

Gleichzeitig verschlechtert zu intensives Management mit Überdüngung und Übernutzung den Status quo des Dauergrünlandes und senkt damit die Erwartungen an seine Potenziale. Die Antwort auf schlechte Grünlandqualitäten muss deshalb statt *zero grazing* lauten: *nachhaltige Beweidung* (Nickel et al. 2016, Bunzel-Drüke et al. 2019; Idel 2020).

Rinder haben im Rahmen der Ko-Evolution mit dem Dauergrünland weltweit entscheidend zur Entwicklung der Bodenfruchtbarkeit beigetragen. Wie unverzichtbar Rinder und Beweidung über das Dauergrünland hinaus gerade heute für die Bodenbildung sind, zeigen die seit 25 Jahren bei hohen Inputs im intensiven Ackerbau nicht mehr steigenden Erträge (Loza et al. 2021, Taube 2021). Loza et al. (2021) dokumentieren Forschungsergebnisse im Dauergrünland und im beweideten (!) Zwischenfruchtanbau – einschließlich der Klimaeffekte. Der Ansatz basiert auf der Tatsache, dass die meiste Bodenbildung durch Feinwurzeln generiert wird und deren Masse insbesondere von Grünlandgesellschaften stammt. Eine spezielle Voraussetzung liegt dabei in der *Vielfalt* der jeweiligen Pflanzengesellschaft (vgl. auch Dietrich et al. 2021, Oelmann et al. 2021). Nicht überraschen sollte darüber hinaus die Erkenntnis, dass diese Vielfalt eine Reduzierung der Methanemissionen bewirkt (Loza et al. 2021).

Die Lösung liegt in der Förderung biologischer Kooperationen statt Konkurrenz, damit die Balance zwischen Boden abbauenden und Boden aufbauenden Prozessen zugunsten der Letzteren verschoben wird. Verbunden mit den Effekten für die biologische Vielfalt und die Bodenbildung – und der resultierenden Klimaentlastung – kommt dem Wasserspeicher- und -aufnahmepotenzial der Rhizosphäre infolge hoher Feinwurzelanteile angesichts zunehmender Dürren und Starkregenereignisse besondere Bedeutung zu.

Der Ausweg aus den ökologischen Dilemmata liegt in ökosystemaren Ansätzen, die die Potenziale von Agrarökologie, Dauergrünland und Wald verbinden: im *Agro-silvo-pastoralism* (vgl. Rupp 2013). Das setzt politische Rahmenbedingungen voraus, damit innerhalb der Landwirtschaft insbesondere mit biologischer Vielfalt ausreichend Geld verdient werden kann (vgl. Reisinger et al. 2019).

Literaturverzeichnis

Bakker, P. A.H. M., Berendsen, R. L., Doornbos, R. F., Wintermans, P. C. A. & Pieterse, C. M. J. (2013): *The rhizosphere revisited: root microbiomics.* In: Front. Plant Sci. https://www.frontiersin.org/articles/10.3389/fpls.2013.00165/full (letzter Aufruf: 11.01.2021).

Bandel, T., Kayatz, B., Doucet, T. & Leutner, N. (2020): *Der teure Preis des Billigfleischs. Eine Studie der Soil & More Impacts GmbH für Green Peace Deutschland.* https://www.greenpeace.de/sites/www.greenpeace.de/files/publications/s03 201_landwirtschaft_studie_wahre_kosten_fleisch_2020.pdf (letzter Aufruf: 18.12.2020).

Bailey, V L, Hicks Pries, C, & K Lajtha (2019): What do we know about soil carbon destabilization? *Environ. Res. Lett.* 14 083004. https://doi.org/10.1088/1748-932 6/ab2c11.

Bastos, A. & Fleischer, K. (2021): An analysis of experiments in which the air around terrestrial plants or plant communities was enriched with carbon dioxide reveals a coordination between the resulting changes in soil carbon stocks and above-ground plant biomass. 532 | *Nature 591*.

Bohner, A., Foldal, C. B. & Jandl, R. (2016): Kohlenstoffspeicherung in Grünlandökosystemen – eine Fallstudie aus dem österreichischen Berggebiet. In: Die Bodenkultur: *Journal of Land Management, Food and Environment* 67(4), 225–237. DOI: 10.1515/boku-2016-0018.

Bunzel-Drüke, M., Drüke, J., Hauswirth, L. & H. Vierhaus (1999): Großtiere und Landschaft – von der Theorie zur Praxis. *Natur und Kulturlandschaft* 3, 210–229.

Bunzel-Drüke, M., Reisinger, E. et al. (2019): *Naturnahe Beweidung und NATURA 2000. Ganzjahresbeweidung im Management von Lebensraumtypen und Arten im europäischen Schutzgebietssystem NATURA 2000.* 2. Auflage. Hrsg.: Arbeitsgemeinschaft Biologischer Umweltschutz im Kreis Soest e.V. (ABU), Bad Sassendorf – Lohne. https://www.abu-naturschutz.de/projekte/laufende-projekte/naturnahe-beweidung.

Buse, Jörn (2020): *Auswirkungen der Parasitenbehandlung bei Weidetieren auf Nicht-Ziel-Organismen am Beispiel von Dungkäfern.* https://www.naturstiftung-david. de/fileadmin/Medien/Downloads/NNE_Infoportal/Veranstaltungen/2020-01- 21_Tierwohl_in_der_Landschaftspflege/Vortrag_Parasitenbehandlung_bei _Weidetieren_Buse.pdf (letzter Aufruf: 20.12.2020).

Canadell, J. G., Le Quérec, C., Raupacha, M. R. et al. (Hrsg.) (2007): *Contributions to accelerating atmospheric CO_2 growth from economic activity, carbon intensity and efficiency of natural sinks.* Harvard University, Cambridge, MA. http://www .pnas.org/content/pnas/104/47/18866.full.pdf (letzter Aufruf: 10.12.2020).

Cavicchioli, R., Ripple, W.J., Timmis, K.N. et al. (Hrsg.) (2019) Scientists' warning to humanity: microorganisms and climate change. *Nat Rev Microbiol* 17, 569–586. https://doi.org/10.1038/s41579-019-0222-5.

Cebra, C., Vaughan, J. & Gauly, M. (2010): *Neuweltkameliden: Haltung, Zucht, Erkrankungen.* Stuttgart: Georg Thieme.

Conant, Richard T. (2010): Challenges and opportunities for carbon sequestration in grassland systems. A technical report on grassland management and climate change mitigation. *FAO Rome 9.*

Conant, T., Cerri, C., Osborne, B. & K. Paustian (2017): Grassland management impacts on soil carbon stocks: a new synthesis. *Ecol. Appl. 27,* 662–668.

Covey, K., Soper, F., Pangala, S. et al. (2021): Carbon and Beyond: The Biogeochemistry of Climate in a Rapidly Changing Amazon. *Front. For. Glob. Change.* https://doi.org/10.3389/ffgc.2021.618401.

Deutscher Bundestag (2020): *Auswirkungen aktueller Vorgaben auf den Grünlanderhalt.* Wissenschaftliche Dienste WD 5 - 3000 086/20. https://www.bundes tag.de/resource/blob/794026/3613f67ce498172e2bbb5382229c8931/WD-5-086 -20-pdf-data.pdf (letzter Aufruf: 06.01.2021).

Diepolder, M., Raschbacher, S., Brandhuber, S., Demmel, M. & R. Walter (2015): *Mechanische Bodenbelastung im Grünland - ein Thema?* Seminar Pflanzliche Erzeugung am 30.11.2015. Institut für Ökologischen Landbau, Bodenkultur und Ressourcenschutz. https://www.lfl.bayern.de/mam/cms07/iab/dateien/me chanische-bodenbelastung-gruenland-ein-thema_foliensatz.pdf (letzter Aufruf: 19.01.2021).

Dietrich, P., Cesarz, S., Liu, T. et al. (2021): Effects of plant species diversity on nematode community composition and diversity in a long-term biodiversity experiment. *Oecologia, 06* DOI: 10.1007/s00442-021-04956-1.

Eshel, G., Sheponb, A., Makovc, T. & Milob, R. (2014): Land, irrigation water, greenhouse gas, and reactive nitrogen burdens of meat, eggs, and dairy production in the United States. *PNAS 111* (33). 11996–12001. www.pnas.org/cgi/doi/ 10.1073/pnas.1402183111.

FAO (o.J.): *Key, facts and findings.* http://www.fao.org/news/story/en/item/197623/ icode/ (letzter Aufruf: 20.12.2020).

Fileccia, T., Guadagni, M. & Hovhera, V. (2014): *Ukraine: Soil fertility to strengthen climate resilience.* Preliminary assessment of the potential benefits of conservation agriculture FAO and WB (Hrsg.) Rom. https://www.researchgate.net/publi cation/312136260_Ukraine_-_Soil_fertility_to_strengthen_climate_resilience_ preliminary_assessment_of_the_potential_benefits_of_conservation_agricultu re_Main_report_English.

Flachowsky, G. & Brade, W. (2007): Potenziale zur Reduzierung der Methan-Emissionen bei Wiederkäuern. *Züchtungskunde 79*(6) 417–465.

Flessa, H., Müller, D., Plassmann, K. & Osterburg, B. (2012): *Studie zur Vorbereitung einer effizienten und gut abgestimmten Klimaschutzpolitik für den Agrarsektor.* Von Thünen Institut Sonderheft 361.

Ford, H., Garbutt, A. et al. (2016): Soil stabilization linked to plant diversity and environmental context in coastal wetlands. *Journal of vegetation science* 27(2), 259–268. https://doi.org/10.1111/jvs.12367.

Global Soil Week (2019): Webseite. https://globalsoilweek.org (letzter Aufruf: 24.06.2021).

GRAIN & IATP (Institute for Agriculture and Trade Policy) (2018): *Emissions impossible: How big meat and dairy are heating up the planet.* Joint publication. Madrid and Minneapolis. https://grain.org/article/entries/5976-emissions-impossible-how-big-meat-and-dairy-are-heating-up-the-planet.

Gyssels, G., Poesen, J., Bochet, E. & Li, Y. (2005): Impact of plant roots on the resistance of soils to erosion by water: a review. *Progress in Physical Geography: Earth and Environment* 29(2). https://doi.org/10.1191/0309133305pp443ra.

Hargita, Y., Gerber, K., Oehmichen, K. et al. (2016): *Die Umweltauswirkungen der Landnutzung, Landnutzungsänderungen und Forstwirtschaft (LULUCF) in einem zukünftigen Klimaschutzabkommen.* Im Auftrag des Umweltbundesamtes. https://www.umweltbundesamt.de/sites/default/files/medien/377/publikationen/2016-11-15_lulucfpost2020_uba-abschlussbericht_final.pdf (letzter Aufruf: 20.12.2020).

Herndl, M., Kandolf, M., Bohner, A., Krautzer, B., Graiss, W. & Schink, M. (2011): *Wurzelparameter von Gräsern, Kräutern und Leguminosen als Grundlage zur Bewertung von Trockenheitstoleranz im Grünland.* 1. Tagung der Österreichischen Gesellschaft für Wurzelforschung, S. 45–54. https://www.researchgate.net/publication/281608980_Wurzelparameter_von_Grasern_Krautern_und_Leguminosen_als_Grundlage_zur_Bewertung_von_Trockenheitstoleranz_im_Grunland.

Hewins, D. B. et al. (2018): Grazing and climate effects on soil organic carbon concentration and particle-size association in northern grasslands. *Sci. Rep.* 8.

Hülsbergen, H.-J. & Rahmann, G. (Hrsg) (2015): *Klimawirkungen und Nachhaltigkeit ökologischer und konventioneller Betriebssysteme – Untersuchungen in einem Netzwerk von Pilotbetrieben: Forschungsergebnisse 2013–2014.* Braunschweig: Johann Heinrich von Thünen-Institut, Thünen Rep 29, doi:10.3220/REP_29_2015.

Huyghe C., De Vliegher, A. & Goliński, P. (2014): European grasslands overview: temperate region. *Grassland Sci. Europe* 19, 29–40.

Idel, A. (2010): *Die Kuh ist kein Klima-Killer!* Marburg: Metropolis (8. Auflage 2021).

Idel, A. (2018): Der Wert nachhaltiger Beweidung mit Rind & Co. für Bodenfruchtbarkeit, Klima und biologische Vielfalt. In: Idel, A. & Beste, A. (Hrsg.), *Vom Mythos der klimasmarten Landwirtschaft.* – Martin Häusling MdEP/Die Grünen im Europäischen Parlament, Brüssel. https://www.martin-haeusling.eu/presse-medien/publikationen/2130-studie-vom-mythos-der-klimasmarten-landwirtschaft.html (letzter Aufruf: 11.01.2021).

Idel, A. (2020): Zur (Nicht-)Wahrnehmung landwirtschaftlich genutzter Tiere als fühlende Lebewesen: gestern – heute – morgen, in: Schäffer, J. (Hrsg.) (2020): Zukunft braucht Vergangenheit: Die Bedeutung der Geschichtsforschung für die Tiermedizin. Freie Themen (20. Jahrestagung der DVG-Fachgruppe Geschichte), Giesen, S. 173–190.

Idel, A. (2020): The value of sustainable grazing for soil fertility, climate and biodiversity. In: Idel, A. & Beste, A., *The myth of climate smart agriculture – why less bad isn't good*. Martin Haeusling/The Greens EFA in the European Parliament, Brussels (Hrsg.). https://www.martin-haeusling.eu/images/pub likationen/Klimawandel2020_EnglischeVersion_final.pdf (letzter Aufruf: 19.01.2021).

Idel, A. & Reichert, T. (2013): Livestock production and food security in a context of climate-change and environmental and health challenges. In: Hoffmann, U. (Hrsg.), *Wake up before it is too late. Transforming Agriculture to cope with climate change and assure food security*. UNCTAD Trade and Environment Review 2013, Geneva. http://unctad.org/en/pages/PublicationWebflyer.aspx?publicationid=666/; https://unctad.org/en/PublicationsLibrary/ditcted2012d3_en.pdf (letzter Aufruf: 18.01.2021).

Isermeyer, F., Heidecke, C. & Osterburg, B. (2019): *Einbeziehung des Agrarsektors in die CO_2-Bepreisung*. Thünen Working Paper 136. Braunschweig, https://www.thuenen.de/media/publikationen/thuenen-workingpaper/ThuenenWorkingPaper_136.pdf (letzter Aufruf: 20.01.2021).

Jacobs A., Flessa H., Don A. et al. (2018): Landwirtschaftlich genutzte Böden in Deutschland – Ergebnisse der Bodenzustandserhebung. Braunschweig: Johann Heinrich von Thünen-Institut, 316 p, *Thünen Rep 64*, DOI:10.3220/REP1542818391000.

Jotz, S., Konold, W., Suchomel, C. & Rupp, M. (2017): *Lichte Wälder und biotische Vielfalt*. 13. Ber. Naturf. Ges. Freiburg i. Br., 107, 13–153.

Jaubert, J., Verheyden, S., Genty, D. et al. (2016): Early Neanderthal constructions deep in Bruniquel Cave in southwestern France. *Nature 534*, 111–114. https://doi.org/10.1038/nature18291.

Landzettel, M. (2020): *Vielleicht haben wir noch 10 Jahre: US-amerikanische Bauern gehen neue Wege im Kampf gegen die Folgen der Klimakrise*. Hamm: AbL.

Loza, C., Reinsch, T., Loges, R. et al. (2021): Methane Emission and Milk Production from Jersey Cows Grazing Perennial Ryegrass–White Clover and Multispecies Forage Mixtures. *Agriculture 11*, 175, https://doi.org/10.3390/agriculture11020175.

Luo, Z., Wang, E. & Sun, O. J. (2010): Can no-tillage stimulate carbon sequestration in agricultural soils? A meta-analysis of paired experiments. *Agriculture, Ecosystems & Environment 139* (1–2), 224–231. Elsevier.

McIntyre, B. D., Herren, H. R., Wakhungu, J. & Watson, R. T. (Hrsg.) (2009): *International Assessment of Agricultural Knowledge, Science and Technology for Development: Global Report*. Washington DC: Island Press.

MacLeod, M., Gerber, P., Mottet, A., Tempio, G., Falcucci, A., Opio, C., Vellinga, T., Henderson, B. & Steinfeld, H. (2013): *Greenhouse gas emissions from pig and chicken supply chains – A global life cycle assessment.* Food and Agriculture Organization of the United Nations (FAO), Rome.

McSherry, M. E. & Ritchie, M. E. (2013): Effects of grazing on grassland soil carbon: a global review. *Glob. Change Biol. 19*, 1347–1357.

Melo, T. P., Ribeiro, A. M., Martinelli, A. G. & Bento Soares, M. (2019): Early evidence of molariform hypsodonty in a Triassic stem-mammal. *NATURE COMMUNICATIONS 10*, 2481. https://doi.org/10.1038/s41467-019-10719-7.

Möckel, S. (2018): *Gute fachliche Praxis, Eingriffsregelung und Landwirtschaft.* Helmholtz-Zentrum für Umweltforschung, Leipzig: https://www.ufz.de/export/data/2/206009_Moeckel_DNRT2018.pdf (letzter Aufruf: 19.01.2021).

Mueller, K. E., Tilman, D., Fornara, D. & Hobbie, S. E. (2013): Root depth distribution and the diversity-productivity relationship in a long-term grassland experiment. *Ecology, 94*(4), 787–793, Ed. Ecological Society of America.

Nickel, H., Reisinger, E., Sollmann, R. et al. (2016): Außergewöhnliche Erfolge des zoologischen Artenschutzes durch extensive Ganzjahresbeweidung mit Rindern und Pferden. Ergebnisse zweier Pilotstudien an Zikaden in Thüringen, mit weiteren Ergebnissen zu Vögeln, Reptilien und Amphibien. *Landschaftspflege und Naturschutz in Thüringen 53* (1) 2016: 5–20 5.

Oelmann, Y., Lange, M., Leimer, S. et al. (2021). Above- and belowground biodiversity jointly tighten the P cycle in agricultural grasslands. *Nat Commun 12*, 4431 (2021). https://doi.org/10.1038/s41467-021-24714-4.

Ogino, A. et al. (2007): Evaluating environmental impacts of the Japanese beef cow-calf system by the life cycle assessment method. *Animal Science Journal 78*(4), 424–432. DOI: 10.1111/j.1740 – 0929.2007.00457.x.

Peyraud, J. L., van den Pol-van Dasselaar, A., Collins, R. P., Huguenin-Elie, O., Dillon, P. & Peter, A. (2014): Multi-species swards and multi scale strategies for multifunctional grassland-base ruminant production systems: an overview of the FP7-MultiSward project. *Grassland Sci. Europe 19*, 695–715.

Pfadenhauer, J. & Klötzli, F. (2014): *Vegetation der Erde. Grundlagen, Ökologie, Verbreitung.* Berlin/Heidelberg: Springer Spektrum.

Pimentel, D. J. et al. (1997): Water resources: Agriculture, the environment, and society. *BioSci. 47*, 97–106.

Pimentel, D. & Pimentel, M. (2003): World population, food, natural resources, and survival. *World Futures 59*, 145–167.

Poeplau, C. H. et al. (2011): Temporal dynamics of soil organic carbon after land-use change in the temperate zone – carbon response functions as a model approach. *Global Change Biology 17*, 2415–2427.

Poeplau, C. & Don, A. (2013): Sensitivity of soil organic carbon stocks and fractions to different land-use changes across Europe. *Geoderma 192(1)*: 189–201.

Poeplau, C. (2016): Estimating root: shoot ratio and soil carbon inputs in temperate grasslands with the RothC model. *Plant and Soil 407*, 293–305. www.jstor.org/stable/44136927. (Letzter Aufruf: 16.07.2021).

Prairie dogs (o.J.). https://defenders.org/wildlife/prairie-dog (letzter Aufruf: 10.12.2020).

Reisinger, E., Luick, R., Freese, J., Schoof, N., Kämmer, G. & Solmann, R. (2019): Vorschlag/Forderungen für eine verbesserte Förderung von extensiven Weidesystemen in einer neuen GAP im Detail. In: Bunzel-Druke, M., Reisinger, E. et al. (Hrsg.): *Naturnahe Beweidung und NATURA 2000. Ganzjahresbeweidung im Management von Lebensraumtypen und Arten im europäischen Schutzgebietssystem NATURA 2000*. Arbeitsgemeinschaft Biologischer Umweltschutz, 2. Auflage.

Roque, B.M., Venegas, M., Kinley, R.D., de Nys, R., Duarte, T.L., Yang, X. et al. (2021): Red seaweed *(Asparagopsis taxiformis)* supplementation reduces enteric methane by over 80 percent in beef steers. *PLoS ONE 16*(3): e0247820. https://doi.org/10.1371/journal.

Roser, M. & Ritchie, H. (2018): *Yields and Land Use in Agriculture*. https://ourworldindata.org/yields-and-land-use-in-agriculture (letzter Aufruf: 19.05.2018).

Rumpel, C., Creme, A., Ngo, P.T. et al. (2015): The impact of grassland management on biogeochemical cycles involving carbon, nitrogen and phosphorus. *J. Soil Sci. Plant Nutr. 15*(2), 353–371. http://dx.doi.org/10.4067/S0718-95162015005000034.

Rupp, Mattias (2013). Beweidete lichte Wälder in Baden-Württemberg: Genese, Vegetation, Struktur, Management. Inaugural-Dissertation zur Erlangung der Doktorwürde der Fakultät für Umwelt und Natürliche Ressourcen der Albert-Ludwigs-Universität Freiburg i. Brsg.

Saatkamp, A., Poschlod, P. and Venable, D.L. (2014): Seeds: The Functional Role of Soil Seed Banks in Natural Communities. *CAB International 2014*. The Ecology of Regeneration in Plant Communities,3rd Edition (Gallagher, R.S. Hrsg.), S. 263–295. https://www.researchgate.net/publication/260797489_The_Functional_Role_of_Soil_Seed_Banks_in_Natural_Communities.

Sanders, J. & Heß, J. (Hrsg.) (2019): *Leistungen des ökologischen Landbaus für Umwelt und Gesellschaft*. 2. überarbeitete und ergänzte Auflage. Braunschweig: Johann Heinrich von Thünen-Institut, Thünen Rep 65, DOI:10.3220/REP1576488624000.

Sexlinger, K. (2020): Bodenverdichtung – Ursachen, Auswirkungen und Vorsorgemaßnahmen. Umweltinstitut – Bericht UI-02/2020 (Hrsg.). https://vorarlberg.at/documents/302033/473021/Bodenverdichtung+-+Ursachen%2C+Auswirkungen+und+Vorsorgema%C3%9Fnahmen.pdf/0e10a79b-846c-eb91-7283-bbad97d3fd49 (letzter Aufruf: 25.07.2021).

Sobotik, S., Eberwein, R.K., Bodner, G. et al. (2020): Pflanzenwurzeln: Wurzeln begreifen – Zusammenhänge verstehen – In der Praxis anwenden. DLG Verlag Frankfurt aM.

Soussana, J. F. et al. (2007): Full accounting of the greenhouse gas (CO_2, N_2O, CH_4) budget of nine European grassland sites. *Agricult. Ecosyst. Environ. 121*, 121–134.

Soussana, J. F., Tallec, T. & Blanfort, V. (2010): Mitigating the greenhouse gas balance of ruminant production systems through carbon sequestration in grasslands. *Animal* 4(3), 334–350.

Stahl, H. (2009): *Gute fachliche Praxis für Grünland: Bodengefüge- und Narbenschutz. Bodendruck im Grünland.* Schriftenreihe des Landesamtes für Umwelt, Landwirtschaft und Geologie Heft 3.

Sutton, M.A., Howard, C.M., Erisman, J.W. et al. (Hrsg.) (2011): *The European Nitrogen Assessment. Sources, Effects and Policy Perspectives.* Cambridge: Cambridge University Press.

Takeshi, H. & Tamae, K. (2011): Review Earthworms and Soil Pollutants. *Sensors 2011, 11,* 11157–11167; doi:10.3390/s111211157.

Taube, F. (2021): Die Regelungen zur guten fachlichen Praxis der Düngung (DüV 2020) widersprechen der Zweckbestimmung des Düngegesetzes und tragen zur Verfehlung der Umweltziele Deutschlands und der EU bei. Expertise zur Bewertung des neuen Düngerechts (DüngeG, DüV, AVV GeA) von 2020 in Deutschland aus Sicht des Trinkwasserschutzes. Gutachten im Auftrag von: BDEW – Bundesverband der Energie- und Wasserwirtschaft e. V. https://www.bdew.de/media/documents/PI_20210707_Expertise-Prof-Taube-Bewertung-D%C3%BCngerecht-2020.pdf (letzter Aufruf 24.07.2021).

Terrer, C.; Phillips, R.P.; Hungate, B.A. et al. (2021): A trade-off between plant and soil carbon storage under elevated CO2. *Nature 591,* pp 599–616. https://doi.org/10.1038/s41586-021-03306-8.

UBA (2020): *Factsheet Moore.* Deutsche Emissionshandelsstelle (DEHSt) im Umweltbundesamt, Berlin. https://www.dehst.de/SharedDocs/downloads/DE/publikationen/Factsheet_Moore.pdf;jsessionid=E163F66FCF08FDE28C4474D37A939DFC.2_cid321?__blob=publicationFile&v=9 (letzter Aufruf 16.07.2021).

Ungar, P. S. (2015): Mammalian dental function and wear: A review. Department of Anthropology, University of Arkansas. *Biosurface and Biotribology 1,* 25–41.

Vanselow, R. (2010): Grasendophyten in Lolium und Festuca – Gifte, Symptome und Gegenmaßnahmen. *Pferde Spiegel 13*(03), 129–133. doi:10.1055/s-0030-1250271.

Velthof, G.L., Lesschen, J.P., Schils, R.L.M., Smit, A., Elbersen, B.S., Hazeu, G.W., Mucher, C.A. & Oenema, O. (2014): *Grassland areas, production and use.* Wageningen. http://ec.europa.eu/eurostat/documents/2393397/8259002/Grassland_2014_Final+report.pdf/58aca1dd-de6f-4880-a48e-1331cafae297 (letzter Aufruf: 23.01.2021).

van Vuure, C. (2002): *History, morphology and ecology of the auerochs bos.* https://www.researchgate.net/publication/228762518_HISTORY_MORPHOLOGY_AND_ECOLOGY_OF_THE_AUROCHS_BOS/citation/download (letzter Aufruf: 12.12.2020).

Vera, F. (2002): *Grazing ecology and forest history.* Cab Intl. https://www.researchgate.net/publication/273108489_Grazing_Ecology_and_Forest_History (letzter Aufruf: 01.12.2020).

Wang, W. & Fang, J. (2009): Soil respiration and human effects on global grasslands. *Global and Planetary Change 67*, 20–28.

Wang, X. et al. (2016): Grazing improves C and N cycling in the Northern Great Plains: a meta-analysis. *Sci. Rep. 6*, 33190.

White, R.P., Murray, S. & Rohweder, M. (2000): *Pilot Analysis of Global Ecosystems: Grassland Ecosystems.* World Resources Institute, Washington, DC.

Witzke, H. von & Noleppa, S. (2007): *Methan und Lachgas – Die vergessenen Klimagase.* Herausgeber: WWF Deutschland, Frankfurt am Main, 1. Auflage, S. 8.

Würger, T. (2010): Das Rülpsen der Rinder. *Der Spiegel 42* 18.10.2010.

Young, O.P. (2015): Predation on dung beetles (Coleoptera: Scarabaeidae): A literature review. *Trans. Am. Entomol. Soc. 141*, 111–155.

Zhou, X., Passow, F. H., Rudek, J., Von Fisher, J. C., Hamburg, S. P. & Albertson, J. D. (2019): Estimation of methane emissions from the U.S. ammonia fertilizer industry using a mobile sensing approach. *Elem Sci Anth.* 7(1). 19 DOI: 10.1525/elementa.358.

Praxisbeispiel Organic Garden: die Bioökonomie-Idee für Lebensmittel, Bodenkultur und Energie

Martin Wild, Martin Seitle und Holger Stromberg

Wir haben nur eine Welt. Sie für zukünftige Generationen zu erhalten, geht uns alle an. Hierbei nicht nur mitzureden, sondern aktiv mitwirken zu können, begeistert uns.

Weil Nachhaltigkeit in aller Munde ist, steigt die Gefahr, dass sie immer mehr zu einer bloßen Worthülse verkommt, die stetig an Aussagekraft verliert. Fakt ist aber: Was wir Menschen und was unsere Umwelt heute am dringendsten brauchen, sind Konzepte und Beiträge, die das Handlungsprinzip der Nachhaltigkeit wieder mit Sinn und Realität füllen:

- in einer ressourcenschonenden Produktion,
- in umweltverträglichem Konsum,
- in einer effizienten Energienutzung
- und in konsistenten Stoffkreisläufen.

Der Organic Garden bündelt diese Ziele in einem ganzheitlichen Ansatz, der Kooperationspartner, Kommunen und Konsumierende zu den Gestaltenden einer neuen Zukunft macht. Einer Zukunft, in der wir gut und gesund leben, die Möglichkeiten moderner Technologien nutzen, wirtschaftlichen Erfolg genießen und dabei unsere Natur achten.

Bevor sich dieser Beitrag konkret mit der Kreislaufwirtschaft eines Organic Garden auseinandersetzt, sollte vorher ein grundlegendes Verständnis für das Unternehmen Organic Garden geschaffen werden. Die Organic Garden AG wurde im November 2019 gegründet. Das Unternehmen kombiniert die Bereiche Agrarökologie, Bioökonomie und Ernährung. Es steht für gesunde Ernährung und Lebensmittel, die umweltverträglich angebaut werden. Dabei wird die gesamte Wertschöpfungskette von Lebensmitteln im Blick behalten – von der Erzeugung bis zum fertigen Produkt. In dem innovativen Kreislaufkonzept eines Organic Gardens entstehen Lebensmittel, die regional, nachhaltig und mit maximaler Transparenz für den Konsumierenden produziert werden. Dies kann funktionieren, weil die Bereiche Boden, Energie und Anbau effizient und optimal aufeinander abgestimmt sind. Rest- und Abfallstoffe werden in einem Kreislaufsystem aufgewertet und als wertvolle Ressourcen wieder eingesetzt. Unterstützt wird das System von smarten Technologien und höchstmöglicher Digitalisierung. So entstehen Produkte in gleichbleibend hoher Qualität, die sowohl gesund für den Menschen als auch den Planeten sind. Die Ur-Produktion von Lebensmitteln ist dabei nur der erste Schritt auf dem Weg zu einer gesunden und umweltfreundlichen Ernährung. Mit dem ganzheitlich gedachten Ansatz strebt Organic Garden zudem eine Veränderung in den Ernährungs- und Einkaufsgewohnheiten der Konsumenten an (Organic Garden AG, 2021).

1 Der Organic Garden als Konzeptbeispiel für eine sinnvolle und effiziente Kreislaufwirtschaft in den Bereichen Lebensmittel, Bodenkultur und Energie

Die Weltbevölkerung wächst täglich um rund 230 000 Menschen (Statista, 2020). Zu den größten Herausforderungen unserer Zukunft gehört es, diese Menschen ausreichend, gesund und nachhaltig zu versorgen: mit Nahrung und mit Energie. Immer mehr dieser Menschen haben dabei heute den Wunsch, möglichst umweltverträglich zu agieren. Der Organic Garden markiert genau das Umdenken und Handeln, das aus ökologischer Sicht jetzt dringend notwendig ist – und geht dabei weit über den Zeitgeist hinaus. Das Ziel ist ein Weg, der herausführt aus den klimapolitischen Krisenszenarien der langen Transportwege, der fossilen Brennstoffe, der Massentierhaltung und Monokulturen. Im Fokus steht dabei auch die Regionalisierung internationaler Wertschöpfungsketten.

Der Organic Garden ist aber keine reine Zukunftsvision. Unter dem Leitsatz „Gesund für Dich und die Umwelt" wird unternehmerische

Ambition und ökologische Verantwortung in den Bereichen Lebensmittel, Bodenkultur und Energie in einem einzigartigen Stoffstrom-Verbundsystem verbunden.

Das Versprechen, gute und gesunde Lebensmittel mit Blick auf die Konsumierenden und die Natur zu produzieren, mündet in ein System, das sich am großen Ganzen orientiert – von der Erzeugung bis auf den Tisch. Das Organic Garden Nachhaltigkeitsmodell beschreibt einen umwelt- und ressourcenschonenden Kreislauf für eine regionale Urproduktion mit höchstmöglicher Digitalisierung und Transparenz, insbesondere im Hinblick auf die Klimawirkung unseres Tuns. Das heißt: Ökologisch erzeugte, hochwertige Lebensmittel sowie deren Weiterverarbeitung und Vertrieb sind das zentrale Thema des Organic Garden. Dazu gehören eine umwelt- wie sozialverträgliche Produktion und eine leistungsfähige regionale Wirtschaft mit langfristigen, sinnstiftenden Arbeitsplätzen. Über die Aktivitäten in einer Organic Garden-Farm hinaus entstehen attraktive Möglichkeiten der Zusammenarbeit: für Gewerbe und Landwirtschaft in der Region. Um den Organic Garden-Warenkorb zu komplettieren, wird immer auch nach klassischen Ackerfrüchten, wie Kartoffeln, Zwiebeln oder Karotten in Bioqualität gesucht. Sie können zum einen direkt in die Organic Garden-Nahrungsmittel- und Speisenproduktion einfließen, zum anderen aber auch vom Erzeugerbetrieb selbst direkt in der Markthalle angeboten werden.

Landwirtinnen und -wirte werden im Organic Garden ausdrücklich dazu eingeladen, Teil des Kreislaufsystems zu werden: mit ihren Erzeugnissen als Lizenznehmende und Direktanbietende am eigenen Stand, aber auch, indem sie von Kompost und/oder Futterkohlen aus dem Organic Garden profitieren. Gemeinsam wird ein entscheidender Beitrag für eine klimaschonendere Landwirtschaft geleistet. Die Chancenbotschaft an ideologieverwandte Partnerinnen und Partner lautet: Bringen wir den Kohlenstoff in den Boden!

Hier eröffnet Pflanzenkohle aus dem Organic Garden eine Vielzahl von Anwendungen, die – wissenschaftlich belegt – neben ihrem direkten Nutzen als Kohlenstoffsenke in der Landwirtschaft ökonomisch und ökologisch nutzbringend sind (Woolf et al., 2010). Pflanzenkohle sind der Schlüssel zur Klimarettung. Im Einsatz als Futterkohle in der

Tierhaltung beispielsweise kann sie am Ende der Nutzungskaskade zu einem wertvollen organischen Dünger werden, der den Nährstoffkreislauf schließt. Auf dem Weg dorthin dient sie erwiesenermaßen der Tiergesundheit ebenso wie der Produktivität.

2 Unser Kompass für eine lebenswerte Zukunft: ein klares Bekenntnis zur Nachhaltigkeit

Der Organic Garden gibt ökologisch sinnvolle und ökonomisch Erfolg versprechende Antworten auf drängende Fragen unserer Zeit:
- Wie können wir die Prozesse entlang der gesamten Wertschöpfungskette in der Lebensmittelproduktion so gestalten, dass sie umweltgerecht sind und gleichzeitig ethischen wie sozialen Standards entsprechen?
- Wie können wir so wirtschaften, dass Ressourcen optimal eingesetzt und vermeintliche Abfallprodukte verringert bzw. als Koppelprodukte weitergenutzt werden?
- Wie können wir durch unsere Arbeit einen Beitrag für eine gerechte Zukunft für die nachfolgenden Generationen leisten?

Jeder hat etwas, was der Nachbar braucht. Und jeder braucht etwas, was die Nachbarin hat!

Der Grundgedanke des Organic Garden ist einfach: Das Zusammenbringen traditioneller und entsprechend „geerdete" Unternehmensaktivitäten, die seit Jahrhunderten in der Bioökonomie beheimatet sind – zum Beispiel Gemüse- oder Kräuteranbau, Kompostherstellung, Köhlerei und Holzenergienutzung. Überall fallen, neben den Hauptprodukten, Rest- und Abfallprodukte an, die in einem einzigartigen Stoffstrom-Fluss an einem gemeinsamen Standort nutzbar gemacht werden. Damit werden sie zum ersten Mal auf mehreren Relevanzebenen erfasst. Denn der Organic Garden erschöpft sich nicht in den verkürzten Stoffstromwegen an einem Standort. Er denkt die technologischen Vorteile der Vernetzung und digitalen Optimierung ebenso mit wie die Aspekte guter Versorgung von der Farm bis auf den Teller und der Gesundheit von Mensch und Natur.

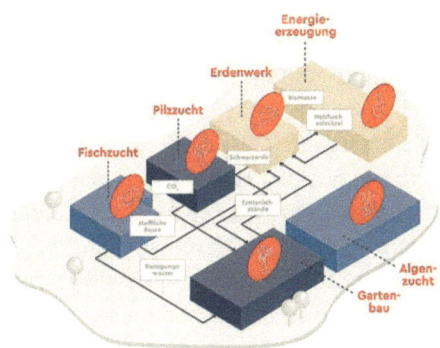

*Abbildung 1: Innovatives Kreislaufkonzept
(Darstellung Organic Garden AG)*

3 Das Kreislaufwirtschaftssystem des Organic Garden verfolgt fünf große Ziele

3.1 Regionaler Umwelt- und Klimaschutz

Im Organic Garden werden verschiedene und dennoch zusammenpassende unternehmerische Aktivitäten an einem Ort gebündelt. Die räumliche Nähe bedeutet kurze Wege, die Qualität und Frische der im Verbund erzeugten Produkte sicherstellen, und damit auch ein niedriges überregionales Verkehrsaufkommen. Die entsprechende CO_2-Entlastung hat einen so ökologischen wie ökonomischen Wert und erhöht die Attraktivität des Standorts. In diesem Partnernetzwerk greifen drei Kreislaufbereiche ineinander: Lebensmittel, Bodenkultur und Energie.

Es sind vor allem der Gemüse- und Kräuteranbau, die Pilz- sowie die Fischzucht, die den Bereich *Lebensmittel* abdecken. Dabei wird auch in den Bereichen Weiterverarbeitung und Vermarktung auf einen durchgängigen, intelligenten Ansatz, der hochinnovativ, praxistauglich und umweltgerecht ist gesetzt. Das Ergebnis: besserer Anbau von hochwertigeren Produkten mit guter Energiebilanz und damit eine gesicherte gesunde Ernährung – aus der Region.

Im Bereich *Bodenkultur* werden alle Aktivitäten rund um Bodennutzung (Anbau) und Bodenverbesserung (Nährstoffausgleich nach der Ernte und/oder wo erforderlich Humusaufbau) zusammengefasst. Die klassische Kompostherstellung bildet dabei die Grundlage. Als Einsatzstoff werden vor allem die im Organic Garden anfallenden Reststoffe, wie zum Beispiel Pflanzenreste aus den Glashäusern, natürliche, nährstoffreiche Rückstände aus der Fischzucht, abgesiebtes Feingut (insbesondere Blätter und Nadeln) aus der Holzverbrennung sowie Grünschnitt, eingesetzt. Hochwertige Zuschlagstoffe, wie selbsterzeugte Pflanzenkohlen, zertifizierte Holzaschen aus der Energieerzeugung oder effektive Mikroorganismen, eröffnen die Möglichkeit, nach unterschiedlichen Rezepturen wertvolle Kultur-Schwarzerden zu produzieren und einzusetzen. Diese Kultur-Schwarzerde führt dem Boden wichtige Nährstoffe zu und verbessert sein Wasserhaltevermögen. Von besonderer klimapolitischer Relevanz ist, dass sie für eine langfristige Speicherung von Kohlenstoff im Boden sorgt. Expertinnen und Experten sprechen hierbei von „carbon offsetting" – neben der aktiven Waldbewirtschaftung und -nutzung ein weiterer Garant zur Bewältigung der Klimakrise.

Bodenverbesserer: Kultur-Schwarzerde
Aus organischen Grundstoffen (aus dem *HolzEnergieWerk (Prolignis, 2021)*, den Glashäusern oder der Fischzucht) entsteht im Erdenwerk Qualitätskompost, der als Basis für verschiedene Rezepturen von Kultur-Schwarzerden dient. Ihre einzigartige Mischung (mit Pflanzenkohle, zertifizierter Holzasche, Bodenmikroorganismen) kommt als wertvoller schadstofffreier Bodenverbesserer und Nährstoffträger in Landwirtschaft und Gartenbau zum Einsatz.

Die *Energie* für den Organic Garden liefert großteils ein *HolzEnergieWerk*. Zur Energieerzeugung werden hier Waldhackschnitzel und Materialien aus der Landschaftspflege in der Region eingesetzt. Von grünem Strom, regenerativer Nah- und Fernwärme sowie, wo erforderlich, von Prozessdampf bzw. Prozess- und Klimatisierungskälte profitieren aber nicht nur die Module im Organic Garden. Mit Blick auf Ökologie und Wirtschaftlichkeit eröffnen sinnvolle Nutzungskonzepte und -erweiterungen auch den gastgebenden Kommunen oder benachbarten Gewerbebetrieben die Chance, ihren fossilen Energieeinsatz zu reduzieren, denn für jeden Organic Garden wird ein maßgeschneidertes Energieerzeugungs- und Nutzungskonzept erstellt. Die Einbindung von Prozessabwärme, zum Beispiel aus der Karbonisierung, wird ebenso berücksichtigt wie eine mögliche solarbasierte Erzeugung. Passend ausgelegte Speicherkonzepte harmonisieren die unterschiedlichen Lastgänge von Erzeugung und Verbrauch.

Das *HolzEnergieWerk* und die dazugehörigen individuellen Energiekonzepte stammen vom Organic Garden-Partner Prolignis, der das zugrunde liegende Konzept als Projekt- und Unternehmensentwickler begleitet und vor allem seine besondere Kompetenz in Standortfragen einbringt. Einer der Gründer der Prolignis ist Ernst Haile, eine wichtige energiepolitische Stimme innerhalb der Allianz für Klimaschutz. Er und Prof. Dr. Franz-Theo Gottwald gehören der Allianz und dem Senat der Wirtschaft an. Als richtungsweisendes Netzwerk zielt dieses Gremium auf das Gemeinwohl der Gesellschaft ab.

Vor genau diesem Hintergrund schließt sich der Kreis zur Leitidee des Organic Garden, denn auch sie basiert auf einer starken Allianz, in der jeder von jedem profitiert: einem Kreislauf zum Wohle von Mensch und Natur.

3.2 Ernährungssicherheit und Gesundheit

Die regionalen Lebensmittel und Speisen aus dem Organic Garden haben durch den umweltgerechten Kreislauf ihrer Produktionsketten nicht nur ein nachhaltiges gesundes Image: Sie haben eine grüne Seele, weil Abfall- und Restprodukte effektiv genutzt werden, bedarfsgerecht produziert und, mit einer zielsicheren Lieferlogistik gearbeitet wird und die Produkte des Organic Garden mit Rücksicht auf die Natur angebaut und verarbeitet werden. Unter dem Aspekt der Wirtschaftlichkeit ist der Organic Garden außerdem auf große Flächen und für eine breite Versorgung ausgelegt – frische und schmackhafte Lebensmittel ohne Gentechnik für die gute und bewusste Ernährung einer ganzen Region.

Ob es Bio-Siegel sind, QM- oder im Fall der Fischzucht MSC- und WWF-Zertifikate: Es wird für alle Erzeugnisse und Prozesse der gesamten Lebensmittelproduktion angestrebt, den besten Standards zu entsprechen. Die Haltung von Organic Garden zu Ressourcenschonung, Klimawirkung und Transparenz geht weit über das reine „Labeling" hinaus. In der Organic Garden-Welt bedeuten glaubwürdige „gesunde" Lebensmittel: Die Kundin/der Kunde weiß genau, was sie/er woher bekommt – nachhaltige Produkte, die mit größter Sorgfalt angebaut, geerntet und weiterverarbeitet werden. Genau das kann sie/er vor Ort erleben.

Essen ändert alles. Darum brenne ich dafür, Menschen umzubegeistern und einen bedeutenden Anteil der Ernährung der Zukunft gemeinsam mit Organic Garden so zu gestalten, dass die wachsende Nachfrage nach Lebensmitteln ohne Reue und mit grüner Seele gedeckt werden kann(Stromberg, 2019).

Fischzucht

Fisch gehört unbedingt zu einer ausgewogenen Ernährung, was ihn durch das wachsende Gesundheitsbewusstsein der Konsumierenden heute immer beliebter macht. Er ist auch mit Blick auf die globale Ernährungssicherheit von enormer Bedeutung. Erstens wirkt sich aber die zunehmende Verschmutzung von Gewässern negativ auf den Fisch als Nahrungsmittel aus und damit auch auf die Menschen, die ihn essen. Und zweitens gilt ein Großteil der Weltmeere schon jetzt als überfischt. Hinzukommt, dass die Lieferwege für Fisch sehr lang sein können. Oft wird er für den Transport gefroren und landet entsprechend als Tiefkühlprodukt auf unseren Tellern. Denn: Nur ein Bruchteil des in Deutschland verzehrten Fischs wird auch hier gefangen. Wirklich frischer Fisch ist geschmacklich unvergleichlich. Fische, die bedingt durch lange Transportwege schon mehrere Tage oder gar Wochen auf Eis liegen, schmecken völlig anders.

Kreislaufbasierte Indoor-Aquakulturen wie im Organic Garden liefern nicht nur hochwertigen, sondern vor allem frischen Fisch aus der Region – also auf kurzen Wegen. Die kontrollierten Prozesse eines geschlossenen Kreislaufsystems stehen für eine so ökologische wie artgerechte Fischzucht, die ohne den Einsatz von Chemikalien und Medikamenten auskommt, denn das ganzheitliche Konzept berücksichtigt alle Funktionselemente: ob Wasser und Strom, Sauerstoff, Futter oder

Abfälle. Möglich wird das System durch ausgereifte Anlagentechnologie und professionelles Fischfarm-Management – von der Wasseraufbereitung durch Filter über die Sauerstoffanreicherung bis hin zur Mess- und Steuertechnik, die über hunderte von Sensoren alle Prozesse in Echtzeit überwacht. Für die Konsumierenden heißt das: neben kurzen Wegen und einer guten Klimabilanz gleichbleibend hohe Produktqualität durch kontrollierte Aufzuchtbedingungen (ideale Wassertemperaturen, optimiertes Futterregime und tierwohlgerechte Fischdichte).

Die Indoor-Kreislaufanlagen sind weder selbst Umwelteinflüssen ausgesetzt noch belasten sie das umliegende Ökosystem. Im Wasserkreislauf wird täglich nur die Wassermenge ersetzt, die durch Verdunstung und Beckenreinigung benötigt wird.

Das Reinigungswasser wird in Trommelsieben in zwei Fraktionen getrennt. Der stoffliche Anteil geht zur Kompostproduktion, mit dem nährstoffreichen flüssigen Anteil, dem sogenannten Fischwasserdünger, wird das Gießwasser für den Gemüseanbau angereichert. Die zur Haltung und Steuerung der Wassertemperatur benötigte Energie kommt aus dem *HolzEnergieWerk*.

Der Organic Garden kann ganzjährig Frischfisch, wie zum Beispiel Zander und Lachs, in herausragender, verkaufsfertiger Qualität liefern. Damit entlastet er nicht nur die Wildbestände: Er setzt der Überfischung ein ausgereiftes und nachhaltiges Produktionssystem entgegen, das den höchsten technischen und biologischen Standards entspricht – und ausbaufähig ist. Denn es ist der Einsatz von Kreislaufanlagen, der die Aufzucht anderer Fischarten – auch tropischer, wie Garnelen, Barramundi oder Yellowtail Kingfish – ermöglicht. Sie sind damit eine greifbare Zukunftsoption im Organic Garden.

Das Kreislaufkonzept wird ständig nachhaltig weitergedacht, weshalb sich mit Blick auf die Aquakulturen auch auf das Thema Insektenzucht konzentriert werden kann. Dank ihres hohen Proteinanteils werden Insektenlarven als eine der zukünftigen Alternativen für die bisherigen Eiweißanteile insbesondere im Fischfutter, aber auch darüber hinaus, gesehen. Die EU hat mit ihrer diesbezüglichen Verordnung (2017/893) die erforderlichen rechtlichen Grundlagen für die Verwendung von Insekten beziehungsweise insektenbasierten Mischfuttermitteln zum Einsatz in Aquakulturen geschaffen (Juncker, 2017). In konventionellen, international gehandelten Fischfuttermitteln liegt der tierische Proteinanteil (also Verarbeitungsreste, Beifang der Fischindustrie und gezielte Fischerei für Futtermittelzwecke) bei rund 25% oder mehr und könnte zukünftig großteils oder komplett durch eine alternative Eiweißquelle, wie zum Beispiel Insektenprotein, ersetzt werden. Für den pflanzlichen Anteil soll – statt des hohen bisherigen Sojaeinsatzes – auf einheimische Pflanzen umgestiegen werden, die dann zum Beispiel auch von regionalen Landwirtinnen und -wirten angebaut werden könnten. So hat sich der Anteil von Ölsaatenmehlen als Fischfutterbestandteil über die letzten Jahre stetig erhöht. Darüber hinaus wäre es denkbar, Restströme aus der Agrarwirtschaft als Nährstoffsubstrate für die Larven zu nutzen.

Im Organic Garden wird eine automatisierte Insektenanlage zur Mast von Larven der Schwarzen Soldatenfliege (*Hermetia illucens*) aber nicht nur als Nahrungslieferant für die Fischzucht dienen, sondern dabei auch einen nährstoffreichen, chitinhaltigen Kompostrohstoff für das Erdenwerk liefern.

Langfristig sollen alle Produkte aus der Insektenzucht darüber hinaus nach einem anerkannten Standard zertifiziert sein.

Die Insektenzucht und die damit einhergehende Reduzierung beziehungsweise der angestrebte vollständige Verzicht auf Fischmehl und -öl bedeuten im Organic Garden auch hier die Schonung von Ressourcen, kurze Wege, Importunabhängigkeit und den Schutz der Weltmeere durch die Regionalisierung von internationalen Wertschöpfungsketten.

Den Zielen und Ansprüchen gerecht zu werden, wird, wie in den anderen Organic Garden-Modulen, auch hier besonders eng mit Forschenden in Entwicklung und Wissenschaft Tätigen zusammenarbeiten. Der Strukturierung heterogener Anforderungen, wie zum Beispiel unterschiedliche Rezepturen für unterschiedliche Fisch- und Krustentierarten in unterschiedlichen Lebensphasen, und ihrer interdisziplinären Lösungen gilt dabei ein besonderes Augenmerk.

Gartenbau (Gemüse und Kräuter)

Auch in den Hightech-Gewächshäusern des Organic Garden werden ganzjährig hohe Ernteerträge erzielt. Hier, wie in der Indoor-Fischzucht, kommen modernste Technologien zum Einsatz, die kompetente und im Gartenbau erfahrene Fachkräfte überwachen und steuern. Ob Tomaten, Paprika, Zucchini und Salat oder verschiedene Kräuter für die gesunde Küche – sie wachsen unter optimalen Bedingungen und mithilfe vernetzter automatisierter Lösungen im Licht-, Energie- und Bewässerungsmanagement. Technische Lösungen stützen den vernetzten Stoffkreislauf: Das Gießwasser stammt aus Regenrückhaltebecken und wird durch den Fischwasserdünger der Fischzucht ergänzt. Ernterückstände werden im Erdenwerk zu Dünger verarbeitet. Strom und Wärme für Licht- und Klimamanagement stammen aus dem benachbarten *HolzEnergieWerk*.

Die Produktionsmethoden im Organic Garden sind nicht nur ressourcenschonend, sondern auch hochproduktiv. Dazu gehört beispielsweise das besonders platz- und wassersparende Vertical Farming, das die Erzeugung von gesunden und frischen Lebensmitteln auch in Ballungszentren möglich macht. Rund um das Thema Urproduktion geht es aber immer um Achtsamkeit: sorgfältige Aufzucht und perfekte Bedingungen im Einklang mit der Natur, für eine ausgezeichnete Qualität der Gartenbauprodukte.

Pilzzucht

Als gesunde Fleischalternative enthalten Speisepilze zum Beispiel das Vitamin B12, das ansonsten nur in Nahrung tierischen Ursprungs vorkommt. Sie gelten aber grundsätzlich als wertvolle Vitamin- und Mineralstofflieferanten: ob Vitamin B1, B2 oder Vitamin D, ob Kalium, Zink, Selen oder Folsäure. Mit ihrem relativ hohen Eiweißgehalt überzeugen sie außerdem als schmackhafte Begleiter gesunder Ernährung.

Während ihres Wachstums nehmen Pilze Sauerstoff auf und geben natürliches CO_2 ab, das in einem Organic Garden in den Glashäusern genutzt wird. Damit sind Pilze der ideale Verbundpartner im Organic Garden. Hier werden sie mit Sorgfalt und unter idealen Wachstumsbedingungen gezüchtet. Klimatisierung, Bewässerung und Düngung erfolgen auch hier intelligent vernetzt.

Algenzucht

Aus gutem Grund gelten Algen inzwischen als Superfood und Klimaretter. Schließlich filtern sie CO_2 aus dem Meereswasser und verschließen es als Biomasse. Sie haben einen extrem hohen Nährstoffgehalt und insbesondere die aus Algen extrahierten Omega-3-Säuren werden immer stärker nachgefragt. Das heißt: Algen haben eine ganze Reihe von Talenten und sind vielseitig einsetzbar.

Im Organic Garden fügt sich der Algenproduktionsprozess wie die Pilzzucht nahtlos ins Nachbarschaftsprinzip ein. Algenzucht ist damit eine weitere Organic-Garden-Option.

3.3 Energieeffizienz und Ressourcenschonung

Die Energie im Organic Garden stammt zu 100% aus der Natur: Der nachwachsende Brennstoff Holz liefert im *HolzEnergieWerk* grünen Strom sowie CO_2-neutrale Nah- und Fernwärme.

Dass Holz ein klimafreundlicher, nachwachsender Rohstoff ist, steht außer Frage. In der kontroversen Diskussion um Bioenergie überzeugt er als der mit Abstand wichtigste Brennstoff. Aber nur dann, wenn das Holz aus nachhaltiger Forstwirtschaft stammt. Das heißt: Dem Wald wird nur so viel Holz entnommen, wie auch nachwächst. Vor diesem Hintergrund kommen die Holzhackschnitzel für das *HolzEnergieWerk* ausschließlich aus nachhaltigen und regionalen Quellen. Nachhaltigkeit und Regionalität bedeuten in diesem Fall: kurze Wege und, anders als bei Öl oder Gas, eine in der Region verbleibende Wertschöpfung. Die bei der Verbrennung anfallende sogenannte Rost- und Kesselasche wird regelmäßig qualitätsüberwacht und eröffnet über ein RAL-Gütezeichen die Möglichkeit, den Nährstoffkreislauf, zum Beispiel als Zuschlagsstoff in den Kompost- und Kultur-Schwarzerdenprodukten, wieder zu schließen. Eine sichere und regenerative Energieversorgung im Organic Garden bedeutet, dass Verantwortung übernommen wird – für die Umwelt und für zukünftige Generationen.

Optimiertes Ressourcenmanagement manifestiert sich im Organic Garden aber nicht nur im Energiekonzept. Auch das Wasser-Abwasser-Konzept ist als Nutzungskaskade eine der wichtigen Stellschrauben. So wird beginnend vom Gesamtwasserbedarf eines Organic Garden – unabhängig, ob durch Regen- oder Frischwasser gedeckt – für jede Bedarfsstelle die beste Versorgung in Menge und Inhaltsstoff bereitgestellt. In der Umsetzung des Smart-Farming-Ansatzes wird Niederschlagswasser auf den Glashausdächern gesammelt, das zusammen mit dem nährstoffreichen Fischwasserdünger in der anbaukulturabhängigen, bestmöglichen Dosierung der Pflanzenbewässerung zum Einsatz kommt. Mit überschüssigem Wasser werden bei Bedarf die Kompostrotte aufgefeuchtet. Am Ende aller Nutzungsstufen und Verzweigungen bedient eine biologische Wasserklärung das Grauwassernutzungssystem des Organic Garden. Nur der verbleibende Rest wird entsprechend vorgeklärt in das örtliche Abwassersystem abgegeben. Das heißt: Ein intelligentes, vernetztes System optimiert Bedarf und Quellen ebenso wie Reinigung und Verteilung.

3.4 Nachhaltiger Konsum und hochwertige Bildung

Viele konventionell produzierte Lebensmittel entstehen in rohstoff-, personal- und energieintensiven Prozessen. Sie werden oft über sehr weite Strecken transportiert und dabei meistens aufwändig gekühlt. Damit ist der Lebensmittelsektor im Gesamtbild zu einem ganz erheblichen Teil für den Klimawandel verantwortlich. Auf die Konsumentin oder den Konsumenten heruntergebrochen bedeutet das, dass auch die eigenen täglichen Einkaufs- und Essensentscheidungen tatsächlich Einfluss auf unsere Umwelt haben. Bewusst zu leben, zu essen und zu konsumieren ist deshalb ein absolut zeitgemäßer Anspruch. Neben Klimaschutzaspekten geht es rund um Konsum und Ernährung aber auch um Geschmack, Genuss und Wertschätzung.

Der sorgsame und umweltgerechte Umgang mit den Ursprungsprodukten und der Weiterverarbeitung macht den Organic Garden zu einem überzeugenden Angebot für bewusste Ernährung, die gesund ist und schmeckt. Zum einen weil die Energiebilanz stimmt zum anderen weil l Regionalität und Nachhaltigkeit greifen., aber auch weil die

Philosophie des Organic Garden weiter reicht als bis zum sprichwörtlichen Tellerrand. Das Ziel ist es, kluge Entscheidungen der Konsumierenden zu fördern: Echtes Bewusstsein soll geschaffen und geschärft werden, indem gesunde Lebensmittel angebaut und über unterschiedlichste Kanäle vertrieben werden. Direkt am Organic Garden-Standort wird das über eine Markthalle geschehen, die auch für andere regionale und zur Organic Garden-Philosophie passende Anbieter geöffnet wird: Indem innovative, gesunde Trendprodukte entwickelt werden, die in der eigenen Gastronomie vor Ort, online oder selbstverständlich auch den Großverpflegungskunden angeboten werden und indem Schulen und Unternehmen mit gutem und gesundem Essen beliefert werden.

Wer mit dem Organic Garden zusammenarbeitet und alle, die Produktionsstätten oder Markthallen besuchen, sollen das Wissen und das Bewusstsein darüber mitnehmen, was richtige gesunde Ernährung ist und was sie für die eigene Lebensqualität bedeutet. Ob frisches Gemüse, schonende Zubereitung oder achtsames Essen – in der Organic Garden-Erlebniswelt wird die Vielfalt und Komplexität zeitgemäßer nachhaltiger Nahrungsketten greifbar gemacht – mit dem Ziel, die Menschen für gesunde, regionale Ernährung „umzubegeistern".

Gleichzeitig ist die gesamte Verarbeitung und Logistik transparent. Das heißt: Ob Anbau, Ernte oder Gastronomie, ob Energiestrom und -bilanz oder Bodennutzung und -qualität – der Organic Garden ist eine einzigartige Erlebniswelt. Sie zu entdecken und zu erfahren, ihre Zusammenhänge zu begreifen, bedeuten besondere Einblicke. Sie können den eigenen Blick verändern und das eigene Tun verbessern helfen. Denn „cradle to cradle" oder „waste to energy" sind im Organic Garden nicht nur Leitsätze, sondern gelebtes System. Als Ort bewusster Wertschöpfung, als nachhaltige Eventlocation und als Wegbereiter intelligenter klimapolitischer Antworten wird der Organic Garden zur Keimzelle vieler weiterer zukunftsfähiger Perspektiven. Besucherinnen und Besucher, Kundinnen und Kunden, Schulklassen oder interessierte Partnerunternehmen erwarten hier attraktive Alternativen und nachhaltige Erkenntnisse. Wissen und Tun erfahrbar zu machen, gehört zum ganzheitlichen Ansatz des Organic Garden: Edutainment zum Staunen, Mitmachen und Begreifen – für einen bewussten Umgang mit Lebensmitteln und Energie.

3.5 Wirtschaftswachstum und Gemeinwohl

Der Organic Garden-Kreislauf zielt auf nachhaltige regionale Wertschöpfung ab. Dazu gehört auch die Förderung des Wirtschaftswachstums. Effektive umweltbewusste Lebensmittel- und Energieproduktion mithilfe modernster Technologien stärkt den Standort, schafft sinnstiftende Arbeitsplätze und eröffnet neue infrastrukturelle Möglichkeiten. Das Prinzip der kurzen Wege mindert hierbei das allgemeine Verkehrsaufkommen und sichert wirtschaftliche Leistungsfähigkeit. Das Prinzip der Kreislaufwirtschaft bedeutet kostenoptimierte Abläufe, also ökonomische Stabilität für jedes der Partnerunternehmen.

Die wahre Stärke des Organic Garden aber liegt im Allianz-Prinzip: Es geht um Zusammenarbeit und Zusammenhalt, um Dialog und Austausch. Nachhaltiger, zukünftiger Erfolg ist eine Gemeinschaftsleistung. Deshalb sollen Unternehmen und Instanzen zusammengebracht werden. Gemeinsame Interessen und langfristige Kooperationsstrategien werden durch Organic Garden aufgezeigt.

Als Impulsgeber wird mit dem Organic Garden-Konzept die Wirtschaft vorangetrieben. Als Wertegemeinschaft wird sich auf das Wohl der Gesellschaft fokussiert. Deshalb wird auf eine verantwortungsbewusste Ökonomie gesetzt, die Markt- und Verbrauchererwartungen genauso berücksichtigt wie Ernährungssicherheit und umweltbewusste Produktion unter fairen Arbeitsbedingungen. Das heißt: Naturschutzziele werden ebenso verfolgt, wie wirtschaftliche, ethische oder soziale und verbinden tradierte Prozesse aus der Urproduktion mit modernsten technischen Standards. Dies gelingt, indem lang etablierte Produktionsprozesse auf eine höhere Ebene gehoben werden und multilaterale Beziehungen geschaffen werden, die intelligent vernetzt sind.

Die Bedeutung von Digitalisierung und Vernetzung entlang der gesamten Wertschöpfungskette ist bekannt. Deshalb werden alle Organisations- und Überwachungsprozesse digitalisiert, um an dieser Stelle das bestmögliche „Handwerkszeug" für maximale Ressourcenschonung und -effizienz zu nutzen. Über den üblichen Rahmen des unternehmerischen Datenmanagements hinaus werden alle umweltrelevanten Daten der beteiligten Unternehmen im Organic Garden-Netzwerk transparent gemacht. Neben der ökonomischen Bedeutung dieser Daten erlauben sie auch klimarelevante Gesamtsichten, wie zum Beispiel ein sogenanntes „Life-Cycle-Assessment", zu erstellen.

> **Innovationsmotor: Smart Farming**
> Ressourcenschonung und Nachhaltigkeit sind heute auch Treiber der Landwirtschaft. Moderne Informations- und Kommunikationstechnologien, die die Agrarproduktion präziser und effektiver machen, werden unter dem Begriff Smart Farming zusammengefasst. Dazu gehören die Automatisierung von Abläufen ebenso wie moderne Sensorik, vernetzte Geräte oder die intelligente Verwaltung großer Datenmengen.
> Das Licht- und Wassermanagement, die Wärme- und Belüftungslösungen im Organic Garden stehen für ein auch durch Künstliche Intelligenz unterstütztes Hightech-Produktionssystem, das ein Namenszeichen 4.0 verdient hat.

Digitalisierung und transparente Herstellungsprozesse sorgen für Glaubwürdigkeit und schaffen die Basis für ganzheitlichen Austausch: So werden Konsumierende und Produzierende in Kontakt gebracht, denn ihr gegenseitiges Verständnis formuliert auch die gemeinsamen Umwelt- und Wirtschaftsziele – für mehr Akzeptanz und Attraktivität am Standort.

4 Für eine intakte Umwelt und eine gesunde Wirtschaft

Wirtschaftliche Leistungsfähigkeit, Kooperation und Solidarität, Regionalitätsprinzip und Nachhaltigkeit – das sind die Grundpfeiler des Organic Garden.

Deshalb

- wird der Lebensmittelkreislauf neu gedacht, damit Mensch und Natur gesünder werden,
- werden hochwertige Lebensmittel in der Region für die Region produziert und verarbeitet,
- wird entlang der gesamten Wertschöpfungskette auf vernetzte Kreisläufe gesetzt, die Ressourcen schonen und Restprodukte optimal einbeziehen,

- sind Ökologie, Ökonomie und Sozialethik gelebte Grundsätze im Organic Garden: zum Wohl der Umwelt und in der Verantwortung für Geschäftspartner, für Kundinnen und Kunden sowie Konsumierende – und nicht zuletzt für unsere Familien und nachfolgende Generationen.

Das heutige Handeln hat Einfluss auf die Welt von morgen. Deshalb werden mit dem Organic Garden-Konzept nicht nur Orientierungen geben, sondern Maßstäbe sfür nachhaltige Kreislaufwirtschaftssysteme gesetzt.

Alle Bereiche im Organic Garden haben ein hohes Zukunftspotenzial, sodass Ideen gemeinsam mit den Regionalpartnern und Gemeinden vor Ort weit gespannt werden und Nachhaltigkeit wirklich erlebbar gemacht werden kann.

Das Know-how, die Erfahrung und modernste Technologien heben das Konzept schon heute auf eine einzigartige und überzeugende Weise ab von vielen anderen konventionellen Produktionsmethoden. Der Anspruch ist es, auch in die Zukunft zu denken, das Kreislaufkonzept weiterzuentwickeln und den Organic Garden selbst zu einem gesunden und wachsenden Erfolgssystem zu machen.

Das wird vor dem Hintergrund des Verständnisses einer von Nachhaltigkeit getriebenen Bioökonomie getan: Organic Garden glaubt an eine regionale, kreislauforientierte Wirtschaft, die sich an natürlichen Stoffstromzusammenhängen orientiert und den Menschen vor Ort sowohl sinnstiftende Arbeitsplätze bietet als auch ein gesundes ausgewogenes Ernährungsangebot macht.

Dies ist eine Bioökonomie, die Wirtschaftlichkeit und Umweltverträglichkeit vereint. Als Vordenkende von Lebenswissenschaften und Biotechnologien will Organic Garden den Wandel hin zu einer „grünen" Wirtschaft begleiten und fördern – mit Engagement und Kreativität. Ob Gesundheit und Ernährung, ob Energie, Wasser oder Rohstoffe – mit Blick auf Boden-, Klima- und Umweltschutz nutzt der bioökonomischer Ansatz von Organic Garden die Natur nicht aus, sondern schätzt und erhält sie als Lebensgrundlage heutiger und zukünftiger Generationen.

Literaturverzeichnis

Juncker, J. (2017, 20.07.2021). *Verordnung (EU) 2017/893 DER KOMMISSION vom 24. Mai 2017 zur Änderung der Anhänge I und IV der Verordnung (EG) Nr. 999/2001 des Europäischen Parlaments und des Rates sowie der Anhänge X, XIV und XV der Verordnung (EU) Nr. 142/2011 der Kommission in Bezug auf die Bestimmungen über verarbeitetes tierisches Protein.* https://eur-lex.europa.eu/legal-content/DE/TXT/PDF/?uri=CELEX:32017R0893&from=de

Organic Garden AG (2021, 20.07.2021). *From farm to fork.*https://www.organicgarden.de/farm

Prolignis (2021, 20.07.2021). *Wir tragen Verantwortung.* https://www.prolignis.de/de/vision/wir-tragen-verantwortung-1

Statista (2021, 27.07.2021). Umfrage. Zuwachs der Weltbevölkerung https://de.statista.com/statistik/daten/studie/1816/umfrage/zuwachs-der-weltbevoelkerung/

Stromberg, H. (2019). *Essen ändert alles.* 6. Auflage. Südwest. 7ff, 114ff.

Woolf, D., Amonette, J., Street-Perrott, F. et al. (2010). Sustainable biochar to mitigate global climate change. Nat Commun 1, 56. https://doi.org/10.1038/ncomms1053

Teil III Forstwirtschaftliche Lösungen

Carbon-Standards für naturbasierte Klimaschutzprojekte für den freiwilligen Markt – CO2-Kompensation durch Unternehmen

Dirk Walterspacher

Naturbasierte Projekte oder Natural Climate Solutions erfahren eine große Nachfrage im Kampf gegen den Klimawandel. Alleine 2020 haben zahlreiche internationale Unternehmen aus den Bereichen Energie, Automobil, Software, Handel oder auch Versicherungen das Versprechen kommuniziert, in naher Zukunft klimaneutral zu wirtschaften. Angesichts der teilweise langfristigen Umsetzung von Reduktionsmaßnahmen soll dies zeitnah auch dadurch erreicht werden, dass die unternehmensweiten CO_2-Emissionen insbesondere durch Investitionen in Aufforstungsprojekte bzw. naturbasierte Projekte rund um Biomasselösungen ausgeglichen werden. Die CO_2-Aufnahmekapazität dieser natürlichen CO_2-Senken muss dabei mindestens so groß sein, wie es die CO_2-Emissionen der Unternehmen für die Atmosphäre sind. Es handelt sich also um einen Kompensationsmechanismus.

Die Motivation dieser Unternehmen mag hier sehr unterschiedlich sein und reicht von tiefer Überzeugung, über die Reaktion auf Anforderungen von Investoren und Geldgebern, Zivilgesellschaft, Konsumierenden und Mitarbeitenden bis hin zu eher opportunistischen Motiven. Allen gemein ist jedoch die Notwendigkeit, ihr Handeln auf der Basis eines zentralen Performance-Indikators auszurichten – dem CO_2-Äquivalent.

Unternehmen betreiben hierzu, mal mehr oder weniger komplex oder ausgeprägt, Carbon-Management. Dazu gehört das Erfassen und Berechnen des eigenen CO_2-Fußabdrucks in Form eines Corporate Carbon Footprints, eine Reduktionsstrategie der Emissionen sowie die Kompensation der noch nicht reduzierbaren oder vermeidbaren Restemissionen. Damit dieses Vorgehen nicht im Ungefähren bleibt, sind international anerkannte und verwendete Normen und Standards sinnvoll und notwendig.

Entsprechend wird der Carbon Footprint nach Standards wie dem Greenhouse Gas Protocol (o.J.) oder der ISO-Norm 14064 (ISO o.J.) erfasst und berechnet. Bei der Reduktionsstrategie arbeitet man mit Methoden wie Science Based Targets (o.J.) und auch für die Kompensation von CO_2-Emissionen mittels internationaler Klimaschutzprojekte haben sich robuste Standards wie z.B. der „Gold Standard for the Global Goals" (GS4GG) (Gold Standard o.J.) und „Verified Carbon Standard" unter Verra (o.J.a) entwickelt.

1 Notwendigkeit für Carbon-Standards

Robuste und auf breitem Stakeholder-Konsens aufbauende Carbon-Standards sind essentiell und zwingend für die breite Akzeptanz von naturbasierten Klimaschutzprojekten. Dies liegt schon in der Natur dieser Projekte – sie finden typischerweise in fernen, tropischen Ländern statt und beeinflussen komplexe Natursysteme. Sie sind ferner aufwändig in der Erfassung und der Quantifizierung von Key-Performance-Indikatoren wie CO_2 und bedürfen eines permanenten Monitorings, Managements und Schutzes. Hierfür angepasste Methoden und Validierungsmechanismen zur Verfügung zu stellen, ist die Aufgabe der Carbon-Standards. Sie stellen sicher, dass „da wo eine Tonne CO_2 draufsteht, auch eine Tonne CO_2 drin ist".

2 Was prüfen, überwachen und leiten Carbon-Standards bei naturbasierten Klimaschutzprojekten?

In erster Linie haben die Carbon-Standards die primäre Aufgabe sicherzustellen, dass eine bestimmte Menge CO_2 validiert und verifiziert durch das Projekt der Atmosphäre entnommen (z.B. durch Aufforstung) oder nicht in die Atmosphäre entlassen (z.B. durch Moorschutz oder Regenwaldschutz) wird. Daneben fordern und überwachen die

Standards aber auch einen positiven Beitrag zu weiteren Sustainable Development Goals (SDG), wie faire, gesunde Arbeitsbedingungen, Verbesserung der ökonomischen Situation im Projektgebiet, Einhaltung von Menschenrechten, Erhalt und Förderung der Biodiversität usw. Eine Zertifizierung gemäß GS4GG erfordert beispielsweise mess- und nachweisbare Beiträge zu mindestens drei SDGs.

Um überhaupt als Klimaschutzprojekt anerkannt zu werden, fordern die Standards von jedem Vorhaben eine umfangreiche Dokumentation (PDD: Project Design Document oder auch nur PD) zur Historie und zum aktuellem Zustand der Projektfläche, der Zusätzlichkeit (Additionalität) des Projekts, Vermeidung negativer bzw. Implementierung positiver Einflussnahme des Projekts auf Menschen, Stakeholder, Biodiversität, Umwelt, die angewendete CO_2-Berechnungsmethodik usw.

Erst nach einem öffentlichen Review, einer Überprüfung durch die Standardorganisation sowie dem Audit einer unabhängigen Prüfungsorganisation kann das Projekt validiert und zugelassen werden. Nach Projektstart muss alle paar Jahre ein Performance-Audit, eine Verifizierung, stattfinden. Erst diese „generiert" überprüfte „CO_2-Zertifikate" oder genauer Verified Carbon Units (VCU) bzw. Verified Emission Reductions (VER).

Darüber hinaus haben die Standards z.B. für Aufforstungsprojekte einen Sicherungspool installiert. Jedes Projekt muss, je nach Standard und Projekttyp, mindestens 10% seiner realen positiven CO_2-Leistung in diesen zentralen Rückversicherungspool hinterlegen, sollte ein Projekt einmal zu Schaden kommen.

Eine weitere zentrale Aufgabe der Standards bzw. assoziierter Organisationen ist die Sicherstellung, dass ein solches Zertifikat über die Egalisierung einer Tonne CO_2 nur einmal verwendet bzw. nur einer Partei zugerechnet wird (z.B. einem Unternehmen, um seine Emission auszugleichen) und damit sofort gelöscht bzw. stillgelegt wird – transparent und öffentlich einsehbar.

Man mag fragen, ob das nicht ein enormer und kostspieliger Aufwand ist und man stattdessen nicht einfach ein paar Bäume pflanzen oder ein Stück Land renaturieren kann. Die Antwort ist sicherlich: Ja – aber es kommt eben auf die Zielsetzung und den individuellen Anspruch an. Es kommt darauf an, ob ein Unternehmen, eine Organisation oder eine Person für sich eine verifizierbare positive Klimawirksamkeit durch finanzielle Zuwendung in ein Naturprojekt in einem quantifizierbaren, nachvollziehbaren, nach anerkannten Regeln und regelmäßiger, unabhängiger Überprüfung stattfindenden, methodisch transparenten Rahmen erreichen möchte oder eher „symbolisch" Bäume pflanzen lässt. Beides hat seine Daseinsberechtigung – das erstere aber ist ein streng geprüftes Klimaschutzprojekt, das andere ist „Bäumepflanzen", wobei natürlich auch ein Baumpflanzprojekt Transparenz, Permanenz und Mittelverwendungsnachweisen genügen sollte. Zertifizierte Projekte sind darüber hinaus auch für einige regulierte Klimaschutzprogramme zugelassen und somit oft besser skalierbar – notwendig für die massiven Anstrengungen des globalen Kampfes gegen Klimafolgen.

3 Welche Carbon-Standards für naturbasierte Projekte im freiwilligen Markt gibt es?

Zu den bekanntesten und in Deutschland am meisten akzeptierten Carbon-Standards für den freiwilligen Klimaschutzmarkt gehören zweifelsohne der GS4GG und die Organisation Verra mit ihren Standards VCS und CCBS (Climate, Community & Biodiversity Standard). Gold Standard und Verra decken beide zahlreiche naturbasierte Projekttypen ab, wie z.B. Aufforstungsprojekte. Nur unter Verra aber kann verhinderte Entwaldung, z.B. in großen Regenwaldschutzgebieten als sog. REDD oder REDD+-Projekte (**R**educing **E**missions from **D**eforestation and **D**egradation) (REDD+ o.J.), einen quantifizierten und überprüften Klimaschutzbeitrag in Form von CO_2-Zertifikaten liefern (Verra o.J.b).

Die entsprechenden Methodiken werden beständig angepasst, erweitert und optimiert. Auch neue Methodiken zu spannenden Zukunftsbereichen kamen in den letzten Jahren hinzu oder sind derzeit in der Entwicklung, so z.B. im Bereich „Soil Carbon" (Moore, landwirtschaftliche Böden usw.), „Blue Carbon" (Mangroven, Seegras usw.) oder „Biochar" (Pflanzenkohlenstoffe) zur Verbesserung der Böden bei gleichzeitiger, langfristiger Einlagerung von CO_2. Hier entwickelt

FORLIANCE im Auftrag von Verra eine VCS-Methodologie zur Anerkennung von CO_2-Sequestrierung mittels Biochar.

4 Unser Anliegen

Seit 1998 kämpfen wir bei FORLIANCE um die Anerkennung von wald- und naturbasierten Projekten als Klimaschutzprojekte. Insbesondere in Deutschland war dieser Weg steinig und hart – „CO_2-Bindung ist nicht exakt berechenbar", „Wald kann abbrennen" usw., waren die Totschlagargumente. Tatsächlich haben auch immer wieder (nichtzertifizierte) unseriöse „Baumpflanzprojekte" für negative Schlagzeilen gesorgt und damit diese so wichtigen Klimaschutzprojekte, die neben CO_2 so viele weitere SDGs positiv unterstützen, diskreditiert. Erst mit der Einbindung in die robusten Frameworks der Carbon-Standards stieg die internationale und nationale Akzeptanz.

Standards bieten natürlich keinen absoluten Schutz vor Missbrauch oder Schaden. Aber sie minimieren ihn bestmöglich. So kam z.B. bislang noch kein CO_2-Zertifikat aus dem Rückversicherungspool des Gold Standard für Aufforstungsprojekte zum Einsatz – ein starkes Zeichen für die Robustheit und Seriosität zertifizierter naturbasierter Klimaschutzprojekte.

Literaturverzeichnis

Gold Standard (o.J.): *Webseite.* https://www.goldstandard.org/tags/gs4gg (letzter Aufruf: 25.06.2021).

Greenhouse Gas Protocol (o.J.): *Webseite.* https://ghgprotocol.org/ (letzter Aufruf: 25.06.2021).

ISO (o.J.): *ISO 14064-1:2018.* https://www.iso.org/standard/66453.html (letzter Aufruf: 25.06.2021).

REDD+ (o.J.): *Eintrag REDD+.* https://de.wikipedia.org/wiki/REDD%2B (letzter Aufruf: 25.06.2021).

Science Based Targets (o.J.): *Webseite.* https://sciencebasedtargets.org/ (letzter Aufruf: 25.06.2021).

Verra (o.J.a): *Webseite.* https://verra.org/project/vcs-program/ (letzter Aufruf: 25.06.2021).

Verra (o.J.b): *REDD+ Projects: Delivering Positive Impacts.* https://verra.org/redd-projects-positive-impacts/ (letzter Aufruf: 25.06.2021).

Bäume pflanzen für ein besseres Weltklima – ein emotionaler Einstieg in die Wiederherstellung der Ökosysteme

Felix Finkbeiner

1 Bäume pflanzen gibt Hoffnung und verbindet Generationen

Im Jahr 2007 fingen wir Kinder und Jugendlichen von Plant-for-the-Planet an, unsere Eltern und mit ihnen natürlich die gesamte Elterngeneration einzuladen, mit uns gemeinsam Bäume zu pflanzen. Damals gingen wir alle in die Schule, kein Kind streikte fürs Klima und unsere Botschaft war kinderleicht: Bäume nehmen Kohlendioxid auf und helfen dem Klima, indem sie durch Photosynthese den Kohlenstoff aus dem Prozess in ihrer Biomasse und im Boden speichern. Wir dachten unschuldig, wenn wir den Erwachsenen so eine sympathische Einladung machen, dann werden sie mit uns diese Bäume pflanzen, die so wichtig sind für unsere Zukunft. Auf unsere T-Shirts schrieben wir „Trees for Climate Justice".

Wir teilten damals wie heute einige Überlegungen: Die Klimakrise, verursacht von uns Reichen, würde die Ärmsten der Welt am stärksten treffen. Gleichzeitig sollten wir Reichen aber begreifen, dass wir alle in einem Boot sitzen. Wir sollten uns von der naiven Vorstellung trennen, auf uns warte eine „Insel der Glückseligen". Vielleicht denken wir bei einem Boot an ein Kreuzfahrtschiff: Ganz wenige von uns reisen oben in den großen Luxuskabinen, ein großer Teil im Mitteldeck und die allermeisten unten im tiefen Rumpf. Wenn aber das Schiff untergeht, wie damals die Titanic, dann macht es keinen Unterschied, in welchem Teil des Schiffes man sitzt. Spätestens seit der UN-Konferenz für Umwelt und Entwicklung in *Rio de Janeiro* 1992 wissen wir, uns bleibt nur noch sehr wenig Zeit, um die Klimakrise zu lösen. Dennoch haben wir Menschen in diesen letzten 30 Jahren noch einmal so viel CO_2 emittiert wie alle unsere Vorfahren die Jahrtausende vorher zusammengenommen.

Die vermutlich größte Torheit begingen wir Menschen im Dezember 2009, als wir in Kopenhagen die Vision eines verbindlichen Weltvertrags für das Klima, die Verlängerung des Kyoto-Protokolls, scheitern ließen. Wir Kinder demonstrierten damals während der Kopenhagen-Verhandlungen vor dem Kanzleramt in Berlin und junge Erwachsene zeigten unsere kindlichen Plakate in Kopenhagen. Auf diesen war eine Gruppe von Eisbären zu sehen, die ein Schild hochhielten, auf dem stand: „Save the Humans".

Seit dem Scheitern von Kopenhagen sind wir beim Klima auf Freiwilligkeit angewiesen, d.h., viele Menschen müssen freiwillig ihr Vermögen, damit meine ich ihre Talente, ihr Geld, ihre Kontakte, ihre Netzwerke, in Menschen und Initiativen investieren, die einen Unterschied machen können. Und für unsere Chance auf Zukunft sind wir jungen Menschen jetzt also allein auf Freiwilligkeit angewiesen! Keine gute Ausgangssituation.

Mit unserem Projekt Plant-for-the-Planet, der Wiederherstellung von Wäldern im globalen Süden, hatten wir ja schon ein effektives, sinnvolles, positives, emotionales und Generationen verbindendes Instrument für weltweite Klimagerechtigkeit. Wenige Tage nach dem Scheitern von Kopenhagen errichteten meine Eltern für uns Kinder die Plant-for-the-Planet-Stiftung. Damals steckte die globale Forschung über Wald noch in ihren Kinderschuhen, die NASA sprach von 400 Milliarden Bäumen, die auf unserer Erde wachsen würden. Klar war und ist es bis heute, dass das weitere Verschwinden von Wäldern die Klimakrise maßgeblich verschärfen und diese wertvollen Ökosysteme zunehmend bedrohen würde.

Wir jungen Menschen ermutigen nun schon im dritten Jahrzehnt andere Kinder und Jugendliche für diese kinderleichte und globale Lösung, denn die Wiederherstellung von Wäldern schenkt uns Menschen wertvolle Zeit unterhalb der im Pariser Klimaabkommen definierten 2-Grad-Grenze. Der UNESCO-Pädagoge Gerhard de Haan charakterisierte uns Botschafterinnen und Botschafter von Plant-for-the-Planet als „Diplomaten in Gummistiefeln". Wir Kinder engagieren uns als global agierende Politikerinnen und Politiker, ohne das am Anfang selbst erkannt zu haben, und wir setzen uns dabei für globale Lösungen ein. Unsere Legitimation nehmen wir aus dem Verständnis, dass individuelle oder nationale Maßnahmen bei der Klimakrise sehr wenig werden ausrichten können.

Die Mission unserer Schülerinitiative ist unmissverständlich und leicht mitzuvollziehen: Plant-for-the-Planet gibt Hoffnung, verbindet Generationen, mobilisiert Kinder und Jugendliche, fordert Klimagerechtigkeit, setzt Ziele, stärkt die Wissenschaft, bietet Plattformen, schafft Transparenz und macht Spaß, denn wir müssen die vermögenden Menschen dazu bringen, freiwillig die weltweite Wiederherstellung von Wäldern und den Waldschutz zu finanzieren.

2 Bäume pflanzen mobilisiert Kinder und Jugendliche

Plant-for-the-Planet ermutigt Kinder sich in die Politik, besonders die Klimapolitik, einzumischen. Seit 2010 laden wir jedes Jahr unsere engagiertesten Kinder, sie nennen sich Botschafterinnen und Botschafter für Klimagerechtigkeit, zu unseren nationalen Kinderkonferenzen ein. Dort wählen wir jedes Jahr unseren weltweiten Vorstand, auch wenn Kinder das streng rechtlich gesehen gar nicht dürfen. Auf der Kinderkonferenz 2013 entstand deswegen auch unser Wunsch, die Regierung in unseren Bundesländern und in Berlin mitbestimmen zu dürfen. Wenigstens diejenigen Minderjährigen, so unser Vorschlag, die sich aktiv in Wählerlisten einschreiben würden, sollten wählen dürfen. Viele von uns sind schon acht Jahre politisch aktiv, bevor sie wählen dürfen. Nach dieser Kinderkonferenz im Frühjahr 2013 besuchten deswegen mehrere Kinder ihre Bürgermeisterinnen und Bürgermeister und baten um Wahlrecht bei der Bundestagswahl 2013. Als diese uns das „Nein" schriftlich bestätigten, klagten wir bis zum Bundesverfassungsgericht für eine Herabsenkung des Wahlalters (Wir wollen wählen, 2014) – leider erfolglos.

Im Mai 2015 organisierten wir für knapp 100 Jugendliche aus 21 Ländern den ersten Youth Summit. Wir tagten im wunderbaren Schloss der Evangelischen Akademie Tutzing am Starnberger See und entwickelten dort viele Ideen, beispielsweise auch Climate Strike (o.J.). In der Folge organisierten wir weltweit Dutzende von Schulstreiks. Viele von uns haben als Kinder schon über 100 Vorträge gehalten und erlebt, dass Erwachsene uns auf die Schulter klopfen, uns applaudieren und auch viel Sympathie bekunden, aber als Teenager haben wir erkennen müssen, dass wir nicht wirklich viel Veränderung erreicht haben. Unsere Erde verliert weiter Jahr für Jahr zehn Milliarden Bäume! Deswegen schlossen sich viele Botschafterinnen und Botschafter von Plant-for-the-Planet auch von Anfang an der wesentlich politischeren Fridays-for-Future-Bewegung von Greta Thunberg an. Plant-for-the-Planet führte deshalb zeitweise in Deutschland auch treuhänderisch das Bankkonto dieser Bewegung und viele unserer Botschafterinnen und Botschafter organisieren Fridays for Future in verschiedenen Funktionen mit – ein spannender Unterricht in Politik und Wirtschaft.

3 Plant-for-the-Planet setzt Ziele

Unser großes Vorbild, die „Mutter der Bäume", die Friedensnobelpreisträgerin Wangari Maathai, war in den 1970er Jahren die erste Professorin Kenias. Quer durch Afrika hat sie mit Frauen Bäume gepflanzt, Frauen empowert und eine weltweite Bewegung gestartet. Für das Pflanzen der Bäume bekamen die Frauen eine kleine Vergütung und packten gleichzeitig auch Umweltprobleme in ihren Ländern an, denn Bäume hielten die fortschreitende Bodenerosion auf. Meine kindliche Logik für mein Viertklässler-Referat über die Klimakrise, in dem ich die Idee für unsere Kinder- und Jugendinitiative erstmals formulierte: Wenn Wangari Maathai und ihre Freundinnen es schafften, in Afrika in 30 Jahren 30 Millionen Bäume zu pflanzen, dann sollten wir Kinder es doch auch schaffen, in jedem Land der Erde eine Million Bäume zu pflanzen.

Am 28. März 2007, wenige Wochen nach meinem Schulreferat, pflanzten meine Mitschülerinnen und Mitschüler mit mir den ersten Baum unserer Initiative vor meiner Schule in Starnberg. Zwei Lokaljournalisten berichteten über unser Vorhaben und so haben andere Schulen davon erfahren und auch gepflanzt. Ein älterer Schüler erstellte eine einfache Webseite, es war im Grunde nur eine Rangliste aus lokalen Schulen, auf der man sehen konnte, wer am meisten Bäume gepflanzt hat. Viele Schulen wollten jetzt ihre Nachbarschulen übertrumpfen.

Klaus Töpfer, ehemaliger Bundesumweltminister und ehemaliger Exekutivdirektor des United Nations Environment Programme (UNEP), übernahm die Schirmherrschaft für unser Projekt.

Nach einem Jahr hatten wir 50.000 Bäume gepflanzt, von 700 Kindern wurde ich in den Kindervorstand der UNEP gewählt, war drei Jahre lang für die Region Europa verantwortlich und die Folien meines ersten Referats wurden Grundlage eines einheitlichen Vortrags. Bis heute organisierte unsere Stiftung über 1600 Akademien in 75 Ländern der Welt mit 91 000 teilnehmenden Kindern. Jedes Kind, das Vorträge halten will, wird Botschafterin oder Botschafter.

Unsere Aufgabe war und ist klar: Nicht nur selber Bäume pflanzen, sondern mit unseren Vorträgen die Erwachsenen einladen, mit uns Kindern zusammen Bäume zu pflanzen und Wälder zu schützen. Wir lernen in den Akademien, dass wir die Klimakrise nur global lösen können, und wir erfahren, dass wir selbst als Kinder etwas tun können. Natürlich werden auf jeder Akademie auch Bäume gepflanzt. Schon im Mai 2010 pflanzten wir in Deutschland den millionsten Baum zusammen mit dem damaligen Umweltminister Norbert Röttgen und seinen Kolleginnen und Kollegen aus vielen Ländern während der Petersberger Klimagespräche in Bonn.

Immer mehr Kinder schafften auch in anderen Ländern die Million. Ein neues Ziel musste her.

4 Von der Milliarde zur Billion – from Billion to Trillion

Als sich im Februar 2011 die Regierungen zum Start des Internationalen Jahr des Waldes in New York im Saal der UNO-Vollversammlung trafen, war ich als Redner eingeladen. Ich trat mit einem klaren Appell an die Menschheit auf: *„Stop talking. Start planting. – Mit vereinten Kräften, alt und jung, reich und arm, können wir 1000 Milliarden Bäume pflanzen. Starten wir die ‚Trillion Tree Campaign'!"*

In demselben Jahr starb Wangari Maathai, und die UNEP übertrug deren „Billion Tree Campaign" auf unsere junge Stiftung. Diese Kampagne hatte ihr ursprüngliches Ziel, weltweit eine Milliarde Bäume zu pflanzen, zu diesem Zeitpunkt längst erfüllt. Ich selbst hatte bei meiner UN-Rede ja schon die Forderung nach 1000 Milliarden Bäumen ausgerufen. Aber waren eine Billion Bäume (im engl. Trillion Trees) auch realistisch?

Gregor Hintler, einer unserer älteren Botschafter, der schon vor unserer Schule den ersten Baum mitpflanzte, bekam einen Studienplatz für Forst- und Waldwirtschaft an der renommierten US-amerikanischen Universität Yale und er sollte für uns die folgenden drei Fragen beantworten:

1. Wie viele Bäume wachsen auf der Erde?
2. Wie viele Bäume haben noch Platz?
3. Wie viel CO_2 binden diese Bäume, und was bedeutet das für die Bewältigung der Klimakrise?

Allerdings gelang es ihm nicht, einen seiner Professoren für die Beantwortung unserer Fragen zu begeistern. Also schrieb Gregor selbst eine Vorstudie zu „Trillion Trees" und überzeugte damit im Februar 2013 seinen Zimmergenossen, Tom Crowther, der als Postdoc über Mikroorganismen forschte.

Tom und zwei seiner Kollegen mobilisierten Drittmittel für ein dreijähriges Forschungsprojekt, zählten die Bäume der Welt und wurden deswegen von ihren Yale-Kolleginnen und Kollegen drei Jahre lang veräppelt. Sie verglichen und sammelten Daten von vielen verschiedenen Forschenden und Regierungen der ganzen Welt. Sie werteten Satellitenfotos aus, um anhand von Vergleichsflächen die Anzahl der Bäume weiterer Flächen zu bestimmen. Eine „Weltbaumkarte" entstand. Sie zeigt, wo heute Bäume wachsen und wo und wie viele Bäume noch gepflanzt werden können.

Als sie am 2. September 2015 das Ergebnis unter dem Titel „Mapping Tree Density At A Global Scale" in Nature (Crowther et al. 2015) veröffentlichten, wurde unsere Auftragsstudie zur erfolgreichsten Veröffentlichung in der langjährigen Geschichte der Universität Yale und verdrängte zeitweise die Studie der NASA, die auf dem Mars Wasser gefunden hatte, auf Platz fünf der meistzitierten Studien der Welt. Im

Gesamtjahr 2015 belegten wir den elften Platz. Die Forscher hatten herausgefunden: Weltweit wachsen 3000 Milliarden Bäume, etwas mehr als die Hälfte dessen, was vor der menschlichen Zivilisation existierte. Wir schaffen es nicht mehr zu den ursprünglich 6000 Milliarden Bäumen zurück, weil wir Flächen für Landwirtschaft brauchen und für den Siedlungsbau. Auch ist es wenig zielführend, in Wüsten zu pflanzen, aber unsere „Trillion Trees" sind ein realistisches Ziel für die weltweite Wiederherstellung verlorener Wälder.

5 Plant-for-the-Planet stärkt die Wissenschaft

Mit dieser Studie wird Tom Crowther berühmt, er bekommt im Alter von 29 Jahren von einigen der besten Universitäten der Welt einen Lehrstuhl angeboten, reist zu uns nach Uffing und plant mit uns die nächsten Schritte. Die Plant-for-the-Planet-Stiftung verspricht Tom mit einer Million Euro zu unterstützen, wenn er auch die dritte Frage beantwortet und in Zukunft weiter aktiv in die breite Öffentlichkeit kommuniziert.

Mit Unterstützung des deutschen Entwicklungsministeriums erfüllten wir unser Versprechen und Tom fand dank weiterer Sponsoren die Universität, die ihm seinen Traum erfüllt: Forschen, forschen, forschen. Im Herbst 2017 eröffnet Tom das Crowther Lab an der ETH in Zürich. Schon im Sommer 2019 veröffentlichen Jean-François Bastin und Tom Crowther mit anderen eine weitere Studie in der Fachzeitschrift „Science" (Bastin et al. 2019). Sie beziffert das weltweite Potenzial für die Regeneration und Wiederherstellung degradierter und verlorener Wälder mit rund 900 Millionen Hektar, und damit genügend Platz für etwas mehr als eine Billion zusätzliche Bäume. Die Forscher schätzten überdies, dass, wenn wir diese Bäume und Wälder langfristig schützen könnten, diese in ihren Böden und ihrer Vegetation bis zu 30% des überschüssigen Kohlendioxids in der Atmosphäre binden und über Jahrzehnte hinweg speichern könnten.

Wälder verschaffen uns Menschen somit Zeit. Eine Billion zusätzliche Bäume, bei gleichzeitigem Schutz der bestehenden Wälder, können uns im Bestfall rund 15–18 Jahre zusätzliche Jahre unterhalb der 2-Grad-Grenze schenken (Phoenix 2019), beschreibt der Hauptautor die Wirksamkeit der Bäume. *The Guardian* titelt: „This machine kills CO_2". Der ehemalige Vizepräsident Al Gore und Marc Benioff, Gründer von Salesforce, beide im Beirat des World Economic Forum, sprechen im Sommer 2019 über die Studie. Marc Benioff lädt mich im Herbst nach San Franzisko ein und mobilisiert das World Economic Forum. Im Januar 2020 eröffnet Klaus Schwab, Gründer des WEF, das Weltwirtschaftsforum in Davos mit den „Trillion Trees" und Salesforce und andere Unternehmen versprechen jeweils 100 Millionen Bäume beizutragen. Unsere Vision der „Trillion Trees", also die weltweite Wiederaufforstung und der Schutz der Wälder als Teil unseres Kampfes gegen die Klimakrise, ist endgültig im Mainstream angekommen.

6 Stop talking. Start planting.

Bei einer Pressekonferenz der UNEP während der UN-Generalversammlung im Jahr 2009 in New York traf ich Wangari Maathai. Sie sagte: „Menschen reden zu viel. Unsere Aufgabe besteht jetzt darin, der Welt mitzuteilen, dass Löcher gegraben und Setzlinge gepflanzt werden müssen."

„Stop talking. Start planting." wird unser Aufruf, an dem sich am selben Tag Wangari Maathai, Gisèle Bündchen, der Forstminister von China und Fürst Albert von Monaco beteiligen und später viele weitere Prominente wie Harrison Ford und König Felipe von Spanien. In Zeitungen rund um die Welt sind die Bilder zu sehen, auf denen wir den Erwachsenen symbolisch den Mund zuhalten, um zu zeigen: Wir wollen, dass ihr endlich handelt, statt immer nur zu reden. Als wir Kinder älter und größer werden und das mit dem Zuhalten des Mundes eines „Großen" durch einen „Kleinen" nicht mehr so richtig funktioniert, ersetzen wir die Kinderhand durch ein Blatt, das sich die Prominenten selbst vor den Mund halten.

7 Plant-for-the-Planet ist eine offene Plattform

Wir haben die wissenschaftlichen Fakten, wir haben mit „Stop talking. Start planting." eine coole Kampagne, aber ein so ambitioniertes Ziel, wie die Menschheit zu mobilisieren weltweit 1000 Milliarden Bäume zurückzubringen, ist nur möglich in einer gemeinsamen globalen Anstrengung. Deswegen wandelten wir Plant-for-the-Planet in eine quelloffene Plattform um. So etwas wie Wikipedia, kostenlos für alle, die Daten sicher und geschützt, wollen wir es allen Menschen auf der Welt so einfach wie möglich machen, an Aufforstungsprojekte zu spenden, die das Bäumepflanzen für sie übernehmen, oder ihre selbst gepflanzten Bäume zu registrieren. Heute hat die Besucherin/der Besucher auf Plant-for-the-Planet.org die freie Wahl, welches der über hundert verschiedenen Projekte aus aller Welt sie/er unterstützen möchte, und kann mit wenigen Klicks Bäume pflanzen. Die Preise variieren von zwanzig Cent bis zwanzig Euro pro Baum und 100% der Spende fließt direkt an die ausgewählte Pflanzinitiative.

8 Wir starten eigene Wiederaufforstung

Heute gibt es weltweit viel zu wenig Baumschulen und viel zu wenig Organisationen, die Bäume pflanzen. Die Wiederherstellung der Wälder weltweit allein den bestehenden Organisationen und Akteuren zu überlassen, erachteten wir als wenig zielführend, denn erstens verlieren wir ja jedes Jahr netto zehn Milliarden Bäume und zweitens war das globale Wiederaufforstungspotenzial offensichtlich noch relativ unerforscht und unbeachtet.

Deswegen entschieden wir uns als Plant-for-the-Planet auch die Verantwortung für ein eigenes Pflanzprojekt zu übernehmen. Wir wollten zeigen, dass es auch für Quereinsteiger möglich ist, zerstörte oder degradierte Wälder hochwertig wiederherzustellen. Wir prüften Flächen in Kenia, Tansania, Lesotho, Südafrika, Brasilien und Mexiko. Mexiko nahm mit 16 infrage kommenden Flächen teil und unter Abwägung vieler Kriterien fiel 2013 die Entscheidung zugunsten von Flächen im mexikanischen Bundesland Campeche. Campeche gehört zu den sogenannten Biodiversitäts-Hotspots der Erde und verliert jedes Jahr mehrere zehntausend Hektar Naturwald, meist durch illegale Rodungen. Bei den Flächen, die wir dort renaturieren, handelt es sich um tropische Trockenwälder, eines der am meisten bedrohten Ökosysteme der Welt. Bäume wachsen in diesen Klimaregionen wesentlich schneller und binden daher in der gleichen Zeit weit mehr CO_2 als beispielsweise in Mitteleuropa mit unseren kalten Wintern.

Hier in Campeche begannen wir 2015 degradierte Waldflächen wiederherzustellen mit dem Ziel eine ökologisch sinnvolle Renaturierung sozialverträglich und wirtschaftlich im großen Stil zu verwirklichen und den Beweis zu erbringen, dass es möglich ist, einen Baum für einen Euro zu pflanzen und zu pflegen. Aus beruflichen Gründen ist meine Familie seit 20 Jahren ohnehin oft in Mexiko und ich hielt hier zahlreiche Vorträge an Schulen und Konferenzen. Als im Jahr 2010 die UNFCCC-Klimakonferenz im mexikanischen Cancún stattfand, hatte Plant-for-the-Planet deswegen eine vergleichsweise starke Präsenz und wir Botschafterinnen und Botschafter pflanzten zusammen mit den Konferenzteilnehmenden Bäume direkt neben dem Eingang zum Plenum. Meine Familie, Freundinnen/Freunde und Verwandte unterstützten unser Vorhaben finanziell, viele unserer mexikanischen Plant-for-the-Planet-Unterstützenden halfen auf andere Weise mit und so konnte die gemeinnützige Plant-for-the-Planet A.C., Mexico Besitzerin von degradierten Waldflächen in Campeche werden. Das sind entweder völlig abgeholzte Flächen, aber auch Wälder, die um den großen Baumbestand geplündert wurden und damit für die früheren Besitzerinnen oder Besitzer keinen ökonomischen Wert mehr darstellten.

Bis 2020 pflanzten wir hier schon 6,3 Millionen Bäume mit unseren eigenen Mitarbeitenden auf Flächen im Besitz von Plant-for-the-Planet im Bundesstaat Campeche und weitere 6,3 Millionen Bäume zusammen mit Kleinbäuerinnen und- bauern um die beiden Städte Escárcega, in Campeche und Toluca im Bundesstaat Mexiko.

Wir lernen jeden Tag und wir werden jeden Tag besser. Mein Vater hatte das Projekt mit seiner ökonomischen Tatkraft aufgezogen und zusammen mit mehreren Forst-, Umwelt- und anderen Ingenieuren eine Organisation von über 100 Mitarbeitenden geschaffen. Nach meinem Studium der Politikwissenschaften in London bin ich an die ETH ins Crowther Lab zur Ökologie gewechselt und forsche hier an den Bäumen. Seit 2020 habe ich die Verantwortung für unser mexikanisches Renaturierungsprojekt übernommen und arbeite hier inzwischen mit einem festen Team aus Ökologinnen und Ökologen. Wir teilen all unsere Erfahrungen mit allen und wollen andere Menschen dazu ermutigen, ebenfalls bestehende Wälder zu schützen und verlorene Wälder wiederherzustellen. Wir müssen in den nächsten Jahren zehntausenden Organisationen Mut machen, Bäume zu pflanzen!

Wir selbst wollen in den nächsten zehn oder zwanzig Jahren 100 Millionen Bäume pflanzen für die Zukunft der Menschheit. Denn diese Bäume werden uns wertvolle Zeit verschaffen, die wir dringend benötigen, um unsere CO_2-Emissionen auf Null zu reduzieren. Deswegen bieten wir allen anderen seriösen Pflanzinitiativen seit 2019 an, über die Plant-for-the-Planet-Plattform kostenlos Spenden zu akquirieren. Wir fördern damit unsere Konkurrenten, die mit uns im Wettbewerb um Spenden stehen.

9 Wir fördern Transparenz

Mit Hilfe der GIZ konnten wir ein weiteres Werkzeug entwickeln, die Tree-Mapper-App für ein transparentes Monitoring. Am Ende jedes Pflanztages machen Mitarbeitende der Pflanzinitiativen Fotos an jeder Ecke des Polygons und dokumentieren damit ihr Tagwerk. Zusätzlich tragen sie die Baumarten sowie die Anzahl der Bäume ein. Diese Art der Dokumentation wird die Voraussetzung dafür schaffen, dass sie auf der Plattform weiter Spenden sammeln dürfen. In Zukunft soll eine in der App integrierte, über Künstliche Intelligenz gesteuerte Baumerkennungssoftware Teile dieser Monitoringarbeit erledigen. Mit den Fotos werden automatisch auch die X-/Y-Koordinaten gespeichert. Sobald das Smartphone sich wieder mit dem Internet verbindet, wird die spendende Person informiert: *„Deine 100 Bäume, die du vor fünf Monaten gespendet hast, sind heute innerhalb folgender X/Y-Koordinaten gepflanzt worden."* Dieser kostenlose Service schafft Transparenz und Vertrauen und verhindert gleichzeitig, dass Pflanzprojekte einen Baum zweimal abrechnen können. Koordinaten sind die Voraussetzung für den Einsatz von Satelliten und Drohnen für das zukünftige automatische Monitoring.

10 Wir starten eine eigene Forschungsstation in Mexiko

Als ein Unterstützer uns im Herbst 2019 Geld für Forschungszwecke spendete, erwarben wir damit eine 91 Hektar große Forschungsfläche nahe beim Dorf Constitución. Wenige Wochen später starteten wir den ersten großangelegten Pflanzversuch unter wissenschaftlicher Begleitung des Imperial College London und der ETH Zürich. Heute arbeiten in unserer Forschungsstation neun hauptamtliche Ökologinnen und Ökologen.

Wenn wir an Wälder denken, konzentrieren wir uns im Allgemeinen auf das, was wir sehen können – die Pflanzen und Tiere, die den Oberboden bewohnen. Doch direkt unter der Erde leben unglaublich vielfältige und komplexe Gemeinschaften von Bakterien und Pilzen. Diese Mikroorganismen sind essenziell dafür, wie Pflanzen mit der Bodenumgebung interagieren, und sind notwendig, um die begrenzten Bodenressourcen zu erschließen. Viele Bodenpilze bilden unterirdische Netzwerke zwischen Bäumen, die es diesen ermöglichen, sich in stressigen Umgebungen gegenseitig zu puffern. Diese Mikroorganismen bilden das Mikrobiom des Waldes. In den post-landwirtschaftlichen Landschaften, in denen die meisten Waldwiederherstellungen stattfinden, fehlen viele wichtige Arten des Waldmikrobioms. Es stellt sich konsequenterweise die Frage, was passieren würde, wenn wir beim Pflanzen von Bäumen auch das Waldmikrobiom „pflanzen" würden, um nicht nur den Setzlingen, sondern auch den mit ihnen verbundenen Bakterien und Pilzen Starthilfe zu geben.

Und genau das ist es, was ich als Doktorand mit unserem Team des Crowther Lab der ETH Zürich nun selbst in den tropischen Trockenwäldern der Halbinsel Yucatán in Mexiko untersuche. Wir haben Erde aus intakten Wäldern in der umliegenden Landschaft gesammelt und verwenden diese Erde sozusagen als „mikrobielle Impfung" für die Wiederherstellung des Bodenmikrobioms. Der Versuchsaufbau ist analog zu einer randomisierten kontrollierten Medikamentenstudie. Wir haben 144 Feldabschnitte mit 100 Bäumen über die Landschaft verteilt und diese 14.400 Bäume dann nach dem Zufallsprinzip einer von zwei Behandlungsbedingungen zugewiesen. Die Hälfte der Bäume erhält bei der Pflanzung eine Tasse voll Walderde aus einem älteren benachbarten Wald, während die andere Hälfte eine „Placebodosis" von Erde aus dem post-landwirtschaftlichen Gebiet erhält, das wir wiederherstellen wollen. In den nächsten Jahren werden wir diese Bäume beobachten, um Fragen zu bearbeiten wie:

- Erhöht die Beimpfung des Bodenmikrobioms die Erholung der mikrobiellen Biodiversität in Wäldern?
- Kann die Mikrobiom-Impfung das Wachstum, die Überlebensrate und die Kohlenstoffbindung von Bäumen erhöhen?
- Erhöht die Mikrobiom-Impfung die Rekrutierung anderer Baumarten in den Parzellen, über das hinaus, was wir gepflanzt haben?

Wir sind gespannt, was passiert. Aber, Erfolg oder Misserfolg, wir werden mehr darüber erfahren, wie sich Waldökosysteme zusammensetzen und ein tieferes Wissen darüber erlangen, wann eine Renaturierung erfolgreich ist und wann nicht. Über Fragen des Waldmikrobioms hinaus ist dieses Projekt ein Beispiel dafür, wie Wiederherstellung des Ökosystems und Wissenschaft gleichzeitig stattfinden können. Durch die Einbettung von Experimenten in größere Renaturierungsprojekte können wir mehr darüber lernen, wie Wälder auf einer fundamentalen Ebene funktionieren, während wir gleichzeitig lernen, wie wir die Wiederherstellung verbessern können.

Vielleicht finden wir ein effektives Mittel, die globale Wiederaufforstung noch effektiver zu gestalten und gleichzeitig die Wiederherstellung des Ökosystems zu unterstützen, denn mit den Bäumen und der „erfahrenen Erde" fördern wir auch die richtigen Beipflanzen, die aus dem alten Wald in den neuen mit übersiedeln und schaffen so einen naturnahen Wald, der auch für die Tierwelt wieder eine Heimat bietet.

11 Kohlenstoff in Baum und Boden – Investition in unsere Zukunft

Im Zuge dieser Forschungen verfolgen wir noch ein weiteres Ziel, die Messung der CO_2-Speicherung in der Biomasse und im Boden. Ein Team des Imperial College London unter der Leitung von Prof. Bonnie Waring wirkt hier beratend mit.

Mischkulturen binden mehr CO_2 als Monokulturen, weil sie die natürlichen Ressourcen besser ausschöpfen. Gemäß einer Studie binden Bäume in Sekundärwäldern in Lateinamerika rund 200 kg CO_2 während ihrer Lebenszeit. Die Hälfte der Biomasse eines Waldes konzentriert sich in 5% der Bäume (Bastin et al. 2015). Eine Studie zu Enrichment Planting in Panama kommt sogar auf knapp 300 kg CO_2 (Paquette et al. 2009). Einer der dominantesten Bäume in der Region Yucatán und zugleich eine der Plant-for-the-Planet-Schwerpunktarten, Brosimum alicastrum (Ramon), kann zu enormen Größen heranwachsen und speichert viel mehr Kohlenstoff als ein durchschnittlicher Baum (durchschnittlich 873 kg oberirdisch gespeichertes CO_2 pro Baum; 63,4 cm maximaler Stammdurchmesser bei 1,3 m; Cairns et al, 2003), und Plant-for-the-Planet pflanzt weitere Baumarten, die mehr CO_2 speichern als der durchschnittliche Baum in dieser Region (z. B. Manilkara zapota; durchschnittlich 333 kg CO_2 oberirdisch pro Baum gespeichert).

Bäume sind Naturkatastrophen (Brand, Sturm, Überschwemmung, Insekten und Bakterien) ausgesetzt. Wer sich oder sein Unternehmen klimaneutral stellen möchte, dem empfehlen wir deswegen zusätzlich die Stilllegung mittels eines CO_2-Zertifikats, das gerne aus einem völlig anderen Bereich kommen kann und nichts mit Bäumen zu tun haben muss. Damit leistet das Unternehmen einen doppelten Beitrag. Es ist zertifiziert klimaneutral und es trägt dazu bei, die weltweite Wiederaufforstung und den Waldschutz zu finanzieren.

Die weltweite Wiederaufforstung schenkt uns wertvolle Zeit und kann außerdem zum vielleicht weltgrößten Konjunkturprogramm werden. Die ehemaligen Waldflächen, auf denen wir diese 1000 Milliarden zusätzlichen Bäume zurückbringen können, liegen meistenteils in Afrika, der Rest in Lateinamerika und Südostasien, und damit in Ländern, die von der Klimakrise am stärksten betroffen sind und wo heute schon Armut herrscht. Sobald wir menschheitlich begriffen haben, dass wir durch das Pflanzen von Bäumen mit vergleichsweise wenig Geld in den Ländern des globalen Südens gleichzeitig Wohlstand schaffen, Fluchtursachen und die Klimakrise bekämpfen können, werden wir hoffentlich alles daransetzen, das Pflanzen und Schützen dieser zusätzlichen Bäume und den Schutz bestehender Wälder zum zentralen Anliegen der Menschheit zu erklären und auch politisch durchzusetzen.

Setzen wir – rein rechnerisch – den einen Euro für jeden Baum an, so wie wir ihn mit unserer eigenen Wiederaufforstung auf der Yukatan-

Halbinsel ermittelt haben, kalkulieren wir mit einer Überlebensrate von 10% und geben wir uns zehn Jahre, in denen wir diese Billion Bäume gepflanzt haben wollen, dann müssen wir jedes Jahr eine Billion Euro zusätzlich mobilisieren. 1000 Milliarden Euro, die vom reichen Teil der Menschheit an den armen Teil der Menschheit fließen müssen. Das entspricht einer Verfünffachung der heutigen weltweiten Entwicklungshilfe und spätestens hier wird deutlich, dass die Regierungen der Welt diese Wiederaufforstung allein nicht finanzieren werden. Neben der Politik brauchen wir einen zweiten starken Akteur in der Klimapolitik, und zwar den wohlhabenden Teil der Weltbevölkerung, etwa ein bis zwei Prozent der Menschen.

Ein großer Teil dieser wohlhabenden Menschen stoßen besonders viel CO_2 aus. Ohne sie gäbe es das Klimaproblem nicht. Sie und ihre Partner – weltweit operierende Unternehmen und Organisationen, reiche Gemeinden und Städte, Lieferanten und Dienstleister – können sich mit jährlich 1000 Milliarden Euro erstens freiwillig klimaneutral stellen und zweitens die weltweite Restaurierung der Ökosysteme, allen voran die weltweite Wiederaufforstung und den Schutz der bestehenden Regenwälder, finanzieren. Wir wollen wie Robin Hood den Vermögenden helfen, das Richtige zu tun. Zur Klimaneutralität gibt es CO_2-Zertifikate und zusätzlich pflanzen wir Bäume für die Vermögenden mit ihrem Geld. Damit starten wir vermutlich gleichzeitig eines der größten weltweiten Konjunkturprogramme. Für uns Europäer ist wichtig, dass auf unserem Partnerkontinent Afrika etwa 500 Milliarden Bäume wiederhergestellt werden können.

Dazu kommt, diese besonders vermögenden Menschen und Unternehmen profitieren gleichzeitig ökonomisch am meisten davon, wenn eine Klimakatastrophe vermieden wird. Es geht für sie um die Absicherung ihres Lebensstils und Geschäftsmodells und ihrer vielen Eigentumstitel.

Die weltweite Abholzung unserer Wälder, 10 Milliarden Bäumen jedes Jahr, verringert auch die Barriere zwischen uns Menschen und den Wildtieren. 31% der Ausbrüche von neu auftretenden Krankheiten sind mit der Abholzung von Wäldern verknüpft (Smith 2014). Das Coronavirus ist nur ein Beispiel von vielen todbringenden Zoonosen, also Krankheiten, die von Tieren auf Menschen übergehen. Rein ökonomisch sind die Investitionen in die Wiederherstellung unserer Ökosysteme um ein Vielfaches günstiger als die wirtschaftlichen Folgen solcher Pandemien.

12 Wiederaufforstung und Waldschutz muss Spaß machen

Deswegen setzen wir auf die Wirtschaft und wollen, dass alle Spaß und Freude daran haben und Unternehmen mit dem Pflanzen von Bäumen und Waldschutz ein positives Image bekommen. Als vor 300 Jahren der Begriff Nachhaltigkeit „erfunden" wurde, ging es dem sächsischen Oberberghauptmann Carl von Carlowitz 1713 zunächst einmal darum, die für den Bergbau immer knapper werdenden Holzressourcen zu sichern, und nicht um die zukünftigen Generationen. Heutige Vorwürfe wie „Ablasshandel", „Greenwashing" und „Freikauf" sind in diesem Zusammenhang kontraproduktiv. Als Menschheit sollten wir es zulassen, dass Unternehmen die weltweite Wiederaufforstung finanzieren dürfen, die ansonsten vielleicht noch in unseren Augen zu viel CO_2 emittieren. Mit unserer Plattform wollen wir es allen leicht machen. Jeder soll mit wenigen Klicks Bäume pflanzen, Bäume verschenken oder sich Bäume schenken lassen können. Den eigenen Pflanzerfolg kann man in seinem eigenen Wald verfolgen. Jeder soll andere herausfordern können, ganz gleich, ob Freudinnen/Freunde, Abteilungen eines Unternehmens oder Wettbewerber. Wir glauben, dass auch erwachsene Menschen genauso viel Freude daran haben, wie wir Schülerinnen und Schüler, als wir damals um die Wette gepflanzt haben. Transparenz und die Frage „Wer hat den größeren Wald?" war schon immer das zentrale Element von Plant-for-the-Planet.

Mit unserer Plattform kann heute die ganze Welt mitmachen und Forbes sollte nicht nur die Liste der Vermögendsten führen, sondern auch eine Liste derjenigen, die den größten gespendeten Wald geschaffen haben.

Baum für Baum müssen wir sehr schnell den 1000 Milliarden Bäumen näherkommen. Und wir sind sicher: Wangari Maathai wäre glücklich zu sehen, dass wir ihr Erbe in die Zukunft tragen. Bäume zu pflanzen ist ein einfacher generationen-verbindender, effektiver und emotionaler Einstieg in unsere Dekade für die Wiederherstellung unsere Ökosysteme.

Literaturverzeichnis

Bastin, J. F. et al. (2015): Seeing Central African forests through their largest trees. *Sci Rep* 5, 13156. https://doi.org/10.1038/srep13156.

Bastin, J.-F. et al. (2019): The global tree restoration potential. *Science* 365(6448), S. 76–79. https://science.sciencemag.org/content/365/6448/76 (letzter Aufruf: 28.06.2021).

Cairns, M. A., Olmsted, I., Granados, J., & Argaez, J. (2003). Composition and aboveground tree biomass of a dry semi-evergreen forest on Mexico's Yucatan Peninsula. *Forest Ecology and Management*, 186(1–3), 125–132. doi:10.1016/S0378-1127(03)00229-9

Climate Strike (o.J.): *Webseite*. www.climatestrike.net (letzter Aufruf: 28.06.2021).

Crowther, T. W., Glick, H. B. & Bradford, M. A. (2015): Mapping tree density at a global scale. *Nature* 525, S. 201–205. http://dx.doi.org/10.1038/nature14967.

Paquette, A., Hawryshyn, J., Vyta Senikas, A. & Potvin, C. (2009): Enrichment planting in secondary forests: a promising clean development mechanism to increase terrestrial carbon sinks. *Ecology and Society* 14(1): 31. https://www.ecologyandsociety.org/vol14/iss1/art31/ (letzter Aufruf: 28.06.2021).

Phoenix (2019): *Bundespressekonferenz zur Senkung der Erderwärmung durch Waldaufbau am 03.07.19*. https://www.youtube.com/watch?v=T1PTUjPHd8A (Minute 16:00) (letzter Aufruf: 28.06.2021).

Ramirez, G. R. et al. 2017, Evaluación de ecuaciones alométricas de biomasa epigea en una selva mediana subcaducifolia de Yucatán. *Verano* 23(2). https://myb.ojs.inecol.mx/index.php/myb/article/view/1452 (letzter Aufruf: 28.06.2021).

Smith, K. F. et al. (2014): Global rise in human infectious disease outbreaks. *Journal of the Royal Society Interface*. https://doi.org/10.1098/rsif.2014.0950.

Wir wollen wählen (o.J.): *Webseite*. www.wir-wollen-waehlen.de (letzter Aufruf: 28.06.2021).

Wälder machen statt CO₂-Müllhalden! Kritik ökonomischer Rechenmodelle

Harry Assenmacher

Vor über 25 Jahren fingen wir bei ForestFinance an, in Mittelamerika Bäume zu pflanzen. Da hatte die Diskussion und öffentliche Aufmerksamkeit um den Klimawandel, seine Bedeutung, seine ökologischen und ökonomischen Folgen gerade richtig Fahrt aufgenommen. Die guten wie die schlimmen Visionen für die Zukunft insbesondere der tropischen Wälder weltweit waren groß und wuchsen noch rascher in den Himmel als selbst Teakbäume. Die schlimmen Visionen haben sich seitdem bestätigt. Die guten sind reduziert auf mathematisch-technische, marktkonforme ,Lösungen' zur Kohlenstoffbindung. Wenig erfreuliche Aussichten für Wald und Klima. Für uns Menschen sowieso.

Erinnern wir uns kurz: Während in der globalen Wissenschaftsgemeinde (insbesondere der Klimaforschenden) in den 1990er Jahren immer mehr eindeutige Forschungsergebnisse ermittelt wurden und zunehmend Klarheit wie Gewissheit über die Tendenzen des Klimawandels entstanden, war das Thema noch lange überlagert vom Zusammenbruch des Ostblocks. Durch die jährlichen Weltklimakonferenzen und das Kyoto-Protokoll wurden Klimawandel und CO_2-Emissionen langsam die Dauerthemen Nr. 1 in der globalen Ökologiedebatte. Für uns als Forstunternehmen in den Tropen schien dies neue ökonomische Chancen zu bedeuten und die Erwartungen wuchsen, lagerte doch unser neuer Wald Kohlenstoff ein und entzog so der Atmosphäre das klimarelevante CO_2. Für diesen Service, den der Wald für die Menschheit erbringt, sollte es ja via CO_2-Emissionshandel und „CO_2-Preis" eine Entlohnung geben. Befeuert von professoralen Ökonominnen und Ökonomen wurde der CO_2-Preis zu ,der' Lösung des Klimaproblems. Noch heute vertritt „Deutschlands klügster Professor" (BILD über Hans-Werner Sinn) die marktkonforme These, dass allein durch einen angemessenen CO_2-Preis die richtigen und ausreichenden ökonomischen Anreize gesetzt würden. Würde also die ‚Verschmutzung' der Atmosphäre mit CO_2 für die Verschmutzenden aus Wirtschaft und Gesellschaft erst einmal kostenrelevant, dann würde diese unter der Bedingung politisch durchgesetzter Knappheiten bei zunehmend steigenden Preisen zunehmend eingeschränkt. Ein scheinbar belastbarer Pfad der Problemlösung.

Die selbst dann noch rechnerisch notwendige Entsorgung der unvermeidlichen Restemissionen, die durch das für notwendig erachtete Wirtschaftswachstum entstünden, könnte man z.B. via ‚Müllabfuhr' und Deponierung des CO_2-Abfalls durch und im Wald vornehmen. Bäume wurden in gewisser Weise als attraktive ökologische CO_2-Müllhalde angesehen, als eine Möglichkeit echter Kompensation und CO_2-Neutralisierung. Das war und ist ein immer noch weitverbreiteter, ein geradezu betörender Gedanke. Schon 1998 entwickelten wir deswegen u.a. die CO2OL-„CO_2-neutrale Autoversicherung", bei der zusätzlich zur gängigen Kfz-Versicherung genügend Wald aufgeforstet wurde, um für angenommene zehn Jahre ‚Lebenszeit' des Kfz und 100 000 km Laufleistung die CO_2-Emissionen im tropischen Mischwald endzulagern. Das war eine von uns für großartig gehaltene Idee, mit sauberer, ehrlich gerechneter CO_2-Einlagerung und 100% ökologischem Ergebnis. Auf dem Papier. In der Realität waren dann doch die gerade aufkommenden Kfz-Direktversicherungen deutlich billiger. Wir konnten nicht am Markt Fuß fassen.

1 Ökonomische Theorie und Wirklichkeit

Diese Erfahrung zeigte uns: Aufforsten ist zwar erwiesenermaßen eine reale Möglichkeit, Kohlenstoff zu binden und damit CO_2 real wieder der Atmosphäre zu entziehen – nur den Preis für diese Dienstleistung können oder wollen die Konsumierenden nicht entrichten. Oder sie wollen zwar, aber müssen nicht und ‚der Markt' honoriert eben ökologische Aktivitäten wie Aufforsten nicht, wenn nicht auch ein ökonomischer Bonus winkt. Auch die ökologischsten Anbieter unterliegen eben dem Konkurrenzdruck und die Konkurrenz hat nicht immer den Kick für Umweltschutz, sondern zumeist mehr Verve für Kostensenkung und Billigprodukte.

Die reine Spendenbereitschaft des ‚Marktes' zur CO_2-Kompensation ist begrenzt. Wer Bäume pflanzen will durch Spenden, muss, so unsere Erfahrung, ganz banal den Preis pro Baum senken. Inzwischen soll man angeblich schon für 10 Cent oder 1 Euro einen Baum pflanzen können. Die Vision, dass über einen CO_2-Preis Wald erzeugt werden könnte, hat sich bisher nicht bewahrheitet. Sie war und ist am ‚Markt' bislang gescheitert. Schon am freiwilligen CO_2-Kompensierungsmarkt. Am geregelten, verbindlichen CO_2-Markt, bei dem Unternehmen qua Gesetz zu Kompensation verpflichtet sind, sieht es für Wald nicht viel besser aus. Dumping-Zertifikate aus allen möglichen Ecken des Globus fluten den Markt.

Diese Entwicklung gründet einerseits in der Ausgestaltung der CO_2-Zertifkate-Generierung, aber in der Tat für Wald ganz besonders im CO_2-Preis. Das Umweltbundesamt beziffert einen real notwendigen CO_2-Preis zwischen 130 und 180 Euro pro Tonne, wenn alle Klimawandel-Folgekosten eingerechnet werden (UBA 2019). Die Realität ist – man möchte fast sagen ‚natürlich' – weit davon entfernt. Für Wald und Aufforstung bedeutet dies: Auch CO_2-Kompensation für den geregelten Markt ist ökonomisch nicht möglich, wenn CO_2-Bindung die einzige monetarisierte Leistung des Waldes sein soll oder muss. Dies gilt zumindest, wenn man als Aufforster eine ‚no harm'-policy verfolgen will und nachhaltig ökologisch, standortgerechte Wälder versucht wieder herzustellen. Dann steckt das Unternehmen ökonomisch zwischen Baum und Borke und selbst ein deutlich höherer CO_2-Preis könnte sogar umweltschädlich sein. Denn: Ein hoher CO_2-Zertifikatepreis könnte durch die dann ökonomisch erwartbare CO_2-ertragsgetriebene industrialisierte Groß-Forstwirtschaft weitere Umweltzerstörung bedeuten. Denn Bäume pflanzen ist nicht per se klimafreundlich, ökologisch oder nachhaltig.

2 Mit Bäumen ganze Regionen verwüsten

Die Umwelt und uns als Aufforster von Wald (!) traf und trifft die Kombination und Einbindung aus der richtig analysierten biologischphysikalischen Funktion von Bäumen in unsere kapitalistisch-profitorientierte Ökonomie und sogenannte marktwirtschaftliche Anreize wie die CO_2-Bindung und der Emissionshandel gleich doppelt: In der Folge geht es nicht mehr darum, Wald zu erzeugen, also zu versuchen, so naturnah wie möglich zerstörte Waldsysteme wieder zu renaturieren, sondern es geht um Ertragsoptimierung aus Baumpflanzungen. Maximale Kohlenstoffeinlagerung pro Hektar ist das Ziel. (Exkurs: Ökonomisch Denkenden aus dem linken Spektrum mag hier der Marxsche Gedanke vom Doppelcharakter der Ware im Kapitalismus und ihrem Gebrauchs- und Tauschwert in den Sinn kommen.) Aber Baumpflanzungen sind keineswegs zwangsläufig Wald und noch weniger ökologisch oder nachhaltig. Es geht in diesem System, um maximale Produktion von Biomasse unterschiedlicher Qualität. Sei es als reines Holz, z.B. in Form von Teak-Monokulturplantagen, oder als reine Biomasse zur thermischen Verwertung – also Baumpflanzung zur Nutzung als Pellets, Hackschnitzel, Brennholz oder als Rohstoff für die Celluloseindustrie. Mit den ökonomisch naheliegenden Bemühungen um ein Upscaling und den darin liegenden Vorteilen wird das Paradigma der industriellen Landwirtschaft auf die Forstwirtschaft übertragen, nur das eben nicht Grünkohl oder Soja angebaut werden, sondern Bäume. Millionen von Hektar (Regen)Wald sind bislang dafür gerodet worden oder der Nahrungsmittelerzeugung entzogen worden und die Neubestockung, z.B. mit Eukalyptus- oder Teak-Monokulturen, und deren Bewirtschaftung kann sogar noch ‚ökologisch' zertifiziert werden. Bäume zu pflanzen bedeutet, so zeigt diese industrielle, profitmaximierende Vorgehensweise, eindeutig nicht, ökologisch-nachhaltig zu arbeiten und zu handeln. Man kann ganze Regionen mit Bäumen verwüsten.

Der romantische Blick auf ‚Bäumepflanzen' verstellt den Blick darauf, dass in einem profitorientierten System materielle Anreize – wie z.B. ein CO_2-Preis – auch den Run auf ‚Geschäftsmodelle' auslösen und dies in globalem Umfang dann durch große Finanzinvestoren optimiert wird. Allein die beobachtbaren Erwartungen des Kapitalmarkts in endlich steigende CO_2-Preise hat schon neue „CO_2-Klimafonds" ausgelöst – die natürlich alle mit Renditen für ihre Investoren werben. Diese müssen dann aber auch im Feld durch die Aufforstung erwirtschaftet werden. Dies geht großindustriell optimiert am rentabelsten und die Kosten der damit einhergehenden langfristigen Umweltzerstörung DURCH Baumpflanzen werden nicht in die Produkte und ihre Preise inkludiert, sondern, wie allseitig vertraut, sozialisiert, also auf die nächsten Generationen abgewälzt.

Der naiv-eingeengte Blick auf Baumpflanzen und die so reizvolle Möglichkeit, diese für Marketingaktionen zu nutzen, verstellt sogar den Blick auf andere biophysikalische Vorgänge. Wenig beliebt ist z.b. die Diskussion um ein Forschungsergebnis des Max-Plank-Institutes, dass nämlich Aufforstung auf der Nordhalbkugel der Erde (also z.b. Deutschland) zwar CO_2 bindet, aber nicht dem Klimawandel kühlend entgegenwirkt, da der Albedoeffekt (also Erwärmung durch dunklere Oberfläche der Erde) stärker ist, als die kühlende Wirkung durch CO_2-Bindung (Claussen 2015).

3 Wald machen heißt Werte schaffen

Seit über 25 Jahren ‚machen wir Wald' bei ForestFinance. Die Entscheidung für diesen Slogan fiel sehr bewusst – zu Anfang als reine Abgrenzung zu Baum(mono)kulturplantagen. Es sollte ein autarkes neues Waldsystem geschaffen werden, das standortgerecht aus heimischen Arten besteht, bei minimaler, aber vorhandener Bewirtschaftung. Also auch eine Einbindung in lokale Wirtschaftskreisläufe soll verwirklicht werden. Der Gedanke dabei war und ist, dem Wald einen Wert zu geben. Eben einen dauerhafteren Wert für Mensch und Umwelt – nicht unbedingt einen ‚Wert' für den Finanzmarkt. Aber das Schaffen dieses Naturwertes kostet in unserem Wirtschaftssystem schlicht Geld. Was umso herausfordernder für das konventionelle ökonomische Denken ist, weil das Vernichten von Waldsystemen (z.B. beim Regenwald), soweit diese natürlich entstanden sind, kein Geld kostet. Der monetäre Wert (Preis) eines gefällten Urwaldriesen bemisst sich nicht nach den Jahrhunderten und den Mitteln, die die Natur ‚investiert' hat, um ihn wachsen zu lassen, sondern nur nach Ernte und Transportkosten. Folglich wird der Preis von Holz weitgehend durch Ernte, Logistik und Bearbeitung bestimmt. Die Naturkosten gehen nicht ein in diesen Preis. Das macht es für Unternehmen, die ein wirtschaftliches Konzept entwickeln wollen, um tatsächlich nachhaltig (Wald)Werte zu schaffen, so schwierig, im überkommenen Wirtschaftssystem erfolgreich zu wirken. Der Markt honoriert über seinen Preis nicht die Leistung der Natur und/oder des Unternehmens, das mit der Natur natürlich-nachhaltig arbeitet. Der Markt honoriert Wirtschaften unter kostenloser Ausnutzung der Naturinvestitionen. Er fördert also die Zerstörung der Natur oder aber ‚un'natürliches industrielles Wirtschaften, da ein ökologisch-nachhaltiges Wirtschaften höhere Kosten und geringere Produktivität mit sich bringen würde. Mindestens aber längere Zeiträume bis zur Ertrags- bzw. Gewinnrealisierung.

Die Separierung einer Serviceleistung des Waldes für Menschen und Planet – nämlich die Kohlenstoffbindung – setzt dieses ökonomische System nicht außer Kraft. Es wirkt jetzt nur im CO_2-Zertifkatehandel. Mit all den gleichen Symptomen: Möglichst niedriger Preis bei maximal effizienter Erzeugung des Produktes unter Außerachtlassung der Naturkosten.

4 Das kann man doch reparieren

Nun sind Expertinnen und Experten sowie Gesetzgebung angesichts dieser Erkenntnisse nicht untätig. Einige der grundsätzlichen Mängel, unter denen auch der bestehende und der wiederherzustellende Wald leiden, sollen beseitigt werden. Der CO_2-Preis soll steigen, der Handel mit nicht-zertifizierten Hölzern wurde und wird reglementiert usw. Jedoch der Blick auf die Realität der letzten 30–40 Jahre und auch die aktuellen Entwicklungen bieten wenig Anlass zum Glauben daran, dass diese politischen Maßnahmen wirken oder hinreichend sind. Personen in Ökonomie und Mathematik sowie technokratisch Denkende arbeiten im Gegenteil intensiv daran, diesen Glauben an ‚Verbesserungen' hinter ihren Rechenmodellen aufrechtzuerhalten. So fordert der Sachverständigenrat der Bundesregierung seit Jahren immer wieder, dass ein globaler einheitlicher CO_2-Preis das beste Mittel sei, um den Markt dazu zu bringen, die Klimakatastrophe abzuwenden (Bundesministerium für Wirtschaft und Energie 2019). Nur: Weder der Markt und schon gar nicht die globale Politik richten sich nach den Empfehlungen des Sachverständigenrates. Durchaus ökologisch motivierte mathematisch Forschende errechnen genau, dass es hinreichend Fläche auf dem Planeten gibt, um mittels Aufforstung das Klimaproblem zu lösen. Nur: Weder die Länder, die Landbesitzenden noch die Regierungen reagieren wie gewünscht. Hier zeigt sich die Krise der klassischen Ökonomie mit ihren Rechenmodellen, die im Modell funktionieren, aber eben nicht in der Wirklichkeit.

Ein Kind dieser Ökonomie ist der Emissionshandel. Die Welt ist jedoch kein Rechenmodell und auch Aufforsten ist kein Rechenmodell, sondern harte Projektarbeit unter realen natürlichen und lokal je eigenen Bedingungen, in unterschiedlichen Nationen mit sehr unterschiedlichen Menschen in sehr unterschiedlichen Lebenssituationen. Diese Unterschiede lassen sich auch nur sehr begrenzt durch erhöhten Kapitaleinsatz beheben. Die Lehrbuchannahme, dass man Naturkapital durch Sachkapital ersetzen kann – also Maschinen statt Natur einsetzen könne –, ist praktisch häufig ein fataler Irrtum. Das Leben und Wirtschaften und vor allem das soziale Dasein von Menschen, die in und von Natur und Wald leben und ums Überleben kämpfen, wird in den theoretischen Annahmen der Lehrbuchökonomie nicht erfasst und wissenschaftlich zu wenig berücksichtigt. Die scheinbar wissenschaftliche Geisteshaltung der normalen Betriebswirtschaftslehre gipfelt letztlich immer in technischen Lösungen, die prima facie als sinnvoll für das aktuelle Wirtschaftssystem erscheinen.

Diese Denke führt dann zu neuen kurzsichtigen Lösungsansätzen nach dem Motto: Kein Wald mehr da? Kein Problem. Dann wird CO_2 eben in die Erde gepumpt oder technisch abgespalten und sogar der Kohlenstoff noch wiederverwendet. Ein neues Geschäftsmodell winkt – Aussichten für neues Venture Capital.

Die Lösung des Problems der Klimakatastrophe liegt nicht in Rechenmodellen. Wir kennen die Lösung des Problems schon! Wir wissen, dass die Entwaldung sofort gestoppt werden muss. Wir wissen, dass sofort massiv aufgeforstet werden muss. Wir wissen, dass Land- und Forstwirtschaft anders organisiert und durchgeführt werden müssen. Wir haben kein Wissensdefizit. Wir haben ein Handlungsdefizit und hier ist nicht die theoretische, sondern die politische Ökonomie gefordert, die wie im Waldsystem alle Komponenten in Handlungsempfehlungen und Handlung einbezieht.

5 ‚Never miss a good crisis'

Aktuell erleben wir eine Krise, die scheinbar die Klimathematik überdeckt. Mindestens in den Medien. Aber durch sie scheint immer deutlicher hindurch, dass auch diese Corona-Krise mit der Zerstörung von Wald, Naturräumen, biologischer Vielfalt und unserem Wirtschaftssystem zu tun hat und ihre Grundursache auch dort liegt. Diese Krise ist sehr akut und betrifft direkt unvermittelt das Alltagsleben der Menschen. Sie wird vorübergehen und die Menschen werden zu ihrem Alltag zurückkehren – wann auch immer. Die Klimakrise ist dagegen sehr schleichend und beeinträchtigt das Leben der Menschen mindestens in den Industrieländern erst nach und nach. Dafür ist sie eine Krise, die nicht wieder verschwinden wird! Sie wird bleiben und so wie es aussieht, wird sie weiter eskalieren. Ja, die jüngsten Zahlen aus der Klimaforschung lassen stark vermuten, dass die Veränderungen deutlich schneller und heftiger voranschreiten, als in ‚sanfteren' Szenarien vermutet (Wille 2020; Xu et al. 2019; IPCC 2019).

In dieser Lage ist es entscheidend anzuerkennen, dass es noch niemals eine substanzielle Veränderung gesellschaftlichen Verhaltens und gesellschaftlicher Organisation auf freiwilliger (Erkenntnis)Basis gegeben hat. Es scheint so zu sein, dass Krisen erforderlich sind, um Veränderungen zu erzwingen. Letztes erlebtes Beispiel ist Fukushima. Der Klimawandel wird nach und nach – von einer spürbaren Krise zur nächsten, die immer heftiger werden – auch Veränderungen erzwingen. Auch in der Forst- und Landwirtschaft. Wie schmerzhaft dies für viele Millionen Menschen, die z.B. in, um und von Wald leben, sein wird, hängt davon ab, wie schnell z.B. vom Baumpflanzen zum Waldmachen und Walderhalten übergegangen wird.

Noch gibt es ein immer kleiner werdendes Zeitfenster, dies mittels allerdings massiver politischer Regelungen, Vorschriften und Verbote zumindest einzuleiten. Was spricht angesichts der globalen Bedrohung z.B. gegen eine Weltkohlenstoffbehörde, die analog zur Atomenergiebehörde den Kohlenstoffkreislauf des Planeten regelt?

Gelingt es nicht, innerhalb der nächsten zehn Jahre reales Handeln einzuleiten, wird die Krise Maßnahmen erzwingen, die wir jetzt noch für undenkbar halten. Wie bei Corona. Ob dies dann alles und überall unter demokratischen Regierungsformen durchzusetzen sein wird, ist allerdings ebenfalls fraglich. Gewiss, das klingt nach übersteigerter Krisenangst, aber gerade die beiden letzten simplen Trockenjahre haben auch in Deutschland gezeigt, wie verletzlich unsere Lebensumwelt und vor allem der Wald sind. Und die aktuellen Entwicklungen der letzten Monate zeigen erst recht, dass sehr schnell Maßnahmen durchgesetzt werden müssen. Wir müssen gesellschaftlich und wirtschafts- wie umweltpolitisch sehr schnell begreifen: Waldschutz und Aufforstung im Sinne von ‚Waldmachen' sind globale, soziale und gesellschaftspolitische Aufgaben, die sehr eng auch mit Demokratie und Menschenrechten verflochten sind. Weit jenseits von Rechenmodellen zur CO_2-Einlagerung in mehr oder weniger hübsch anzuschauenden Baumreihen und Excel-Tabellen. Es kommt nicht mehr darauf an, die Waldwelt zu interpretieren. Es kommt darauf an, sie zu ändern.

Literaturverzeichnis

Bundesministerium für Wirtschaft und Energie (2019): Ein CO_2-Preis – aber wie? https://www.bmwi.de/Redaktion/DE/Schlaglichter-der-Wirtschaftspolitik/2019/08/kapitel-1-6-ein-co2-preis-aber-wie.html (letzter Aufruf: 29.06.2021).

Claussen, M. (2015): Vegetation und ihre Wechselwirkungen mit dem globalen Klima. In: Marotzke, J. & Stratmann, M. (Hrsg.), Zukunft des Klimas. München: Beck. https://mpimet.mpg.de/fileadmin/staff/claussenmartin/lectures/vegetation/claussen_fliegengewicht_2015.pdf (letzter Aufruf: 29.06.2021).

IPCC (2019): *IPCC-Sonderbericht über Klimawandel und Landsysteme (SRCCL)*. https://www.de-ipcc.de/254.php (letzter Aufruf: 29.06.2021).

UBA (Umweltbundesamt) (2019): *Gesellschaftliche Kosten von Umweltbelastungen*. https://www.umweltbundesamt.de/daten/umwelt-wirtschaft/gesellschaftliche-kosten-von-umweltbelastungen (letzter Aufruf: 29.06.2021).

Wille, J. (2020): Klimawandel: „Das Schlimmste bereits in Gang gesetzt". *Frankfurter Rundschau*, 24.1.2020. https://www.fr.de/politik/klimawandel-schlimmste-bereits-gang-gesetzt-13482150.html (letzter Aufruf: 29.06.2021).

Xu, Y. et al. (2019): Die Welt wird viel schneller heiß. *Spektrum*. https://www.spektrum.de/kolumne/die-welt-wird-viel-schneller-heiss/1626358 (letzter Aufruf: 29.06.2021).

Teil IV Agrarpolitische Perspektiven

Klimapositiv ist naturpositiv! Was die Gesellschaft fordert und welchen politischen Rahmen es braucht

Franz-Theo Gottwald

Der Diskurs über die Zukunft der Landwirtschaft in Deutschland und in Europa entwickelt sich mit jeder neuen Förderperiode der Gemeinsamen Agrarpolitik verstärkt weiter. Für die anstehende Förderperiode 2022–2027 gab es heftige Debatten. Bei vielen Anspruchsgruppen – also nicht nur seitens der Umwelt- und Naturschutzverbände – wird so stark wie noch nie zuvor über Chancen und Risiken einer radikalen Transformation nachgedacht: hin zu einer wirklich nachhaltigen Bewirtschaftung der Grundlagen der menschlichen Lebensmittelversorgung sowie der Erzeugung von Futtermitteln für Nutz- und Haustiere. Die Klimakrise, der Rückgang der Biodiversität und die teils prekäre Einkommenslage in der Landwirtschaft sind die Treiber des Diskurses. Ein Zukunftsbild wird allseitig gesucht, das Lösungen für diese drei Herausforderungen richtungsweisend verbindet.

Exemplarisch sei auf die Zukunftskommission Landwirtschaft in Deutschland hingewiesen, wo im Dialog verschiedenster Anspruchsgruppen an einem neuen Leitbild gearbeitet wird. Der Kernpunkt dieses Leitbilds ist die Vorstellung, dass es bei einer „enkeltauglichen" Landwirtschaft nicht nur um Klimaschutz oder eine Verringerung des Klimaschadens gemessen in CO_2-Gleichwerten gehen muss. Vielmehr muss ein neuer Dreiklang zwischen allen Anspruchsgruppen gefunden und politisch durch angemessene Rahmensetzung gefestigt werden, der zugleich Klimaschutz, Biodiversität und ein faires, tragfähiges Einkommensniveau aller in der Nahrungsproduktion für Mensch und Tier Mitwirkenden berücksichtigt. Die Gesellschaft verlangt nach einer umfassend naturpositiven Landwirtschaft, die durch diesen Dreiklang geprägt sein muss.

In gewisser Weise ist die Forstwirtschaft in diesem Punkt schon weiter. Nicht zuletzt wegen der durch die Erderwärmung verursachten Schäden in nahezu allen Waldgebieten Europas ist ein waldbauliches Umsteuern in resiliente, diversitätsfördernde und einkommenssichernde Forstbewirtschaftung mit entsprechenden Zertifizierungen und einem politischen Förderrahmen weitestgehend etabliert. Was für die Natur des Waldes gut ist, das ist auch für seine Nutzenden gut – dieses Verständnis hat sich nahezu flächendeckend durchgesetzt. Dabei wird auf den Klimaschutz genauso Rücksicht genommen wie auf die Förderung von Mischwald in hoher Diversität. Zugleich hat die Flächenumnutzung von Wald für agrarische Zwecke eine deutliche Verlangsamung erfahren. Es herrscht auch nicht mehr eine „Wachse-oder-Weiche-Logik" der Verdrängung kleinerer Waldbäuerinnen und -bauern zugunsten großer Waldbesitzenden vor.

Da Landwirtinnen und -wirte häufig zugleich Forst bewirtschaften, kann das gewonnene Wissen um eine naturpositive Forstbewirtschaftung möglicherweise auf die Landwirtschaft übertragen werden. Beide eingangs formulierten Zielstellungen für eine naturpositive Landwirtschaft können und müssen dafür nun verstärkt gemeinsam angegangen werden: der Klimaschutz und die Biodiversitätsförderung. Und beide müssen mit der sozioökonomischen Zielstellung fairer Preise und Einkommensverhältnisse verbunden werden. Erst dann kann von einer naturpositiven Landwirtschaft gesprochen werden.

Die Landwirtschaft spielt im Vorgehen gegen den Klimawandel bekanntermaßen eine bedeutende Rolle. Sie ist deshalb besonders gefordert, einen umfangreichen und dauerhaften Beitrag zum Klimaschutz zu leisten. Der Landwirtschaftssektor kann zudem als Vorantreiber der Agenda 2030 der Vereinten Nationen und deren Ziele für nachhaltige Entwicklung (SDGs) fungieren. Zum einen stellt die Landwirtschaft die Ernährung einer wachsenden Bevölkerung sicher (SDG 2 – Kein Hunger). Zum anderen fördert eine klimaschonende und umweltfreundlichere Landwirtschaft die Erreichung der Klimaschutzziele (SDG 13 – Maßnahmen zum Klimaschutz). Auf europäischer Ebene kommt der Landwirtschaft darüber hinaus eine tragende Rolle bei der

Umsetzung des Europäischen Green Deal zu, welcher eine umfassende Wachstumsstrategie für eine klimaneutrale und ressourcenschonende Wirtschaft verfolgt und unter anderem Maßnahmen für den Klima-, Umwelt- und Biodiversitätsschutz sowie die Agrarpolitik formuliert.

Die Landwirtschaft spielt aber auch für den Erhalt der Biodiversität sowie der nachhaltigen Nutzung natürlicher Ressourcen eine bedeutende Rolle. Auch hier ist sie gefordert, einen umfangreichen und dauerhaften Beitrag zu leisten. Mit Blick auf die Agenda 2030 der Vereinten Nationen und deren Ziele für nachhaltige Entwicklung (SDGs) kann Landwirtschaft durch die Förderung einer klimaschonenden und umweltfreundlicheren Produktion auch zum Erhalt der biologischen Vielfalt und natürlicher Ressourcen beitragen. Sie zahlt dann auf SDG 15 (Leben an Land) ein, also auf den Schutz, die Wiederherstellung und die nachhaltige Nutzung von Landökosystemen. Die Erarbeitung und praktische Implementierung von landwirtschaftlichen Bewirtschaftungskonzepten unter Aspekten des Arten- und Ressourcenschutzes tragen, gemeinsam mit den Maßnahmen zum Klimaschutz, darüber hinaus zu einer Zusammenarbeit von Wirtschaft, Politik und Zivilgesellschaft bei (SDG 16 – Partnerschaften zur Erreichung der Ziele), da sie nur im Zusammenwirken aller gesellschaftlichen Kräfte gelingen können.

Im folgenden Beitrag werden zunächst die gesellschaftlichen Erwartungen an eine klimapositive und biodiversitätsförderliche Landwirtschaft erhoben. Die politischen Maßnahmen auf nationaler und auf EU-Ebene werden anschließend behandelt. Es folgen Überlegungen zum fairen Honorieren landwirtschaftlicher Leistungen pro Klima und Biodiversität. Den Abschluss bilden kritische Fragen zur Weiterentwicklung der Landnutzung, da diese ja die Voraussetzung aller naturpositiven landwirtschaftlichen Leistungen darstellt.

Franz-Theo Gottwald

1 Gesellschaftliche Anforderungen an klimapositive Landwirtschaft

1.1 Zivilgesellschaft und Verbände

Der *Naturschutzbund Deutschland* (NABU) schreibt der Landwirtschaft eine der Schlüsselrollen zu, um dem Klimawandel entgegenzuwirken und ihn zu verlangsamen. Er fordert entsprechend einen dauerhaften Beitrag zum Klimaschutz seitens der Landwirtschaft (NABU 2020). Der NABU verweist auf die höhere Klimafreundlichkeit ökologischer Landwirtschaftspraktiken im Vergleich zu konventioneller Landwirtschaft und spricht sich deshalb für eine stärkere Förderung des Ökolandbaus, den Erhalt von Dauergrünland und eine Steigerung des Humusgehalts im Ackerboden aus. Eine langfristige Kohlenstoffspeicherung im Boden sollte gewährleistet werden. Hinsichtlich aller von der Landwirtschaft freigesetzten Klimagase fordert der NABU einen Verzicht auf die landwirtschaftliche Nutzung von Mooren in Deutschland.

Der *World Wide Fund For Nature* (WWF) und der NABU sehen diesbezüglich auch eine Reduzierung der Nutztierdichte als unverzichtbar an (WWF 2019).

Im Hinblick auf die GAP-Reform für die Zeit nach 2020 plädieren NABU und WWF für eine stärkere Honorierung klimaschonender Maßnahmen der Landwirtschaftsbetriebe durch EU-Agrarförderungen sowie für angemessenen Moorschutz, Grünlanderhalt und Humusaufbau. Die neue GAP steht in der Verantwortung, Anreize für eine Extensivierung und für neues artenreiches Grünland zu schaffen.

Auch die Entwicklungsorganisation *INKOTA* weist auf das Potenzial in der deutschen Landwirtschaft hin, große Mengen an Kohlenstoff aus der Atmosphäre zu binden, und spricht sich für einen Wandel von industrieller Landwirtschaft zu regional angepassten Anbaupraktiken aus (INKOTA o.J.). *INKOTA* fordert das Stoppen von Entwaldung zur Erschließung neuer landwirtschaftlicher Flächen, einen geringeren Einsatz von synthetischen Düngern, eine reduzierte Fleischproduktion sowie Humusaufbau im Boden zur Kohlenstoffspeicherung. Sowohl diese Organisation als auch der WWF machen darauf aufmerksam, dass ein Umdenken seitens der Verbraucherinnen und Verbraucher hinsichtlich ihres Konsumverhaltens von Fleisch stattfinden muss, um die Klimabilanz der Landwirtschaft verbessern zu können. Der WWF wird konkret und fordert eine Neuausrichtung der Förderpolitik unter ernährungsspezifischen Aspekten.

Der *Deutsche Bauernverband* (DBV) äußert sich in der Veröffentlichung seiner *Klimastrategie 2.0* zu den notwendigen Voraussetzungen, um einen Beitrag der Landwirtschaft zum Klimaschutz neben der Ernährungssicherung zu gewährleisten (DBV 2019a). Die deutsche Landwirtschaft bekennt sich zu ihrer Verantwortung für Klimaschutzleistungen, erwartet von Politik und Wissenschaft jedoch begleitende Unterstützung und Beratung, wie zum Beispiel durch Förderprogramme. Als Interessensvertreter deutscher Landwirtinnen und -wirte fordert der DBV eine wissenschaftlich fundierte Diskussion über die Möglichkeiten, aber auch Grenzen des Klimaschutzes in der Landwirtschaft. Forschungsanstrengungen, Beratung von Landwirtschaftsbetrieben, die Förderung von Anpassungsmaßnahmen sowie Züchtung von klimaangepassten Pflanzen- und Tierarten müssen laut dem Verband dringend intensiviert werden. Eine ergebnisoffene Forschung, zum Beispiel zur Bekämpfung von Krankheitserregern und Schädlingen, sei dafür zwingend erforderlich.

Eine größere Unterstützung seitens der Politik, wie beispielsweise durch das Vorantreiben erneuerbarer Energien, sei dabei für das Erreichen der nationalen Klimaschutzziele unabdingbar. Durch die richtigen Anreize und das „dafür nötige Investitionsklima" können passende Voraussetzungen geschaffen werden, wobei Zielkonflikte berücksichtigt werden müssen. Wissenschaft und Politik tragen hier die Verantwortung, die richtige Balance bei der Setzung von Rahmenbedingungen, ihrer Durchführbarkeit und der Schaffung gesellschaftlicher Akzeptanz zu finden. Der DBV fordert deshalb, unter Berücksichtigung der Folgewirkungen, eine konsistente und fachlich fundierte Klimapolitik mit Anerkennung der Leistungen der Landwirtinnen und -wirte sowie Forstwirtinnen und -wirte und der Sonderrolle der Ernährungssicherung voranzubringen. Kleinere und mittlere Betriebe dürfen dabei nicht durch festgelegte Klimaschutzmaßnahmen verdrängt werden. THG-Einsparungen sollten beispielsweise nur von Betrieben verlangt werden, die dies mit einem vertretbaren Aufwand auch erreichen können. Zudem muss dabei auf regionale Strukturen und die Leistungsfähigkeit der Betriebe Rücksicht genommen werden. Ein nachhaltiger Ackerbau sollte zur Emissionssenkung und Effizienzsteigerung nicht auf eine generelle Extensivierung oder auf einen Produktionsverzicht setzen, da dies eine Verlagerung aus der DACH-Region und eine potenziell emissionsintensivere Produktion im Ausland bedeuten könnte. Daher muss ein nationaler Rahmen für Investitionen, Forschung und Innovationen, Förderungen und moderne Landwirtschaft entwickelt werden, der sowohl auf die Klimaschutzziele einzahlt als auch Landwirtschaftsbetriebe auf wissenschaftlicher und politischer Ebene unterstützt. Dies schließt auch Vorsorge- und Versicherungslösungen, steuerliche Berücksichtigung bei Prämien sowie die erforderlichen rechtlichen Rahmenbedingungen mit ein. Letztere sollten schnelle und unbürokratische Hilfeleistungen für Betriebe bereitstellen.

1.2 Lebensmittelkonzerne und Einzelhandel

Nahrungsmittelkonzerne reagieren ebenfalls auf die gesellschaftlichen Erwartungen und zunehmenden Forderungen zum Klimaschutz und formulieren entsprechende Strategien und Ziele, um ihren Beitrag dazu zu leisten. *Nestlé* verpflichtete sich zum Beispiel dazu, seine THG-Emissionen entlang der gesamten Wertschöpfungskette bis 2050 auf Null zu reduzieren (Nestlé o.J.a). Dies betrifft auch die Landwirtinnen und -wirte entlang der Lieferkette. *Nestlé* kommuniziert auf seiner Unternehmenswebseite, dass Landwirtschaftsbetrieben Unterstützung bei einer verbesserten Kohlenstoffspeicherung im Boden durch nachhaltigere Anbaumethoden geboten werden soll, und appelliert dabei an die Mitarbeit der Input-Lieferanten. *Nestlé* und *Cargill* wollen zudem jeweils bis 2020 beziehungsweise bis 2030 erreichen, dass ihre Lieferkette frei von Entwaldung ist (Cargill o.J.). Auch *Cargill* spricht sich für eine unterstützende Zusammenarbeit mit Landwirtschaftsbetrieben aus und will zur besseren Anpassung an den Klimawandel Investitionen in Bio- und Agrarwissenschaften tätigen.

Die Nachfrage nach ökologisch hochwertigen Produkten steigen auch im Bereich des Lebensmitteleinzelhandels. So berichtete die *Schwarz-*

Gruppe zum Beispiel schon 2019 darüber, dass ihre Einzelhandelskette *Lidl* eine Kooperation mit dem *Verband für ökologischen Landbau* (Bioland) eingegangen sei und rund 50 Artikel danach zertifiziert habe (Schwarz-Gruppe 2019). Die Kooperation und somit auch die Umstellung konventioneller Betriebe auf Bioland-Kriterien möchten *Lidl* und der Verband in Zukunft weiterentwickeln. Die Gruppe berichtet ebenfalls über das Demeter-Sortiment bei *Kaufland*, das mittlerweile mehr als 250 Produkte umfasst und nach den Richtlinien des Bioverbandes *Demeter* produziert wird.

EDEKA setzt sich das Ziel, bis 2025 seine THG-Emissionen um 50% zu reduzieren, die Lieferkette eingeschlossen (EDEKA-Verbund o.J.). In Kooperation mit dem WWF will *EDEKA* eine *Climate-Supplier*-Initiative gründen, um gemeinsam mit Akteuren der Branche wirksame Klimaschutzmaßnahmen in der Lieferkette zu entwickeln und umzusetzen. Der Fortschritt der Emissionsreduzierung soll alle zwei Jahre in einer Klimabilanz veröffentlicht werden.

Aldi-SÜD hatte schon 2019 rund 350 Bioprodukte im Sortiment und sagt schon länger seinen Lieferanten Unterstützung bei der Umstellung auf eine ökologische Landwirtschaft zu (Aldi-SÜD 2019). Zudem wird die sogenannte Umstellungsware, die bereits nach Biokriterien produziert wird, aber noch nicht als solche verkauft werden darf, von *Aldi-SÜD* als „Krumme Dinger" angeboten. Die Erzeugenden erhalten dafür im Vergleich zu konventionellen Artikeln einen Aufpreis und somit einen Anreiz für die Umstellungsphase zur ökologischen Landwirtschaft.

1.3 Verbraucherinnen und Verbraucher

Untersuchungen zur Stellung der Landwirtschaft in der Gesellschaft aus der Sicht von Verbraucherinnen und Verbrauchern lassen sich vor allem im Bereich Nutztierhaltung finden. Es wird deutlich, dass die Gesellschaft zunehmend Kritik hinsichtlich sozialer, ökologischer und tierbezogener Aspekte in der deutschen Landwirtschaft übt. Die Wunschvorstellung von Verbraucherinnen und Verbrauchern wird dagegen von der Landwirtschaft als „Bilderbuchbauernhof" beschrieben, während dennoch möglichst niedrige Lebensmittelpreise erwünscht sind (Agrarsoziale Gesellschaft e.V. 2019).

Eine Zwischenerhebung der Umweltbewusstseinsstudie des Bundesumweltministeriums und Umweltbundesamts aus dem Jahr 2019 ergab, dass fast die Hälfte der Befragten möglichst geringe Umwelt- und Klimaschutzbelastungen als wichtigste Aufgabe in der Landwirtschaft sehen (UBA 2020). Im Jahr 2018 setzten die Befragten den Klimaschutz nach Ernährungsversorgung und dem Wohlergehen von Nutztieren an die dritte Stelle. Die Befragten gestehen sich aber auch ein, mit einer Umstellung ihres Ernährungsverhaltens Schwierigkeiten zu haben. Etwa ein Drittel empfindet zudem die durch die Landwirtschaft verursachten THG-Emissionen als sehr problematisch. Laut der Zwischenerhebung aus 2019 sehen knapp zwei Drittel die durch Pflanzenschutzmittel verursachten Umweltbelastungen als kritisches Problem in der heimischen Landwirtschaft.

Allgemein werden die Erwartungen der Bevölkerung an zentrale Akteure hinsichtlich Umwelt- und Klimaschutz nicht erfüllt. Laut der Teilnehmenden werden in der Landwirtschaftspolitik hauptsächlich die Interessen der Industrie berücksichtigt; die Interessen der Landwirtschaftsbetriebe sowie der Verbraucherinnen und Verbraucher hingegen werden vernachlässigt. Mehr als ein Drittel der Befragten befürwortet höhere Finanzierungsmaßnahmen für Forschung und Bildung für die ökologische Landwirtschaft, möchte diese gerne fördern und spricht sich für eine Auszahlung staatlicher Beihilfen ausschließlich in umwelt- und klimagerechte landwirtschaftliche Methoden aus. Sowohl strengere Regelungen bei Verstößen gegen Umweltgesetze als auch höhere Umweltauflagen bei Pflanzenschutz- und Düngemitteln werden deutlich befürwortet.

2 Gesellschaftliche Anforderungen an die Landwirtschaft zum Biodiversitätserhalt

2.1 Zivilgesellschaft und Verbände

Der WWF spricht sich hinsichtlich des Erhalts von Biodiversität, Wasser- und Bodenqualität sowie lebendiger Kulturlandschaften für eine „Transformation der Landwirtschaft hin zu umweltfreundlichen" Praxen aus sowie für zugleich lohnende Produktionsmethoden, „von denen die Landwirte auch leben können" (WWF 2019). Dabei sollen der Erhalt und Aufbau von Bodenfruchtbarkeit sowie die Reduktion von Pflanzenschutzmitteln und Stickstoffdünger Bestandteil moderner landwirtschaftlicher Praxis sein und durch kulturartenreichere Fruchtfolgen, Zwischenfrüchte, Untersaaten und die Integration von Kleegras oder Luzernegrasgemischen erreicht werden. Kleegras bindet nicht nur Stickstoff aus der Luft und mindert somit den Bedarf an mineralischem Stickstoffdünger, sondern unterstützt durch intensives Wurzelwachstum die Kohlenstoffspeicherung im Boden und stellt ein interessantes Fruchtfolgeglied dar. Laut dem WWF fördern weniger Pflanzenschutz- und Düngemittel die Gewässerqualität und Insektenvielfalt. Die Umweltschutzorganisation fordert daher zum einen den Wiederaufbau der verdrängten Habitatstrukturen, wie Randstreifen, Feldgehölze oder Hecken, und zum anderen einen Wandel der landwirtschaftlichen Praxis hin zu integrativen Maßnahmen auf Betriebsebene mit ausreichender finanzieller Anerkennung und Unterstützung für die Landwirtinnen und -wirte.

Der *Naturschutzbund Deutschland* (NABU) macht darüber hinaus konkrete Forderungen im Hinblick auf die GAP-Reform und die Förderungsperiode nach 2020. Mindestens zehn Prozent der landwirtschaftlichen Betriebsflächen sollen aus der Produktion genommen und für den Erhalt der Artenvielfalt als Nahrungs-, Rückzugs- und Brutfläche freigegeben werden, beispielsweise als Brache, Blühstreifen, Hecke oder Randgehölz (NABU o.J.). Die nicht bewirtschafteten Flächen zur Förderung der Artenvielfalt können laut dem NABU einen positiven Beitrag zur Produktivität der Landwirtschaft leisten, da die Bestäuberleistung erhöht und Schutz vor Bodenverlust durch Wind- und Wassererosion gewährleistet werden. Zur Erreichung der politisch vereinbarten Artenschutzziele fordert der NABU zudem, dass die erbrachten Naturschutzleistungen und Bemühungen von Landwirtinnen und -wirten, die Artenvielfalt zu erhalten, entsprechend honoriert werden – mit 15 Milliarden Euro pro Jahr. Eine weitere Forderung des NABU ist ein Ausstieg aus den derzeitigen EU-Agrarsubventionen (pauschale Flächenprämien) bis 2027, um stattdessen die Gelder gezielt für den Umbau hin zu einer nachhaltigen Landwirtschaft zu nutzen und mit zweckgebundenen Fonds die landwirtschaftlichen Betriebe bei notwendigen Veränderungen zu unterstützen, wie bei der Reduzierung des Pestizid- und Düngemitteleinsatzes oder der Umstellung auf Ökolandbau.

Auch der Verband *Naturschutzinitiative* fordert eine Umgestaltung der GAP hin zu einem eigenständigen EU-Fond für den Naturschutz in der Landwirtschaft, sodass sich Biodiversitätsschutz für die Landwirtinnen und -wirte lohnt. Die *Naturschutzinitiative* verlangt darüber hinaus in ihren zehn Forderungen zum Schutz der biologischen Vielfalt großflächigen Naturschutz und ein konsistentes und vernetztes Schutzgebietsystem sowie den Aufbau eines Biotopverbundes (Naturschutzinitiative 2017). Weitere Forderungen sind unter anderem das Stoppen des Flächenverbrauchs bis 2027 und die Schaffung von Entsiegelungsflächen für jede neu versiegelte Fläche, eine stärkere Vermittlung von Natur- und Artenkenntnissen in Schulen und Bildung sowie die Abschaffung des Erneuerbaren-Energien-Gesetzes (EEG) und der Privilegierung der Windkraft nach dem Baugesetzbuch, da hier laut dem Verband Klimaschutz auf Kosten des Biodiversitäts- und Naturschutzes betrieben wird.

Der *Verband der chemischen Industrie* (VCI) macht sich auf der anderen Seite für den Einsatz von Pflanzenschutz- und Düngemitteln stark, da durch sie „natürliche Ressourcen geschont und die hochwertige Ernährung einer wachsenden Weltbevölkerung gewährleistet" werden (VCI 2020). Auch hier wird die bedeutende Rolle der modernen Landwirtschaft beim Erhalt und der Wiedergewinnung biologischer Vielfalt anerkannt. Jedoch ist laut dem Verband der Flächenbedarf für die landwirtschaftliche Produktion ohne den Einsatz von Mineraldüngern und Pflanzenschutzmitteln fast doppelt so groß. Weiterer Flächenbedarf bedeutet weiteren Lebensraumverlust für die Artenvielfalt. Die chemische Industrie unterstützt die landwirtschaftlichen Betriebe bei der fach- und umweltgerechten Anwendung von Pflanzenschutz- und Düngemitteln und weist in dieser Hinsicht auf das zukünftige Potenzial der Digitalisierung hin, die Nachhaltigkeit und Effizienz in der Ausbringung zu steigern.

Der *Industrieverband Agrar* (IVA) äußert sich ebenfalls kritisch zu dem Verzicht auf synthetische Pflanzenschutzmittel und fordert eine ganzheitliche Betrachtung der Biodiversität und nicht nur derjenigen auf den intensiv bewirtschafteten Agrarflächen. Laut dem Verband würde ein genereller Verzicht auf Pflanzenschutzmittel die Ertragskraft der Landwirtschaftsbetriebe nahezu halbieren, was sich wiederum auf die Lebensmittelpreise auswirken könnte (IVA 2020). Um dennoch der steigenden Nachfrage einer wachsenden Bevölkerung nachzukommen, aber zeitgleich Ausgleichsflächen für Biodiversität zu schaffen, müsse die bestehende Agrarfläche noch intensiver bewirtschaftet werden. Dies sei in den letzten Jahren nur durch moderne Produktionsweisen sowie den Einsatz von Mineraldünger und chemischen Pflanzenschutzmitteln möglich gewesen. Darüber hinaus weisen der VCI und der IVA darauf hin, dass der Erhalt und die Förderung von Biodiversität eine gesamtgesellschaftliche Aufgabe sei, die sowohl auf den Schultern von Landwirtinnen und -wirten und privaten sowie öffentlichen Eigentümerinnen und Eigentümern als auch von der öffentlichen Hand, im Naturschutz engagierten Personen und jedem Einzelnen verteilt werden muss. Eine gut abgestimmte und konstruktive Zusammenarbeit aller Akteure sei dafür eine zentrale Voraussetzung.

Dies fordert auch der *Deutsche Bauernverband* (DBV). Der DBV macht darüber hinaus deutlich, dass Naturschutz in der Agrarlandschaft nur produktionsintegriert und mit landwirtschaftlicher Nutzung gelingen kann und dass dies Eingang in Rechtsvorgaben finden muss: „Der Erhalt der vielgestaltigen Kulturlandschaft durch Nutzung muss Vorrang vor Wildnis oder flächendeckenden Extensivierungsstrategien haben" (DBV 2019b). Unter anderem fordert der Verband auch die Möglichkeit für Landwirtinnen und -wirte, mit Naturschutz einen eigenen Betriebszweig entwickeln zu können, und dementsprechend praxistaugliche Anreize sowie eine deutliche Flexibilisierung der administrativen und bürokratischen Vorgaben.

Die *Assoziation ökologischer Lebensmittelhersteller* (AöL) unterstreicht zudem die Wichtigkeit, dass biodiversitätsfördernde Maßnahmen wie Hecken, Ackerrandstreifen, Mischkulturen oder Untersaaten der Landwirtschaftsbetriebe angemessen durch Fördergelder honoriert werden müssen (AöL 2018). Da ein fruchtbarer Boden essenziell für die Ernährungssicherung ist, fordert die AöL gemeinsames Handeln entlang der Wertschöpfungskette – nicht zuletzt durch Absprachen zu Biodiversitätsleistungen, die in einer Art Biodiversitätsfußabdruck für Produkte transparent gemacht werden könnten.

2.2 Lebensmittelkonzerne und Einzelhandel

Nahrungsmittelkonzerne reagieren ebenfalls auf die gesellschaftlichen Forderungen zum Erhalt der Biodiversität sowie zum Schutz der natürlichen Ressourcen und formulieren entsprechende Strategien und Ziele, um ihren Beitrag dazu zu leisten. *Nestlé* (Nestlé (o.J.b) setzt sich beispielsweise zusammen mit dem *Global Nature Fund* und der Umweltorganisation *Fundación Global Nature* für den Schutz der Biodiversität entlang der Lieferkette Gemüse und Kräuter ein. Das Unternehmen fördert außerdem Projekte in Spanien, Italien und Deutschland im Bereich Gemüse und Weizen.

Laut der Unternehmenswebseite engagiert sich *Cargill* für eine effizientere Wassernutzung und eine verbesserte Wasserqualität in den Lieferketten, unter anderem durch einen optimierten Einsatz von Düngeund weiteren Produktionsmitteln in der Landwirtschaft (Cargill o.J.). So sollen zum Beispiel Bodenauswaschungen in Zusammenarbeit mit Landwirtinnen und -wirten verringert werden.

Die *REWE Group* ist Mitglied der branchenübergreifenden Initiative *Biodiversity in Good Company*, ein Zusammenschluss aus Unternehmen, der sich für den Schutz der biologischen Vielfalt einsetzt. In ihrem Fortschrittsbericht bekennt sich die *REWE Group* zum Erhalt der biologischen Vielfalt sowie der nachhaltigen Nutzung ihrer Bestandteile und verpflichtet sich unter anderem dazu, die Auswirkungen ihrer Aktivitäten auf die biologische Vielfalt zu analysieren, den Biodiversitätsschutz und die nachhaltige Nutzung in ihr Umweltmanagement aufzunehmen sowie Zulieferer über die Unternehmensziele für Biodiversität zu informieren und schrittweise einzubinden (REWE Group 2020).Ein Biodiversitätsprojekt der *REWE Group* ist zum Beispiel gemeinsam mit der *Bodensee-Stiftung* und dem *Naturschutzbund Deutschland e.V.* ein landesweites Vorhaben mit Apfel- und Birnenbäuerinnen und -bauern zum Schutz von blütenbestäubenden Insekten. Zudem bekennt sich die *REWE Group* auch in ihrer Leitlinie für nachhaltiges Wirtschaften sowie in ihren Rohstoffleitlinien zum Erhalt der Biodiversität, die allen Eigenmarkenlieferanten zugrunde gelegt und somit die unternehmerischen Ziele vermittelt werden.

Neben *Nestlé* ist auch der Lebensmitteleinzelhändler *Kaufland* Kooperationspartner der *Bodensee-Stiftung* und des *Global Nature Fund* und engagiert sich in der EU-weiten Initiative *Biodiversität in Standards für die Lebensmittelbranche*. In Zusammenarbeit mit Landwirtinnen und -wirten entwickelt und ergreift *Kaufland* Maßnahmen zur Förderung der Biodiversität, wie zum Beispiel die Ausweitung von Blühstreifen, und legt den Fokus dabei auf die Anpassung an lokale Gegebenheiten, wie Bodenbeschaffung oder Anbau- und Flächengröße (Schwarz-Gruppe o.J.). Zur besseren Unterstützung der Landwirtinnen und -wirte nimmt *Kaufland* zudem an dem Pilotprojekt der *Bodensee-Stiftung Biodiversity Performance Tools* teil, das zur Erfassung und Bewertung der Situation hinsichtlich der Biodiversität auf den Feldern beiträgt sowie zur Auswahl von Maßnahmen für einen *Biodiversity Action Plan* und der Protokollierung der Ergebnisse

Der Einzelhändler *Lidl* gründete die Initiative *Lidl-Lebensräume*, welche unter anderem das Anlegen von Blühstreifen in Zusammenarbeit mit Produzierenden und Liefernden und die Optimierung von Pflanzenschutzmaßnahmen umfasst.

EDEKA und der WWF riefen 2012 das *Landwirtschaft für Artenvielfalt*-Projekt ins Leben, in dem sie mit Bioanbauverbänden, Biopark und dem Leibniz-Zentrum für Agrarlandforschung die biologische Vielfalt in landwirtschaftlich geprägten Räumen fördern. Das Projekt besteht aus einem Leistungskatalog mit über 100 Naturschutzmaßnahmen, bereits über 40 000 Hektar Fläche, hauptsächlich regionalen Produkterzeugnissen und einer naturschutzfachlichen Beratung für die teilnehmenden Biohöfe (EDEKA o.J.). Der Lebensmitteleinzelhändler garantiert den Landwirtinnen und -wirten die „Abnahme ihrer Erzeugnisse und honoriert den Mehraufwand, der durch die Projektmaßnahmen entsteht". Bisherige Erfolge des Projektes sind unter anderem drei bis vier Mal so viele Tagfalter auf den Kleefeldern, die Verdopplung des Bruterfolges von Braunkehlchen auf entsprechenden Höfen sowie drei bis neun Mal mehr Ackerwildkräuterarten im Vergleich zu Flächen konventioneller Landwirtschaft.

2.3 Verbraucherinnen und Verbraucher

Das erste *Aichi-Biodiversitätsziel* der Biodiversitätskonvention der Vereinten Nationen besagt, dass sich die Menschen des Wertes der Biodiversität spätestens bis 2020 bewusst sind und wissen, welche Schritte sie unternehmen können, um sie zu erhalten und nachhaltig zu nutzen. Das Biodiversitätsbarometer der *Union for Ethical BioTrade* (UEBT) ist einer der anerkannten globalen Indikatoren, die zur Messung dieses Ziels beitragen (Union for Ethical BioTrade 2019). Seit zehn Jahren erfasst die UEBT jährlich das Bewusstsein der Verbraucherinnen und Verbraucher für Biodiversität und deren Einfluss auf Kaufentscheidungen. Wesentliche Erkenntnisse dieser Forschung sind beispielsweise, dass das Bewusstsein und Verständnis für die biologische Vielfalt von Jahr zu Jahr weltweit wächst und insbesondere junge Konsumierende gut informiert sind. Der Erhalt der Biodiversität wird als wichtig für das persönliche Wohlergehen und das künftiger Generationen empfunden, sodass sich ein Verständnis für den eigenen potenziellen Beitrag zu der Thematik etabliert.

Die Verbraucherinnen und Verbraucher sehen Unternehmen in der Verantwortung, rücksichtsvoll mit Biodiversität umzugehen, haben jedoch wenig Vertrauen darauf, dass die Wirtschaft dies tut. Daher verstärkt sich die Forderung nach (validierten) Informationen zu Inhaltsstoffen und Herkunft der Produkte sowie dem Umgang dabei mit Mensch und Biodiversität. Eine transparente Kommunikation und der Nachweis guter Praktiken vor Ort spielen hier eine große Rolle, um Vertrauen hinsichtlich des Schutzes der biologischen Vielfalt zu schaffen. Im Jahr 2018 haben 53% der Befragten in Deutschland bereits von Biodiversität gehört, gegenüber nur 29% im Jahr 2009. Dies ist der höchste Anstieg unter den befragten Ländern, welcher hauptsächlich durch junge Menschen herbeigeführt wurde. Unter den Befragten sind jedoch nur 25% in der Lage, Biodiversität richtig zu definieren. Nichtsdestotrotz sehen 74% der deutschen Verbraucherinnen und Verbraucher Unternehmen in der Verantwortung, einen positiven Einfluss auf die Gesellschaft, die Menschen und die biologische Vielfalt zu haben, und erwarten, ausreichend über konkrete Maßnahmen informiert zu werden.

Laut einer Zwischenerhebung der Umweltbewusstseinsstudie des Bundesumweltministeriums und Umweltbundesamts aus dem Jahr 2019 sehen viele der Befragten die Auswirkungen der Landwirtschaft auf die Umwelt und Natur kritisch. Rund 65% der Befragten schätzen den Rückgang der Artenvielfalt von Pflanzen und Tieren als sehr problematisch ein, 63% die Umweltbelastungen durch Pflanzenschutzmittel und 56% die Belastung von Gewässern (UBA 2020).

Zudem werden alle zwei Jahre die Ergebnisse einer Bevölkerungsumfrage zu Natur und biologischer Vielfalt in Deutschland durch das Bundesumweltministerium und das Bundesamt für Naturschutz herausgegeben. Der in diesem Rahmen erhobene Gesellschaftsindikator gibt das Bewusstsein der Bevölkerung hinsichtlich der biologischen Vielfalt an und setzt sich aus den drei Teilindikatoren Wissen, Einstellung und Verhaltensbereitschaft zusammen. In den letzten Jahren ist eine positive Entwicklung des gesellschaftlichen Bewusstseins für biologische Vielfalt zu verzeichnen, insbesondere in den Bereichen Einstellung und Verhalten. Über 90% der Befragten stimmen voll und ganz oder zumindest eher zu, dass es die Pflicht des Menschen sei, die Natur zu schützen. Dennoch sind vier von fünf Befragten davon überzeugt, dass die biologische Vielfalt abnehme und 90% sind der Meinung, dass der Klimawandel eine Bedrohung für die biologische Vielfalt darstelle (BMU und BfN 2020). Die Verantwortung für Schutzgebiete sollte nach Meinung von über 80% der Befragten zunehmend von Bund und Ländern sowie Umwelt- und Naturschutzorganisationen übernommen werden, während auch der Forstwirtschaft (85%) und der Landwirtschaft (78%) eine hohe Verantwortung beigemessen wird.

3 Europäische und nationale Politik zum Klimaschutz in der Landwirtschaft

Klimaschutz zählt zu den politischen Schwerpunkten der Europäischen Union (EU) (BMU 2020). Die EU bekennt sich zu dem *Pariser Übereinkommen* von 2015, die globale Erderwärmung auf unter +2°C und möglichst unter +1,5°C gegenüber dem vorindustriellen Niveau zu halten. Zudem will die EU bis 2050 Klimaneutralität erreichen. Im Oktober 2020 beschloss das EU-Parlament ein Klimaziel, das eine Senkung des THG-Ausstoßes um 60% bis 2030 im Vergleich zu 1990 verlangt und nicht um 55%, wie zunächst von der EU-Kommission vorgeschlagen. Den verbleibenden Restemissionen soll durch Ausgleichprozesse entgegengewirkt werden. Mit dem *Europäischen Green Deal* (EGD) formulierte die EU-Kommission 2019 eine umfassende Wachstumsstrategie für eine klimaneutrale und ressourcenschonende Wirtschaft mit dem übergeordneten Ziel der THG-Neutralität. Der EGD beschreibt vielseitige Maßnahmen, unter anderem zu Klima-, Umwelt- und Biodiversitätsschutz sowie agrarpolitischer Art. Im Zuge der Vorstellung des EGD hat die EU-Kommission im Frühjahr 2020 ein Klimagesetz vorgeschlagen, das die THG-Neutralität bis 2050 verbindlich machen und einen gemeinsamen Fahrplan für die Politik darstellen soll.

Deutschland hat eine gestaltende Rolle in der europäischen Klimapolitik und verpflichtete sich 2019 dazu, bis 2050 THG-neutral zu sein. Während der 2016 veröffentlichte nationale *Klimaschutzplan 2050* sektorspezifische Ziele zur Emissionsminderung enthält, beschreibt das *Klimaschutzprogramm 2030* auch übergreifende Maßnahmen. Das *Klimaschutzprogramm* beinhaltet verbindliche Emissionsziele für die einzelnen Sektoren sowie ein nationales Emissionshandelssystem für Treib- und Brennstoffe. Durch die Einnahmen des Emissionshandels und weiterer Steuermittel sollen Fördermaßnahmen für den Klimaschutz finanziert werden, die unter anderem etwa 1,3 Milliarden Euro für den Agrar- und Forstsektor bis 2023 bereitstellen sollen. Maßnahmen für die Bereiche Landwirtschaft, Forstwirtschaft und Landnutzung sind zum Beispiel die Senkung der Stickstoffemissionen, CH_4-Minderung durch Güllenutzung in Biogasanlagen, Erhöhung der

Energieeffizienz, der Schutz von Moorböden sowie der Humuserhalt und -aufbau im Ackerland (BMU 2019a).

Finanzielle Anreize sollen durch die *Gemeinsame Agrarpolitik* der EU (GAP) gegeben werden. Eine Verknüpfung der GAP mit den Zielen des EGD steht derzeit zur Debatte. Einer Erhebung aus dem Jahr 2016 zufolge nahmen bereits 40% aller landwirtschaftlichen Betriebe in Deutschland freiwillig an Agrarumwelt- und Klimaschutzmaßnahmen teil. EU, Bund und Länder stellten dafür mehr als 850 Millionen Euro zur Verfügung, um die Landwirtinnen und – wirte bei den höheren Kosten beziehungsweise niedrigeren Erträgen zu unterstützen. Der Ökolandbau wurde 2018 mit Umstellungs- und Beibehaltungsprämien in Höhe von 330 Millionen Euro unterstützt.

Schon im Jahr 2008 beschloss die Bundesregierung die *Deutsche Anpassungsstrategie an den Klimawandel* (DAS) (UBA 2018), die mögliche Folgen des Klimawandels und damit verbundene Handlungsoptionen aufzeigt, um Deutschland widerstands- und anpassungsfähiger gegenüber dem Klimawandel zu machen. Es werden nicht nur die Auswirkungen langsam eintretender klimatischer Veränderungen beurteilt, sondern auch voraussichtlich häufiger und stärker auftretende Extremereignisse. Handlungsfelder der DAS sind unter anderem die Bereiche *Landwirtschaft* und *Boden*. Regionale Unterschiede der Klimawandelauswirkungen werden berücksichtigt. In seinem *Klimaschutzprogramm 2030* formulierte Deutschland Eckpunkte für die einzelnen Sektoren, um die Klimaschutzziele zu erreichen. Für die deutsche Landwirtschaft bedeutet dies, im Jahr 2030 noch höchstens 58 bis 61 Millionen Tonnen CO_2 pro Jahr emittieren zu dürfen und durch folgende Maßnahmen klimafreundlicher zu werden:

- weniger Stickstoffüberschüsse,
- mehr Ökolandbau,
- weniger Emissionen in der Tierhaltung,
- Erhalt und nachhaltige Bewirtschaftung der Wälder und Holzverwendung,
- weniger Lebensmittelabfälle.

Die Maßnahmen berücksichtigen folgende Grundsätze:

- keine erhebliche Produktionseinschränkung und wettbewerbliche Benachteiligung für die Land-und Forstwirtschaft in Deutschland,

- Nutzung von Synergien zwischen Klimaschutz/-anpassung und Ressourceneffizienz,
- Berücksichtigung und Anrechnung von sektorübergreifenden Wirkungen,
- Anknüpfung an bereits beschlossene Prozesse,
- weitere Emissionssenkungen durch digitale Technologien und Präzisionslandwirtschaft.

Im Zuge eines produktiven und vielfältigen Pflanzenbaus erarbeitete die Bundesregierung die *Ackerbaustrategie 2035*, die zu einem nachhaltigeren Ackerbau führen soll und unter anderem auf die Reduktion des Pflanzenschutzmitteleinsatzes und des Nährstoffeintrages in Gewässer ausgerichtet ist. Ende 2019 legte das BMEL ein Diskussionspapier zur *Ackerbaustrategie 2035* vor (BMEL 2019a), um den Rahmen für einen zukunftsfähigen Ackerbau in Deutschland zu schaffen, Perspektiven aufzuzeigen und Unterstützung bei der Umsetzung zu leisten. Die Strategie ist in sechs Leitlinien und zwölf Handlungsfelder unterteilt. Für jedes Handlungsfeld werden Problembereiche und Zielkonflikte beschrieben sowie Ziele und Maßnahmen genannt.

Leitlinien:

- Versorgung mit Nahrungs- und Futtermitteln und biogenen Rohstoffen sicherstellen,
- Einkommen der Landwirtinnen und – wirte sichern,
- Umwelt- und Ressourcenschutz stärken,
- Biodiversität in der Agrarlandwirtschaft bewahren,
- Beitrag zum Klimaschutz ausbauen und Ackerbau an den Klimawandel anpassen,
- gesellschaftliche Akzeptanz des Ackerbaus erhöhen.

Handlungsfelder:

- Bodenschutz weiter stärken und Bodenfruchtbarkeit erhöhen,
- Kulturpflanzenvielfalt erhöhen und Fruchtfolgen erweitern,
- Düngeeffizienz erhöhen und Nährstoffüberschüsse verringern,
- integrierten Pflanzenschutz stärken, unerwünschte Umweltwirkungen reduzieren,
- widerstandsfähige und standortangepasste Arten und Sorten entwickeln,

- ackerbauliche Potenziale mithilfe der Digitalisierung optimal nutzen,
- Biodiversität in der Agrarlandwirtschaft verstärken,
- klimaangepasste Anbaukonzepte ausbauen und Synergien nutzen,
- Bildung und Beratung stärken,
- mehr Wertschätzung für Landwirtinnen und – wirte,
- Umsetzung der Ackerbaustrategie politisch und finanziell begleiten.

Die im Handlungsfeld *Klimaanpassung* formulierten Ziele dienen der Entwicklung von klimaangepassten Anbaukonzepten, wie zum Beispiel der regionalen Optimierung von pflanzenbaulichen Anbausystemen, von staatlichen Versuchsflächen zur Erprobung neuer Verfahren und Systeme, der Planung und dem Ausbau von Beregnungskapazitäten sowie der Entwicklung von Monitoringprogrammen zur regionsspezifischen Ermittlung von Anpassungsstrategien. Als Indikator dient die Auswirkung der veränderten Klimabedingungen auf landwirtschaftliche Produktionsmengen und Qualitäten. Im Handlungsfeld *Klimaschutz* finden Ziele Eingang, die den Klimaschutz im Ackerbau ausbauen und Synergien nutzen sollen. Darunter fallen zum Beispiel Ziele wie der Erhalt und Aufbau von Humus in organischen und mineralischen Böden, eine höhere Energieeffizienz bei Bewirtschaftungspraktiken sowie eine verbesserte Ausbringungseffizienz von Stickstoff. Maßnahmen sind dabei die Förderung der Messung und Reduzierung von THG-Emissionen im Ackerbau, die Erarbeitung von Bewirtschaftungskonzepten für organische und mineralische Böden und die Unterstützung von Landwirtschaftsbetrieben bei Maßnahmen zur Kohlenstoffspeicherung im Boden.

Finanzielle Anreize sollen über die GAP der EU gegeben werden. Im *Klimaschutzprogramm 2030* erklärt der Bund, dass finanzielle Möglichkeiten durch eine sinnvolle Kombination der verpflichtenden Grundanforderungen (Konditionalität), der Ausgestaltung der Eco-Schemes der 1. Säule sowie der Ausgestaltung und Mittelausstattung der Agrarumweltmaßnahmen der 2. Säule (BMU (2019a): *Klimaschutzprogramm 2030 der Bundesregierung zur Umsetzung des Klimaschutzplans 2050*. BMU Berlin) geboten werden. Die aktuellen Verhandlungen über den EU-Haushalt der neuen Förderperiode 2021–2027 halten an dem Zwei-Säulen-Prinzip aus Direktzahlungen und der Förderung des ländlichen Raums, Umwelt und Klima fest. Direktzahlungen sollen begrenzt und Umwelt- und Klimaleistungen umfassender gefördert werden. Die erste Säule soll um einjährige Eco-Scheme-Maßnahmen und die zweite Säule um mehrjährige Agrar- und Umweltmaßnahmen erweitert werden. Durch die richtigen finanziellen Anreize können bessere Voraussetzungen für einen Beitrag der Landwirtschaft zum Klimaschutz geschaffen werden.

Dabei entstehen jedoch wiederum Konflikte mit Nachhaltigkeitszielen anderer landwirtschaftlich relevanter Bereiche, wie zum Beispiel Biodiversität, Tierwohl und Naturschutz. Die Senkenleistung landwirtschaftlicher Böden kann beispielsweise nicht weiter forciert werden, wenn die Zulassungspolitik für Pflanzenschutzmittel zu einer Verdrängung von konservierenden Bodenbearbeitungsverfahren und einem Wiedereinsatz des Pfluges führt. Eine Steigerung der Senkenleistung beziehungsweise Kohlenstoffspeicherleistung im Waldboden kann nur erfolgen, wenn die Nutzung des Waldes nicht durch naturschutzrechtliche Einschränkungen verhindert wird. Verbesserungen im Stallmanagement und der Fütterung können nicht stattfinden, wenn notwendige Stallmodernisierungen an Genehmigungsbehörden oder dem Baurecht scheitern. Daher ist eine Zusammenarbeit von Politik, Wissenschaft und Gesellschaft gemeinsam mit der Land- und Forstwirtschaft gefordert, um praktikable, naturpositive Lösungen zu entwickeln.

4 Internationale, deutsche und europäische Politik zur Biodiversität in der Landwirtschaft

Die Vereinten Nationen verabschiedeten 1992 das *Übereinkommen über die biologische Vielfalt* (Convention on Biological Diversity, CBD). Die Biodiversitätskonvention trat 1993 als internationales Umweltabkommen in Kraft und vereint drei Hauptziele: Die Erhaltung der biologischen Vielfalt, die nachhaltige Nutzung ihrer Bestandteile sowie die gerechte und ausgewogene Aufteilung der sich aus der Nutzung der genetischen Ressourcen ergebenden Vorteile (Access and Benefit Sharing, ABS). Die CBD ist ein völkerrechtlicher Vertrag mit 196 unterzeichnenden Vertragsparteien, dessen Ziele durch das 2000 beschlossene

Cartagena-Protokoll sowie das 2010 verabschiedete *Nagoya-Protokoll* verfolgt werden. Ersteres befasst sich mit dem grenzüberschreitenden Verkehr von gentechnisch veränderten Organismen; letzteres sowohl mit dem Zugang zu genetischen Ressourcen und gerechtem Vorteilsausgleich als auch mit dem weltweiten Artenschutz in Form der *Aichi-Biodiversitätsziele*.

Im Jahr 2012 wurde zudem der *Weltbiodiversitätsrat* (Intergovernmental Platform on Biodiversity and Ecosystem Services, IPBES) als zwischenstaatliches Gremium installiert, welches als wissenschaftliche Politikberatung zum Thema Biodiversität und Ökosystemleistungen dient und zuverlässige sowie unabhängige Informationen an Entscheidungsträger vermitteln soll. Der in 2019 erschienene IPBES-Bericht verdeutlicht die Dringlichkeit zum Schutz der globalen biologischen Vielfalt. Im Rahmen der CBD verpflichten sich alle Mitgliedsstaaten, nationale Strategien zum Schutz und zur nachhaltigen Nutzung von Biodiversität zu implementieren.

4.1 Deutschland

Deutschland kam dieser Pflicht 2007 mit dem Beschluss der *Nationalen Strategie zur biologischen Vielfalt* (NBS) nach, welche rund 330 Ziele und 430 Maßnahmen zu biodiversitätsrelevanten Themen enthält und auf die Aufhaltung des Biodiversitätsrückgangs und den Anstoß einer positiven Entwicklung bis 2020 abzielt (BfN o.J.). Ein dialogorientierter und dynamischer Umsetzungsprozess involviert alle gesellschaftlichen Akteure in nationalen, regionalen und Länderforen. 2015 wurde die Strategie durch die *Naturschutz-Offensive 2020* erweitert, die Defizite bei der Umsetzung der NBS in bestimmten Handlungsfeldern und Handlungsbedarf durch bestimmte Akteure angeht. Zudem wird die Umsetzung der NBS seit 2011 durch das *Bundesprogramm zur Biologischen Vielfalt* unterstützt. Im Hinblick auf zukünftige Zielanpassungen der CBD auf europäischer und internationaler Ebene wird die NBS stets weiterentwickelt und durch konkrete Ziele und Maßnahmen für die Zeit nach 2020 ergänzt.

Für einen produktiven und vielfältigen Pflanzenbau erarbeitete die Bundesregierung die *Ackerbaustrategie 2035*, die – neben dem Klimaschutz – insbesondere auf den Biodiversitäts- und Insektenschutz sowie die Reduktion des Pflanzenschutzmitteleinsatzes und des Nährstoffeintrages in Gewässer ausgerichtet ist. Im Dezember 2019 legte das Bundesministerium für Ernährung und Landwirtschaft (BMEL) ein Diskussionspapier zur *Ackerbaustrategie 2035* vor, um den Rahmen für einen zukunftsfähigen Ackerbau in Deutschland zu schaffen, Perspektiven aufzuzeigen und Unterstützung bei der Umsetzung zu leisten.

Die im Handlungsfeld *Biodiversität* formulierten Ziele sollen dem Rückgang der Artenvielfalt entgegenwirken und eine positive Entwicklung durch vernetzte Lebensräume anstoßen. Die Definition und das Überwachen von regionalen Zielen und deren Konflikte sowie die ökonomische Bewertung von Nutzungsänderungen zur Biodiversitätsförderung sollen umgesetzt werden. Letztere untersucht fördernde Maßnahmen dahingehend, ob sie Nutzungseinschränkungen verursachen oder Synergien mit dem Ackerbau, beispielsweise durch Bestäubung oder Schädlingskontrolle, schaffen. Die *Ackerbaustrategie 2035* identifiziert sechs Maßnahmen zur Förderung der Biodiversität: mehrjährige Strukturelemente, kleinere Schlaggrößen, hohes Vorkommen von Saumbiotopen im Übergang von einer zu anderen vorgesehenen Flächen, eine möglichst ganzjährige Bodenbedeckung und das Vorhandensein verschiedener Kulturarten und -sorten. Regionale Stakeholder-Verbünde unterstützen bei der Bestimmung regional angepasster Maßnahmen zur Biodiversitätsförderung. Darüber hinaus ist Biodiversität im Sinne eines Fruchtfolgeglieds einzuführen.

Zudem hat die Bundesregierung schon 2013 einen *Nationalen Aktionsplan zur nachhaltigen Anwendung von Pflanzenschutzmitteln* (NAP) verabschiedet, welcher Teil der Umsetzung der EU-Pflanzenschutz-Rahmenrichtlinie ist und quantitative Vorgaben, Ziele, Maßnahmen und Zeitpläne zur Verringerung der Risiken und Auswirkungen zugelassener Pflanzenschutzmittel auf Mensch, Tier und die Natur enthält. Berücksichtigung findet hierbei die gesundheitliche, soziale, wirtschaftliche sowie ökologische Dimension. Ziel des Aktionsplans ist es, die Risiken durch den Einsatz von Pflanzenschutzmitteln auf den Naturhaushalt um 30% bis 2023 im Vergleich zu dem Referenzzeitraum 1996 bis 2005 zu reduzieren.

Die deutsche Gesetzgebung in Bezug auf biodiversitätsrelevante Themen umfasst aktuell folgende Gesetze:
- Bundesnaturschutzgesetz (BNatSchG),
- Umweltschadensgesetz (USchadG),
- Gesetz zur Regelung der Gentechnik,
- Gesetz über die Umweltverträglichkeitsprüfung (UVPG),
- Gesetz zu dem Protokoll von Nagoya.

Während das Bundesnaturschutzgesetz den rechtlichen Rahmen für den Schutz von Natur und Landschaft bildet, befasst sich das Gesetz zum *Nagoya-Protokoll* mit Forschungen an internationalen Pflanzen, Tieren und weiteren Lebewesen. Darüber hinaus prüft das Gesetz über die Umweltverträglichkeitsprüfung potenzielle Schäden durch öffentliche oder private Vorhaben, wobei das Umweltschadensgesetz die Verantwortung zur Vorsorge und Kompensation von Umweltschäden trägt. Das Gentechnikgesetz befasst sich zudem mit der Regelung der Freisetzung von gentechnisch veränderten Organismen und mit dem Verkehr gentechnisch veränderter Produkte.

4.2 Europäische Union

Auf europäischer Ebene wurde 2020 die *Biodiversitätsstrategie 2030* beschlossen. Diese will dem Biodiversitätsrückgang entgegenwirken und den Zustand der europäischen Arten, Lebensräume, Ökosysteme und Ökosystemleistungen verbessern. Da die 2011 schon einmal gesetzten EU-weiten Ziele für 2020 nicht eingehalten werden konnten, wurde eine neue Langfristvision für 2050 sowie ein mittelfristiges Ziel für 2030 formuliert. Die Vision für 2050 beinhaltet den Schutz, die Wertschätzung sowie angemessene Wiederherstellung der Biodiversität innerhalb der EU.

Die *Biodiversitätsstrategie 2030* steht im Einklang mit dem EGD und beinhaltet ehrgeizige Maßnahmen und Verpflichtungen zum Biodiversitätserhalt auf europäischer Ebene für die Zeit nach 2020 (Business and Biodiversity Kampagne o.J.). Dabei verdeutlicht die Kommission anhand der COVID-19-Krise, wie anfällig der Mensch und Planet durch den Verlust biologischer Vielfalt wird. Durch die Biodiversitätsstrategie soll daher auch die Widerstandsfähigkeit gegenüber zukünftigen Pandemien gestärkt und deren Ausbruch vorgebeugt werden. Die *Biodiversitätsstrategie 2030* macht sich den Schutz von Land und Meer sowie die Wiederherstellung geschädigter Ökosysteme zur Aufgabe und soll die EU international als führende Kraft hinsichtlich des Biodiversitätserhalts positionieren. Sie schlägt die Festlegung verbindlicher Ziele vor, wie zum Beispiel zur Erhöhung des Bestands an Bestäubern auf landwirtschaftlichen Flächen oder zur Förderung eines ökologischen Landbaus und anderer biodiversitätsfreundlicher Bewirtschaftungsmethoden.

Konkrete Schritte zur Biodiversitätsförderung sind ferner beispielsweise die Umwandlung von mindestens 30% der europäischen Land- und Meeresgebiete in wirksam bewirtschaftete Schutzgebiete sowie eine Umwandlung von 10% der landwirtschaftlichen Flächen in Landschaftselemente mit großer biologischer Vielfalt (BMU 2019b). Die Mitgliedsstaaten werden für die Ausweisung der zusätzlich und streng geschützten Gebiete verantwortlich sein, welche entweder zur Vervollständigung des *Natura-2000-Netzes* beitragen oder im Rahmen nationaler Schutzprogramme erfolgen soll. Für alle Schutzgebiete müssen klar definierte Erhaltungsziele und -maßnahmen festgelegt werden. Darüber hinaus soll ein Viertel der Agrarflächen bis 2030 ökologisch/biologisch bewirtschaftet und der Einsatz sowie das Risiko von gefährlichen Pestiziden um je 50% verringert werden. Für die Umsetzung der Strategie sollen jährlich 20 Milliarden Euro durch europäische sowie nationale und private Gelder bereitgestellt werden. Die EU-Kommission wird 2024 die Fortschritte bewerten und überprüfen, ob die Ziele für 2030 auf diesem Weg erreicht werden können oder ob Maßnahmen angepasst beziehungsweise Rechtsvorschriften implementiert werden müssen. Auf nationaler Ebene müssen die Biodiversitätsstrategien und -aktionspläne bis Ende 2021 überarbeitet oder zumindest nationale Verpflichtungen für die wichtigsten Ziele vorgelegt werden. Das übergeordnete Ziel ist weiterhin, alle Ökosysteme weltweit bis 2050 wiederherzustellen, widerstandsfähig zu machen und angemessen zu schützen.

Die wichtigsten Elemente der aktuellen Gesetzgebung auf europäischer Ebene hinsichtlich Biodiversität sind:
- Flora-Fauna-Habitat-Richtlinie (FFH) und Vogelschutzrichtlinie,
- Wasserrahmenrichtlinie (WRRL),
- Umwelthaftungsrichtlinie (UHRL),
- Umweltverträglichkeitsprüfung (UVP).

Die Flora-Fauna-Habitat-Richtlinie und die Vogelschutzrichtlinie gewährleisten ein Netzwerk von Schutzgebieten, das *Natura-2000-Netzwerk*. Die Wasserrahmenrichtlinie gewährleistet einen guten Zustand der aquatischen Ökosysteme. Des Weiteren dienen auf europäischer Ebene die Umwelthaftungsrichtlinie zur Kompensation von Umweltschäden und die Umweltverträglichkeitsprüfung zur Prüfung von potenziellen Schäden durch industrielle Projekte. Im Rahmen der europäischen Gesetzgebung werden zudem die Umweltwirkungen von Pflanzenschutzmitteln geprüft und nur dann zugelassen, wenn ihre Auswirkungen auf die Natur vertretbar sind.

5 Mehr Leistung braucht mehr Einkommen – Fairness für eine naturpositive Landwirtschaft

Rund 4,7 Millionen Deutsche sind in Landwirtschaft, Fischerei, Lebensmittelverarbeitung und Vertrieb, wie zum Beispiel dem Lebensmitteleinzelhandel, beschäftigt (BMEL 2019b). Obwohl das Einkommen der Landwirtinnen und -wirte in den letzten Jahren starke Schwankungen erlebte, stieg es in den Jahren 2017 und 2018 auf den Höchstwert der letzten zehn Jahre an, im Durchschnitt auf 36 000 Euro je Arbeitskraft. Dennoch ist in den letzten Jahrzehnten der Anteil landwirtschaftlicher Verkaufserlöse an den Verbraucherausgaben für Nahrungsmittel inländischer Herkunft drastisch gesunken. Landwirtinnen und -wirte erhalten von einem Euro Verbraucherausgaben nur noch durchschnittlich 21 Cent (DBV 2019c).

Wie jeder bedeutende Wirtschaftssektor trägt auch die Landwirtschaft Verantwortung, ihre Auswirkungen auf Umwelt und Menschen zu minimieren. Gleichzeitig muss sie weiterhin die Lebensmittel- und Rohstoffversorgung sicherstellen. Eine umweltschonende, klimafreundliche und ertragreiche Landwirtschaft ist daher eine gesamtgesellschaftliche Aufgabe. Höhere Produktionskosten für ressourcenschonendes Management sowie Klimaschutz- und Biodiversitätsmaßnahmen sollten nicht allein auf die Landwirtschaft abgewälzt, sondern zusätzlich gesellschaftlich ausgeglichen bzw. gesondert honoriert werden. Belastbare Bewirtschaftungskonzepte müssen sowohl wettbewerbsfähig sein, als auch ein gesichertes Einkommen der Landwirtinnen und -wirte ermöglichen. Landwirtschaftsbetriebe erwarten deshalb praxistaugliche sowie fachlich und wissenschaftlich fundierte, politisch verbindlich gesetzte Rahmenbedingungen. Gesellschaft und Politik müssen bei der Umsetzung erwarteter Verbesserungen unterstützen. Zielkonflikte sind abzuwägen und bürokratische Hürden abzuschaffen. Maßnahmen zum Humusaufbau zahlen sich zum Beispiel kurzfristig oft nicht für die Landwirtinnen und -wirte aus. Ein verringerter Pflanzenschutz- und Düngemitteleinsatz zum Gewässerschutz und zur Förderung der Biodiversität müsste beispielsweise den steigenden Investitionskosten für eine technologiegestützte Präzisionsausbringung oder einem möglichen Minderertrag bei relativ gleichbleibender Produktionsnachfrage gegenübergestellt werden. Zudem geht es um Fragen des fairen Zugangs zu den Produktionsmitteln und deren geregelte Verfügbarkeit sowie um Bildungsmaßnahmen in Bezug auf den optimalen Umgang mit Saatgut, Pflanzenschutz oder technischen Verfahren.

Für eine naturpositive Landwirtschaft muss ein gesellschaftliches Einvernehmen darüber erreicht werden, wie die Balance zwischen Ertrag und Umweltleistung beziehungsweise stabiler regionaler Erzeugung und der Versorgung aus Importen definiert werden soll. Die *Gemeinsame Agrarpolitik* (GAP) der EU sollte spätestens für die Zeit nach 2027 neue Bedingungen aufstellen, um höhere Kosten für Umwelt- und Klimaschutzmaßnahmen nicht auf die Landwirtschaft abzuwälzen.

Schon Anfang 2018 präsentierte die EU-Kommission Legislativvorschläge für eine reformierte GAP (Periode 2022–2027) Die Einkommenssicherung der Landwirtinnen und -wirte ist darin eins von neun spezifischen Zielen (agrarheute.com 2020). Wichtige Instrumente sind dafür die Berechnung ökologisch korrekter Preise, die Vergütung ökologischer und gesellschaftlicher Leistungen aus öffentlichen Zahlungen sowie gesetzlich festgelegte, angemessene Entlohnungen für Landwirtinnen und -wirte. Allerdings scheinen real ermittelte Preise, die ökologische Folgen miteinschließen, am Markt nur durchsetzbar, wenn auch entsprechende Importe mit vergleichbaren Auflagen versehen werden. Darüber hinaus werden weitere ökologische Auflagen von Seiten der Handelsketten den Marktzugang für den konventionellen Ackerbau erschweren und somit Preiswirkungen haben.

5.1 Neue GAP-Regelungen ab 2022

Die aktuellen Verhandlungen über den EU-Haushalt der neuen Förderperiode halten an dem Zwei-Säulen-Prinzip fest. Die erste Säule wird um einjährige Öko-Regelungen (Eco-Schemes) und die zweite Säule um mehrjährige Agrar- und Umweltmaßnahmen erweitert. Die Eco-Schemes sollen den Landwirtinnen und -wirten eine sichere Einkommensquelle bieten, die ihre gesellschaftlichen Leistungen honorieren. Landwirtinnen und -wirte erhalten Direktzahlungen und Förderungen, die unter anderem an Umweltschutzauflagen gebunden sind und auf nationaler Ebene durch zum Beispiel Investitionszuschüsse oder Zahlungen aus Agrarumweltprogrammen erfolgen. Im Oktober 2020 wurden Einigungen durch das EU-Parlament und den Rat zur Ausgestaltung der zukünftigen GAP getroffen. Der Kompromiss zur GAP-Reform verpflichtet Mitgliedsstaaten dazu, mindestens 20% der Mittel aus der ersten Säule für Eco-Schemes aufzuwenden. In Deutschland würde dies Mittel in Höhe von einer Milliarde Euro bedeuten. Die Einführung sieht eine zweijährige Übergangsphase vor. Der Prozentsatz muss allerdings noch verhandelt werden. Das EU-Parlament spricht sich für mindestens 30% ohne Übergangsphase aus. Eine Teilnahme an den Öko-Regelungen bleibt für Landwirtinnen und -wirte weiterhin freiwillig (BMEL 2020).

Des Weiteren einigte sich der Agrarrat darauf, Kappung und Degression weiter freiwillig für die Mitgliedsstaaten zu halten. Eine Degression soll ab 60 000 Euro pro Betrieb und Jahr beginnen. Bei 100 000 Euro soll die Kappungsgrenze liegen. Die Lohnkosten sollen berücksichtigt werden dürfen. Dabei sollen die Mitgliedsstaaten die Berechnungsmethode in ihren nationalen Strategieplänen festlegen. Außerdem sollen Flächenprämien an regionale Besonderheiten angepasst werden dürfen und mindestens ein Prozent der Direktzahlungen an Landwirtinnen und -wirte gehen, die Maßnahmen des Risikomanagements nachweisen können. Kleinere Betriebe sollen durch eine Verringerung des bürokratischen Aufwands unterstützt werden.

Im Rahmen der Konditionalität sollen die Mitgliedsstaaten hinsichtlich nicht-produktiver Flächen zwischen zwei Optionen wählen können: drei Prozent der Ackerfläche für ausschließlich nicht-produktive Flächen und Elemente (Stilllegung) oder mindestens fünf Prozent für nicht-produktive Flächen und Elemente, wobei der Anbau von Zwischenfrüchten und stickstoffbindenden Pflanzen ohne Einsatz von Pflanzenschutzmitteln erlaubt ist.

Das EU-Parlament stimmte zeitgleich über seine Haltung zur GAP-Reform ab – mit folgenden zentralen Standpunkten:

– mindestens 30% der Mittel der ersten Säule für die Ökoregelungen,
– bis zu 12% Umverteilung aus der ersten in die zweite Säule,
– mindestens 60% der nationalen Mittel in der ersten Säule für die Basisprämie, gekoppelte Zahlungen und Umverteilungen,
– mindestens 35% der zweiten Säule für Umwelt- und Klimaschutz; 30% für umweltrelevante Investitionen,
– Absenkung der gekoppelten Beihilfen auf 10%der Direktzahlungen (plus 2% für Eiweißpflanzen),
– bis zu 5% sollen aus der zweiten in die erste Säule verschoben werden können, wenn damit die Ökoregelungen gestärkt werden; für Mitgliedsstaaten, deren nationaler Durchschnittsbetrag pro Hektar unter dem EU-Mittel liegt, steigt der Satz auf 12%,
– mindestens 5% der betrieblichen Flächen für „nicht-produktive" Zwecke mit der Option, national auf 10% zu erhöhen.

Die Verhandlungen sollen bis Ende März 2021 mit dem Ziel abgeschlossen sein, die noch abweichenden Standpunkte des Agrarrats, der EU-Kommission und des EU-Parlaments in Einklang zu bringen. Die neue GAP soll ab dem Jahr 2023 greifen.

Alle EU-Mitgliedsstaaten müssen für die neue GAP-Förderperiode erstmals einen *Nationalen Strategieplan* für die erste und zweite Säule der GAP entwickeln (Europäische Kommission o.J.). Fördermaßnahmen der ersten Säule werden wie bisher in Deutschland durch nationales Recht festgelegt, Fördermaßnahmen der zweiten Säule durch die Bundesländer. In Abstimmung mit den Bundesressorts, Ländern, Interessensgruppen und Verbänden entwickelt das BMEL den GAP-Strategieplan für Deutschland, der im Rahmen einer Stärken-Schwächen-Chancen-Risiken-Analyse der Agrarpolitik hinsichtlich von neun spezifischen Zielen Bedarfe priorisiert und konkrete Fördermaßnahmen ableitet. Deutschland hat 65 Bedarfe benannt. Der *Nationale Strategieplan* wird voraussichtlich Anfang 2022 bei der EU-Kommission eingereicht.

5.2 Europäischer Green Deal

Darüber hinaus stellte die EU-Kommission Ende 2019 den *Europäischen Green Deal* (EGD) vor, eine umfassende Wachstumsstrategie für eine klimaneutrale und ressourcenschonende Wirtschaft mit vielseitigen Maßnahmen für den Klima-, Umwelt- und Biodiversitätsschutz sowie die Agrarpolitik. Zudem veröffentlichte die EU im Rahmen des EGD im Mai 2020 ihre Strategie *Vom Hof auf den Tisch*, die neben Umwelt- und Klimaschutzzielen gerechte Einkommen in der Lebensmittelkette verfolgt. Der ökologische Landbau wird mit dem Ziel gefördert, bis 2030 ein Viertel der gesamten landwirtschaftlichen EU-Fläche ökologisch zu bewirtschaften (Europäische Kommission 2020a). Deutschland strebt einen Anteil von 20% ökologisch bewirtschafteter Flächen bis 2030 an. Maßnahmen für eine bessere Kennzeichnung von gesunden und nachhaltigen Lebensmitteln, um den Informationsbedarf der Verbraucherinnen und Verbraucher zu decken, wurden ebenfalls vorgeschlagen (Europäische Kommission 2020b).

Landwirtinnen und -wirte spielen bei dem Übergang zu einem gerechteren und nachhaltigeren Lebensmittelsystem eine Schlüsselrolle. Daher sollen mit der Strategie neue Geschäftsmöglichkeiten geschaffen und die Einkommensquellen für europäische, in der Landwirtschaft und Fischerei Tätige diversifiziert werden. Ein nachhaltiges Lebensmittelsystem ist, so die Kommission, die Voraussetzung dafür, dass die Klima- und Umweltziele des EGD erreicht und gleichzeitig die Einkommen der Primärerzeugenden verbessert und die Wettbewerbsfähigkeit der EU gestärkt werden.

6 Zur Weiterentwicklung der Landnutzung

Eine naturpositive Landwirtschaft, die Klima schützend und zugleich biodiversitätsfördernd wirkt sowie ein faires Einkommen erlaubt, hängt davon ab, wie Landnutzung in Zukunft politisch und marktlich gestaltet wird. Mehr noch als Wasser oder Energie steht das Land, der Boden im Zentrum von Zukunftsfähigkeit, was die Ernährungssicherung angeht. Mit den in die EU importierten Lebensmitteln wird immer auch virtuelles Wasser und Energie, aber auch virtuelle Landfläche mitgehandelt – und selten von den Konsumierenden bezahlt. So nutzt die EU derzeit etwa 30 Millionen Hektar außerhalb ihrer Grenzen – allein 10 Millionen Hektar für den Sojaanbau in Brasilien und Argentinien, also für Futtermittel zur Tierernährung in der EU.

Dazu kommt ein weiterer Druck auf das Land: Mehr und mehr Lebensmittelhersteller und Händler werben verstärkt für Klimaneutralität und Biodiversitätsförderung. Beispielsweise finanzieren sie Aufforstungsmaßnahmen in Übersee, um klimaneutrale Produkte auszuloben. Oder sie fördern Biodiversitätsmaßnahmen, beispielsweise durch neue Blühwiesen, die aber nicht selten Flächenstillungen voraussetzen.

Wenn in den nächsten zehn Jahren zusätzliche Forderungen nach Flächen, beispielsweise durch intensive Aufforstung oder andere Maßnahmen zum bodengebundenen Ausgleich von Emissionen aufkommen oder wenn weitere, ursprünglich in der Produktion befindliche Flächen für Klimaschutz oder Biodiversität umgewidmet werden, führt dies zwangsläufig zur verstärkten Intensivierung der Erzeugung landwirtschaftlicher Rohstoffe – was, ökosystemar betrachtet, nur begrenzt sinnvoll ist.

Sowohl das Intergovernmental Panel on Climate Change (IPCC) als auch die Intergovernmental Science-Policy Platform on Biodiversity an Ecosystem Services (IPBES) haben schon 2019 auf die Bedeutung von Land und Landnutzung im Zusammenhang mit der Bewältigung globaler Umweltkrisen – namentlich mit Bezug auf Klimaschutz und Biodiversität – hingewiesen (IPCC o.J.).

Naturbasierte Lösungen für Klima- und Biodiversitätsschutz sind zweifelsohne Teil der weltweiten Strategien, Umweltprobleme zu lösen. Da sie jedoch von einer Neuordnung der Landnutzung abhängen, dürfen nur Erwartungen mit ihnen verknüpft werden, die zu erfüllen sind. Noch finden nur selten Landeigentümerinnen und -eigentümer, lokale Regierungen und alle, die davon einen Nutzen ziehen, zu einer gemeinsamen Strategie im Umgang mit Flächennutzungskonflikten.

In erster Linie gilt es derzeit, politisch zu verhindern, dass landbasierte Klimaschutz- und Biodiversitätsstrategien von Industrien und Branchen missbraucht werden. Missbrauch liegt vor, wenn Wirtschaftszweige wie die Erdölindustrie, die Fleischindustrie oder das Transportwesen auf flächengebundene Kompensationen und Zertifikathandel setzen, um eigene Anpassungen an den Klimawandel und den Artenschwund, der durch sie ausgelöst wird, zu verzögern oder zu vermeiden. Großflächige Aufforstungen mit Monokulturen sind genauso ungeeignet für Klimaschutz und Biodiversität, wie der agrarindustrielle Anbau von Energiepflanzen.

Wenn Bioenergie ausgebaut wird und sich dabei landwirtschaftliche Fläche in artenreiche Ökosysteme hineinfrisst, ist dies keine nachhaltige Lösung. Dieses Beispiel zeigt, wie viele andere auch (z.B. Bioplastik): Weder die Klimawandelminderung noch die Versuche, den globalen Artenverlust zu stoppen, können dem Land allein aufgebürdet werden.

Die derzeitige industrielle Land- und Forstwirtschaft gründet in Praxen, die synthetischer Inputs, Pestizide und Antibiotika bedürfen. Diese Praxen müssen sich ändern, damit ihre Bedrohung für die Biodiversität abnimmt und die Widerstandskraft gegen den Klimawandel zunimmt. Ein breites Spektrum agrarökologischer Praxen wird derzeit weltweit auf seine Tauglichkeit überprüft, diesen Wandel zu befördern (FAO o.J.). Ein agrarökologisch ausgerichtetes Landmanagement könnte einen Beitrag leisten, die Konflikte rund um eine zukunftsverträgliche Landnutzung so zu meistern, dass regionale Ernährungssysteme mit CO_2-Minderungs- oder Kompensationsmaßnahmen und verstärktem Biodiversitätsschutz Hand in Hand gehen.

Agrarökologie stellt einen integrierten Ansatz dar, um die verschiedenen landgebundenen SDGs Schritt für Schritt zu erreichen. Sie zielt auf eine sozial gerechte und ökologisch verträgliche Umgestaltung von Agrar-, Forst- und Ernährungssystemen. Dabei wird von den regionalen Akteuren gemeinsam nach wissensbasierten, modernen, technologisch verlässlichen Lösungen gesucht, die, vor Ort angepasst, Einkommen erwirtschaftende Land- und Forstwirtschaft mit Klimaschutz und dem Erhalt biologischer Vielfalt verbinden können.

Literaturverzeichnis

agrarheute.com (2020): *GAP-Reform: EU-Agrarminister und Parlament erzielen Einigungen.* https://www.agrarheute.com/politik/gap-steht-eu-agrarminister-ei nigen-agrarreform-574135 ((letzter Aufruf: 30.10.2020).

Agrarsoziale Gesellschaft e.V. (2019): *Ländlicher Raum: Die Stellung der Landwirtschaft in der Gesellschaft.* https://www.asg-goe.de/pdf/LR0419.pdf (letzter Aufruf: 23.07.2020).

Aldi-SÜD (2019): *Wir sind Bio-Händler Nr. 1.* https://nachhaltigkeit.aldi-sued.de/bio/ (letzter Aufruf: 29.07.2020).

AöL (2018): *Biodiversität und Boden.* https://www.aoel.org/wp-content/uploads/2018/03/20180329-Position-Biodiversit%C3%A4t-und-Boden-1.pdf (letzter Aufruf: 04.06.2020).

BfN (o.J.): *Die Nationale Strategie zur biologischen Vielfalt.* https://biologischeviel falt.bfn.de/nationale-strategie/ueberblick.html// (letzter Aufruf: 27.05.2020).

BMEL (2019a): *Diskussionspapier: Ackerbaustrategie 2035.* https://www.bmel.de/SharedDocs/Downloads/DE/Broschueren/Ackerbaustrategie.pdf;jsessionid=71 B6CCF17EB0A336863996ED4A3D5C8E.internet2841?blob=publicationFile&v=13 (letzter Aufruf: 28.05.2020).

BMEL (2019b): *Agrarpolitischer Bericht der Bundesregierung 2019.* BMEL, Berlin.

BMEL (2020): *GAP-Strategieplan für die Bunderepublik Deutschland.* https://www .bmel.de/DE/themen/landwirtschaft/eu-agrarpolitik-und-foerderung/gap/gap -strategieplan.html (letzter Aufruf: 01.10.2020).

BMU & BfN (2020): *Naturbewusstsein 2019: Bevölkerungsumfrage zu Natur und biologischer Vielfalt.* https://www.bmu.de/publikation/naturbewusstsein-2019/

BMU (2019a): *Klimaschutzprogramm 2030 der Bundesregierung zur Umsetzung des Klimaschutzplans 2050.* BMU Berlin.

BMU (2019b): *Biologische Vielfalt in Europa.* https://www.bmu.de/themen/natur -biologische-vielfalt-arten/naturschutz-biologische-vielfalt/biologische-vielfalt -international/biologische-vielfalt-in-europa/ (letzter Aufruf: 27.05.2020).

BMU (2020): *EU-Klimapolitik.* https://ww.bmu.de/themen/klima-energie/klima schutz/eu-klimapolitik/ letzter Aufruf: 25.06.2020).

Business and Biodiversity Kampagne (o.J.): *Aktuelle bundesdeutsche Gesetzgebung.* https://www.business-biodiversity.eu/de/biodiversitaet/gesetzliche-regelungen/ deutsche-gesetzgebung (abgerufen 28. Mai 2020).

Cargill (o.J.): *Unseren Planeten schützen: Landnutzung optimieren, Klimalösungen vorantreiben und Wasserressourcen schützen.* https://www.cargill.de/de/unseren-planeten-sch%C3%BCtzen (letzter Aufruf: 23.09.2020).

DBV (2019a): *Klimastrategie 2.0 des Deutschen Bauernverbandes.* https://www.bauernverband.de/fileadmin/user_upload/dbv/positionen/Klimastrategie_2.0_2._Auflage_Januar_2019.pdf

DBV (2019b): *Erklärung zur Artenvielfalt in der Agrarlandschaft.* https://www.bauernverband.de/fileadmin/user_upload/dbv/pressemitteilungen/2019/06/2019-06-26_Artenvielfalt_in_der_Agrarlandschaft_Juni_2019.pdf (letzter Aufruf: 04.06.2020).

DBV (2019c): *Situationsbericht 2019/20: Trends und Fakten zur Landwirtschaft.* Deutscher Bauernverband e.V. https://www.bauernverband.de/situationsbericht-19

EDEKA (o.J.): *Das EDEKA und WWF-Projekt: Landwirtschaft für Artenvielfalt.* https://www.edeka.de/nachhaltigkeit/unsere-wwf-partnerschaft/die-kooperation/landwirtschaft_fuer_artenvielfalt.jsp (letzter Aufruf: 25.09.2020).

EDEKA-Verbund (o.J.): *Nachhaltiger Klimaschutz.* https://www.edeka.de/nachhaltigkeit/unsere-wwf-partnerschaft/klima/index.jsp (letzter Aufruf: 29.07.2020).

Europäische Kommission (o.J.): *Vom Hof auf den Tisch: Unsere Ernährung, unsere Gesundheit, unser Planet, unsere Zukunft.* https://ec.europa.eu/info/strategy/priorities-2019-2024/european-green-deal/actions-being-taken-eu/farm-fork_de (letzter Aufruf: 30.09.2020).

Europäische Kommission (2020a): *Grüner Deal: Kommission verabschiedet Strategien für biologische Vielfalt und nachhaltige Lebensmittel.* https://ec.europa.eu/germany/news/20200520-gruener-deal-biologische-vielfalt-und-lebensmittel_de (letzter Aufruf: 30.09.2020).

Europäische Kommission (2020b): *Mitteilung der Kommission an das Europäische Parlament, den Rat, den Europäischen Wirtschafts- und Sozialausschuss und den Ausschuss der Regionen: „Vom Hof auf den Tisch" -eine Strategie für ein faires, gesundes und umweltfreundliches Lebensmittelsystem.* https://eur-lex.europa.eu/resource.html?uri=cellar:ea0f9f73-9ab2-11ea-9d2d-01aa75ed71a1.0003.02/DOC_1&format=PDF (letzter Aufruf: 30.09.2020).

FAO (o.J.): *Agroecology Knowledge Hub.* www.fao.org/agroecology (letzter Aufruf: 30.09.2020).

INKOTA (o.J.): *Klimawandel: Die Rolle der konventionellen Landwirtschaft.* https://www.inkota.de/news/suedlink-zur-agraroekologie-erschienen

IPCC (o.J.): https://www.ipcc.ch/srccl/ und https://ipbes.net/global-assessment (letzter Aufruf: 30.09.2020).

IVA (2020): *Landwirtschaft und Biodiversität – kein Gegensatz.* https://www.iva.de/umwelt/biologische-vielfalt (letzter Aufruf: 04.06.2020).

NABU (2020): *Was hat die Landwirtschaft mit dem Klima zu tun? Forderungen an die Landwirtschaft für mehr Klimaschutz.* https://www.nabu.de/natur-und-landschaft/landnutzung/landwirtschaft/klimaschutz/25508.html (letzter Aufruf: 23.07.2020).

NABU (o.J.): *Wie sollen Europas Äcker und Wiesen in Zukunft bewirtschaftet werden?* https://www.nabu.de/natur-und-landschaft/landnutzung/landwirtschaft/agrarpolitik/eu-agrarreform/27386.html (letzter Aufruf: 25.09.2020).

Naturschutzinitiative (2017) https://www.naturschutz-initiative.de/naturschutz/biologische-vielfalt/10-forderungen-schutz-biodiversitaet

Nestlé (o.J.a): *Klimaschutz: Vom Feld bis zum Verbraucher,* https://www.nestle.de/verantwortung/planet/klimaschutz (letzter Aufruf: 23.07.2020).

Nestlé (o.J.b): *Biodiversität in landwirtschaftlichen Lieferketten.* https://www.nestle.de/verwantwortung/planet/artenvielfalt/landwirtschaftliche-lieferketten (letzter Aufruf: 25.09.2020)

REWE Group (2020): *Fortschrittsbericht der REWE Group.* https://www.business-and-biodiversity.de/fileadmin/user_upload/documents/Die_Initiative/Fortschrittsbericht/REWE_Group_Fortschrittbericht2018-2020.pdf (letzter Aufruf: 25.09.2020).

Schwarz-Gruppe (2019): *Verantwortungsvoll handeln.* https://jobs.schwarz/wir-als-arbeitgeber/unsere-verantwortung/dokumente/csr-broschuere-deutsch (letzter Aufruf: 29.07.2020).

Schwarz-Gruppe (o.J.): *Ökosysteme.* https://csr.schwarz/nachhaltigkeitsbericht/oekosysteme/ (letzter Aufruf: 25.09.2020).

UBA (2018): *Deutsche Anpassungsstrategie.* https://www.umweltbundesamt.de/themen/klima-energie/klimafolgen-anpassung/anpassung-auf-bundesebene/deutsche-anpassungsstrategie#die-deutsche-anpassungsstrategie-an-den-klimawandel (letzter Aufruf: 27.05.2020).

UBA (2020): *Umweltbewusstsein in Deutschland.* https://www.umweltbundesamt.de/themen/nachhaltigkeit-strategien-internationales/gesellschaft-erfolgreich-veraendern/umweltbewusstsein-in-deutschland (letzter Aufruf: 02.10.2020).

Union for Ethical BioTrade (2019): *UEBT Biodiversity Barometer.* http://www.biodiversitybarometer.org/ (letzter Aufruf: 28.05.2020).

VCI (2020): *Argumente und Positionen: Agrar und Biodiversität.* https://www.vci.de/vci/downloads-vci/top-thema/argumente-positionen-agrar-biodiversitaet.pdf (letzter Aufruf: 25.09.2020).

WWF (2019): *Vielfalt auf dem Acker: Ansätze für eine nachhaltigere Landwirtschaft in Deutschland.* https://www.wwf.de/fileadmin/fm-wwf/Publikationen-PDF/WWF-Studie-Vielfalt-auf-dem-Acker-Zusammenfassung.pdf (letzter Aufruf: 24.09.2020).

Danksagung

Dieser Beitrag fußt auf Studien, die von Roman Hinz, Sina Beecken und dem Autor in einem Projekt der S & Z-Consultants for Corporate Responsibility zu einer integrativ-nachhaltigen Landwirtschaft gemacht wurden.

Die Autorinnen und Autoren

Assenmacher, Harry
Harry Assenmacher war bereits in den 1970er Jahren in der Anti-AKW-Bewegung und seit den 1980er Jahren in der Umweltbewegung aktiv. Zunächst als Geschäftsführer des Verkehrsclubs Deutschland (VCD) und später als Geschäftsführer des BUND-eigenen Natur & Umwelt Verlages. Er entwickelt seit den 1990er Jahren nachhaltige Investments in Aufforstung und ökologischer Landwirtschaft, die auch dem Klimaschutz dienen. Bereits 1996 gründete er den „CO2OL e.V. Verein zur Verminderung von Kohlendioxid in der Atmosphäre" und entwickelte CO_2-Kompensationsprojekte und -produkte. Seit 1995 betreibt er Aufforstungsprojekte in Südamerika und gründete 2005 die Forest Finance Service GmbH in Deutschland, die speziell für die Entwicklung und den Vertrieb nachhaltiger Investments in Mischwald, Agroforst und Wertschöpfung rund um das Thema Wald zuständig ist. Der gebürtige Niedersachse engagiert sich seit fast fünf Jahrzehnten aktiv unternehmerisch, meinungsbildend und schreibend als Redakteur und Autor in ökologisch-politischen Fragen.

Brüssel, Christoph
Dr. Christoph Brüssel hat Rechtswissenschaften und Politik studiert. Er promovierte berufsbegleitend 1990 in Medienwirtschaftswissenschaften. Er arbeitete als Korrespondent und Moderator in Radio und TV bei privaten und öffentlich-rechtlichen Sendern wie WDR, NDR, ZDF, SAT.1 und Pro7. Später produzierte er als Unternehmer bekannte Talkshows für SAT.1, Gameshows für RTL und Samstagabend-Shows für die ARD sowie deutsch-amerikanische TV-Spielfilme, die in mehr als 30 Ländern ausgestrahlt wurden. In der Politik ist er seit mehr als 30 Jahren in verschiedenen Funktionen auf Landes- und Bundesebene aktiv tätig.
Dr. Brüssel war von 2005 bis 2009 zudem Bundesvorsitzender des Bundesverbandes unternehmerischer Mittelstand VSG (13 000 Mit-

gliedsunternehmen). Er ist Vorstandsvorsitzender der Stiftung Senat der Wirtschaft und zugleich Vorstandsmitglied des Senats der Wirtschaft Deutschland e.V. International ist er Mitglied des Vorstandes des Senate of Economy Europe.

Farajpour Javazmi, Azadeh
Seit 2019 ist Frau Azadeh Farajpour Javazmi als Wissenschaftlerin im Forschungsinstitut für anwendungsorientierte Wissensverarbeitung/n (FAW/n) tätig. Zuvor hat sie den Masterstudiengang „Sustainable International Agriculture" an den Universitäten Göttingen und Kassel abgeschlossen sowie Agraringenieurwesen/Tierwissenschaften (B. Sc.) in Kerman, Iran, studiert. Am FAW/n übernimmt sie Aufgaben im Umfeld des Marshallplans mit Afrika und der Allianz für Entwicklung und Klima. Sie ist die Initiatorin und Ansprechpartnerin der EU-weiten Initiative „betterSoil – for a better world", deren Ziel es ist, die Verbesserung der Böden durch Humusaufbau zu fördern. Gemeinsam mit dem ehemaligen EU-Agrarkommissar Dr. Franz Fischler arbeitet Frau Farajpour Javazmi daran, die Themen rund um einen besseren Boden in die europäische Debatte hineinzubringen.

Finkbeiner, Felix
Felix Finkbeiner entwarf mit neun Jahren bei einem Schulreferat über die Klimakrise seine Vision: Lasst uns in jedem Land der Erde eine Million Bäume pflanzen. Daraus entstand die Trillion Tree Campaign. 91 666 Kinder aus 75 Ländern haben sich Felix' Idee bis heute als Botschafterinnen und Botschafter für Klimagerechtigkeit angeschlossen. Ihre eigens entwickelte App hilft, Bäume durch Spenden zu finanzieren. Für sein Engagement erhielt Felix 2018 das Bundesverdienstkreuz. 2020 wurden die Kinder und Jugendlichen von Plant-for-the-Planet mit dem Westfälischen Friedenspreis ausgezeichnet. Felix promoviert an der ETH Zürich im Fach Ökologie.

Gottwald, Franz-Theo
Dr. phil., Dipl. Theologe, Organisations- und Politikberater, Stiftungsexperte, Publizist und Autor von Fachpublikationen in den Bereichen Ethik, Nachhaltige Entwicklung, ökologische Agrar- und Ernährungskultur sowie Bewusstseins- und Zukunftsforschung. 1988–2020: Vorstand der Schweisfurth Stiftung für nachhaltige Agrar- und Ernährungswirtschaft. Seit 2010: Vorsitzender des Vereins *Kulinarisches Erbe*

Bayern. Aufsichtsratsvorsitzender der Stiftung Weltzukunftsrat (World Future Council). Er forscht und lehrt als Honorarprofessor für Agrar-, Ernährungs- und Umweltethik an der HU Berlin und ist Mitglied zahlreicher Fachorganisationen in Wissenschaft und ökologischer Praxis. Kurator der Stiftung des Senats der Wirtschaft.

Griese, Sigrid
Sigrid Griese studierte ökologische Agrarwissenschaften an der Universität Kassel Witzenhausen, bis 2014 arbeitete sie als wissenschaftliche Mitarbeiterin am Forschungsinstitut für biologischen Landbau an Projekten zu Regionalvermarktung und Bewertung von Nachhaltigkeit, unter anderem an dem Bewertungssystem SMART. Seit 2014 ist sie in der Leitung von Forschungs- und Entwicklungsprojekten bei der Bioland Beratung GmbH tätig. Seit 2019 ist sie außerdem Referentin für Klimaschutz und Klimaanpassung und Nachhaltigkeit beim Bioland e.V.

Herlyn, Estelle
Prof. Dr. Estelle Herlyn ist Hochschullehrerin und wissenschaftliche Leiterin des KompetenzCentrums für nachhaltige Entwicklung an der FOM Hochschule für Oekonomie und Management in Düsseldorf. Dort beschäftigt sie sich u.a. mit der Verantwortung von Unternehmen für eine nachhaltige Entwicklung. Zudem stellen Fragen zu nachholender Entwicklung und Klimaschutz in globaler Perspektive einen Schwerpunkt ihrer Arbeit dar. Parallel ist sie freiberuflich für das Forschungsinstitut für anwendungsorientierte Wissensverarbeitung (FAW/n) tätig. Sie ist Mitglied der Deutschen Gesellschaft des Club of Rome und stv. Kuratoriumsvorsitzende des Senatsinstituts für gemeinwohlorientierte Politik. Nach einem Studium der Wirtschaftsmathematik an der TU Dortmund arbeitete sie zunächst mehrere Jahre im SAP-Umfeld in verschiedenen internationalen Unternehmen (PwC, Ford, L'Oréal, HSBC), bevor sie an der RWTH Aachen eine Promotion zu Fragen einer balancierten Einkommensverteilung als entscheidendem Aspekt der sozialen Dimension der Nachhaltigkeit absolvierte.

Idel, Anita
Dr. med vet. Anita Idel studierte neben der Tiermedizin auch Agrarwissenschaften in Kiel und Witzenhausen (ohne Dpl.- Abschluss). Von 1983 – 2000 arbeitete sie als prakt. Tierärztin in Rinderpraxen in

Deutschland und Frankreich. 2002 – 2004 leitetet sie die Bereiche „Tier" und „Gender" im BMBF-Verbundprojekt „Agrobiodiversität entwickeln". Von 2005–2008 war sie Leadautorin des UN-Weltagrarberichtes (IAASTD). Sie ist Mitbegründerin der AG Kritische Tiermedizin (1982), des Gen-ethischen Netzwerks (1986), der Ges. für Ökologische Tierhaltung (1991), des Conseil Mondial des Eleveurs (1997) und Mitglied der Vereinigung Deutscher Wissenschaftler (VDW). Sie lehrt an den Universitäten in Witzenhausen (1986–2015) „Tiergesundheitliche, ökologische und sozioökonomische Folgen der Agro-Gentechnik" und Lüneburg (2011–2017) und an der FH Münster (seit 2012)" Potenziale nachhaltiger Beweidung für biologische Vielfalt, Bodenfruchtbarkeit, Klimaentlastung und die Welternährung". Seit 2000 ist sie als Mediatorin ist sie in den Spannungsfeldern zwischen Landwirtschaft und Natur-/Tierschutz engagiert. Seit der Veröffentlichung ihres Buches „Die Kuh ist kein Klima-Killer" – wie die Agrarindustrie die Erde verwüstet und was wir dagegen tun können" (2010, 8. Auflage 2021) hat sie im Rahmen ihrer weiteren Recherchen weltweit circa 600 Vorträge gehalten. 1993 erhielt sie den Schweisfurth-Forschungspreis für ihr Buch „Gentechnik, Biotechnik und Tierschutz", 2013 den SALUS-Medienpreis für ihr Buch „Die Kuh ist kein Klima-Killer" und 2019 den Nachhaltigkeitspreis Neumarkter Lammsbräu.

Müller, Gerd
Dr. Gerd Müller ist Bundesminister für wirtschaftliche Zusammenarbeit und Entwicklung. Der Diplom-Wirtschaftspädagoge wirkte als stellvertretender Leiter im Institut für Internationale Beziehungen der Hanns-Seidel-Stiftung und im Bayerischen Wirtschaftsministerium. Seine politische Laufbahn begann er von 1989–1994 als Mitglied des Europäischen Parlaments und als parlamentarischer Geschäftsführer der CDU/CSU-Gruppe. 1994 wurde er direkt als Abgeordneter des Wahlkreises Kempten, Oberallgäu und Lindau gewählt. Bis 2005 war er Mitglied im Europa-, Außen- und Verteidigungspolitischen Ausschuss, Europa-, Außen- und Entwicklungspolitischer Sprecher der CSU-Landesgruppe. Von 2005–2013 bekleidete er die Position eines Staatssekretärs beim Bundesminister für Ernährung, Landwirtschaft und Verbraucherschutz, unter anderem zuständig für Internationale Beziehungen, Entwicklungsprojekte, Welternährung. Seit 17.12.2013

ist er Bundesminister für wirtschaftliche Zusammenarbeit und Entwicklung.

Plagge, Jan
Jan Plagge studierte Gartenbauwissenschaften an der TU München, Weihenstephan. 1993 stellte er den elterlichen Betrieb auf Ökolandbau um und arbeitete 1997 bis 2000 als Berater für ökologischen Land- und Gartenbau in Ostdeutschland und ab 1999 als agrar-politischer Sprecher der Ökoverbände in Berlin/Brandenburg. Von 2000 bis 2008 war er als Geschäftsführer des Bioland Erzeugerring Bayern e.V. insbesondere für die Entwicklung und den Aufbau der Bioland-Fachberatung in Bayern zuständig. 2008 übernahm Jan Plagge die Geschäftsführung der Bioland Beratung GmbH, wo er ein bundesweites Beratungs- und Bildungsangebot für Bioland und Kooperationspartner aufbaute und wurde Vorstandsmitglied im FiBL (Forschungsinstitut für biologischen Landbau). 2011 folgte die Wahl zum Präsident von Bioland. Von 2002 bis 2011 war Jan Plagge außerdem Leiter des Traineeprogramms Ökolandbau, dem bundesweiten Nachwuchsprogramm für die Biobranche im Rahmen des Bundesprogramm Ökologischer Landbau (BÖLN). Auf europäischer Ebene folgte 2016 die Wahl zum Vizepräsident, im Mai 2018 zum Präsident der IFOAM-EU Gruppe (International Federation of Organic Agriculture Movements). Im Sommer 2020 wurde er erneut in dieser Funktion bestätigt. Von 2011 bis 2019 war Plagge zudem im Vorstand des Bund Ökologische Lebensmittelwirtschaft (BÖLW).

Radermacher, Franz Josef
Prof. Dr. Dr. Dr. h.c. Franz Josef Radermacher, emer. Professor für „Datenbanken und Künstliche Intelligenz" an der Universität Ulm, gleichzeitig Vorstand des Forschungsinstituts für anwendungsorientierte Wissensverarbeitung/n (FAW/n) Ulm, Vizepräsident und Ehrenpräsident des Senats der Wirtschaft e. V., Bonn, Vizepräsident des Ökosozialen Forum Europa, Wien sowie Mitglied des Club of Rome. Seit August 2018 ist er außerdem Mitglied im Österreichischen Rat für nachhaltige Entwicklung sowie Jurymitglied bei BWS Nachfolger-Forum.
Er promovierte in Mathematik und Wirtschaftswissenschaften (RWTH Aachen, Universität Karlsruhe), Habilitation in Mathematik

an der RWTH Aachen 1982. Seine Forschungsschwerpunkte sind u.a. globale Problemstellungen, lernende Organisationen, intelligente Systeme, Digitalisierung und Vernetzung, Umgang mit Risiken, Fragen der Verantwortung von Personen und Systemen, umweltverträgliche Mobilität, nachhaltige Entwicklung, Überbevölkerungsproblematik, Welternährung, Klima und Energie, Regulierung des Weltfinanzsystems. Ausgezeichnet wurde er u.a. durch den Planetary Consciousness Award des Club of Budapest, den Preis für Zukunftsforschung des Landes Salzburg (Robert-Jungk-Preis), den Karl-Werner-Kieffer-Preis, den „Integrations-Preis" der Apfelbaum Stiftung, den Umweltpreis „Goldener Baum" der Stiftung für Ökologie und Demokratie e.V., dem Nafis Sadik Award for Outstanding Humanitarian Service der Rotarian Action Group for Population & Development, dem Anerkennungspreis der Österreich Deutschland Gesellschaft (FAW/n zusammen mit dem Universitäts.club/Wissenschaftsverein Kärnten der Alpen-Adria-Universität Klagenfurt), sowie dem Abt Jerusalem-Preis der Braunschweigische Wissenschaftliche Gesellschaft. 2013 Fellow der World Academy of Art & Science (WAAS). Seit 01.07.2013 Vorstand der Rotarian Action Group for Reproductive, Maternal and Child Health (RMCH). 2013 Verleihung der Ehrendoktorwürde der International Hellenic University, Thessaloniki. 2018 Ernennung zum Ehrenpräsident des Ökosozialen Forum Österreich und Europa.. Seit 2020 Mitglied im Nachhaltigkeitsbeirat der Vodafone Deutschland GmbH. Seit 2020 Mitglied in der Kommission Nachhaltiges Wirtschaften, Handeln und Finanzieren des Bundesministeriums für wirtschaftliche Zusammenarbeit und Entwicklung. Seit August 2020 stellvertretender Vorsitzender des Vereins Global Energy Solutions e.V.

Seitle, Martin
Martin Seitle, COO und Co-Founder von Organic Garden, ist ein Experte in der Beratung und Entwicklung nachhaltiger Unternehmen. Sein Fachwissen und Netzwerk als Seriengründer, beispielsweise der Prolignis AG und der Dapp AG, setzt er bei Organic Garden seit 2019 zukunftsorientiert ein und stärkt das Food-Startup durch seine Passion für Finanzthemen. Nebenbei begleitet er als Investor die Naturkosmetikmarke *Und Gretel*, die ebenfalls für Nachhaltigkeit und naturbelassene Produkte steht.

Stromberg, Holger
Holger Stromberg, Chief Culinary Officer (CCO) von Organic Garden, erarbeitete sich mit nur 23 Jahren als jüngster Koch Deutschlands den ersten Michelin-Stern. Bis 2017 war er Ernährungscoach und Koch der deutschen Fußballnationalmannschaft, mit der er 2014 als Koch der Weltmeister aus Rio heimkehrte. Seit 2021 unterstützt er Organic Garden als Ernährungsbotschafter. Hierfür ist er stets auf der Suche nach besseren Lebensmittelalternativen und hat den Anspruch Foodtrends zu setzen.

Walterspacher, Dirk
Dirk Walterspacher ist Diplom-Ingenieur der Elektrotechnik (Technische Universität Karlsruhe, heute KIT). Nach beruflichen Stationen bei Roche-Diagnostics, SAP und WEB.DE war er seit 2001 in verschiedenen Rollen für nationale und internationale Organisationen im Bereich naturbasierter Klimaschutzprojekte und betrieblicher Klimaschutzberatung tätig. Er ist heute geschäftsführender Gesellschafter der FORLIANCE GmbH, einem Entwickler von internationalen Klimaschutzprojekten und Beratungsunternehmen für Klimaschutzstrategien in Unternehmen. FORLIANCE hat seinen Hauptsitz in Bonn und ein internationales Team aus knapp 30 Expertinnen und Experten.

Wild, Martin
Martin Wild, CEO des Start-ups Organic Garden, hat mit 18 Jahren sein erstes Unternehmen, Home of Hardware hoh.de, gegründet. Nach seinem Ausstieg lebte er für einige Zeit in Florida, wo er sich zum ersten Mal mit dem Thema nachhaltiger und regionaler Bio-Lebensmittel auseinandersetzte. Anschließend war er zuletzt als Chief Innovation Officer bei MediaMarkt-Saturn tätig. Anfang 2020 verließ er das Unternehmen, um als Experte für Disruption künftig mit Organic Garden den Lebensmittelmarkt positiv zu verändern.